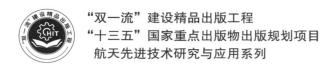

"双一流"建设精品出版工程
"十三五"国家重点出版物出版规划项目
航天先进技术研究与应用系列

U0181065

多脉波线性整流技术

LINEAR MULTIPULSE
RECTIFIER TECHNOLOGY

杨世彦　孟凡刚　杨　威　廉玉欣　著

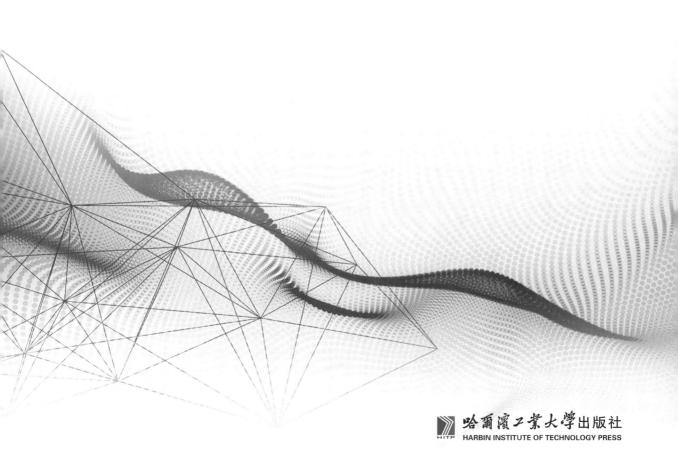

哈爾濱工業大學出版社
HARBIN INSTITUTE OF TECHNOLOGY PRESS

内 容 简 介

为有效抑制因整流器件的非线性在整流器交流侧产生的电流谐波和因换相重叠产生的电压陷波,并显著降低直流输出侧电压纹波,本书针对并联结构的大功率整流器,系统阐述了克服整流器非线性并提升其综合性能的方法。详细介绍了在多脉波整流系统的直流侧抑制网侧电流谐波的机理、无源和有源两类低复杂度谐波抑制技术的实现方法、电磁元件的模型描述和优化设计方法、系统对电源和负载适应能力、谐波对应能量再利用的技术途径等主要内容,并给出了大量的实验测试及比较结果。

本书可作为高等学校电力电子与电力传动及相关专业的高年级本科生、研究生和教师的参考书,也可供从事大功率电能变换设备研发的工程技术人员参考。

图书在版编目(CIP)数据

多脉波线性整流技术/杨世彦等著. —哈尔滨:哈尔滨工业大学出版社,2020.8

ISBN 987 – 7 – 5603 – 6742 – 2

Ⅰ.①线…　Ⅱ.①杨…　Ⅲ.①整流器
Ⅳ.①TM461

中国版本图书馆 CIP 数据核字(2019)第 256670 号

策划编辑　王桂芝　闻　竹
责任编辑　李长波　王　慧
出版发行　哈尔滨工业大学出版社
社　　址　哈尔滨市南岗区复华四道街 10 号　邮编 150006
传　　真　0451 – 86414749
网　　址　http://hitpress.hit.edu.cn
印　　刷　黑龙江艺德印刷有限责任公司
开　　本　787mm×1092mm　1/16　印张 15.75　字数 373 千字
版　　次　2020 年 8 月第 1 版　2020 年 8 月第 1 次印刷
书　　号　ISBN 987 – 7 – 5603 – 6742 – 2
定　　价　58.00 元

前　言

整流器是大多数工业电子设备与交流电网的接口,应用广泛。但是,整流器件的非线性使整流器成为电网的强非线性负载,产生的大量电流谐波会对电网造成严重污染。多脉波整流器常用于大功率整流场合,通过移相变压器对多个三相整流电路进行移相多重连接,各个整流电路产生的谐波可以互相抵消,达到抑制电流谐波、提高功率因数的目的。

为了进一步提高多脉波整流器的谐波抑制能力,近十多年来,作者所在研究团队针对并联结构的大功率多脉波整流器,采用在直流侧集中并提取网侧电流谐波对应能量的方法,在多脉波整流系统直流侧抑制谐波机理、交流侧电流谐波与直流侧环流的定量关系、电磁元件全解耦模型描述等方面,开展了旨在使整流器成为电网线性化负载,并消除因换相重叠产生的电压陷波的低复杂度整流技术的基础理论研究;同时,结合大功率特种电源研制课题,在移相变压器和非常规平衡电抗器的优化设计方法、负载适应能力以及谐波对应能量再利用的技术途径等方面进行了应用技术研究。为将相关研究成果进行阶段性的总结,并为从事相关研究的同行提供参考,将相关内容进行了系统性整理,以期为推动多脉波整流技术的发展和应用尽绵薄之力。

本书内容共8章。第1章详细介绍了多脉波整流技术的研究现状,包括使用隔离和自耦变压器的多脉波整流技术、使用移相电抗器的多脉波整流技术、基于直流侧谐波抑制方法的多脉波整流技术,同时给出了多脉波整流器的性能评价指标。第2章介绍了多脉波线性整流器的工作原理,从使用抽头变换器的直流侧无源谐波抑制方法和使用有源平衡电抗器的直流侧有源谐波抑制方法两方面,分析了整流器输入电流谐波得到抑制时,直流侧环流应满足的要求,并分析了环流对输入电流和负载电压的影响。第3章针对多脉波整流器所用绕组交互连接的磁性器件难以应用仿真手段分析其参数对整流器性能影响的问题,应用相分量法建立了抽头变换器和自耦变压器的全解耦模型,为后续章节相关整流器仿真模型的建立奠定了基础。第4章考虑多脉波整流器性能的实际影响因素,对所用的自耦型移相变压器进行了优化设计,分析了绕组结构对变压器容量的影响,给出了等效容量最小、结构最简的三角形连接自耦变压器设计方法;分析了整流桥换相角和抽头变换器二极管换相角对抽头变换器最优变比的影响,给出了抽头变换器的优化设计方法。第5章介绍了一种基于PWM有源平衡电抗器的多脉波整流器谐波抑制的实现方法,分析了该方法谐波抑制效果及其对不同类型负载和供电电源变化的适应能力,并给出了谐波对应能量再利用的技术途径。第6章针对传统三角形连接自耦变压器输入与输出电压相差不大,不适合应用于升压场合的问题,介绍了一种可扩展移相角的新型升压自耦变压器,计算了在新的移相角下多脉波整流器的负载电压、输入电流以及磁性器件的容量。第7章提出了一类以具有副边绕组及整流电路为特征,具有低复杂度和高可靠性特点的非常规平衡电抗器,并结合不同的原边抽头数量,分别介绍了非常规平衡电抗器的基本结构、工作模式、最优设计以及直流侧混合式谐波抑制方法。第8章分析了上述方法应用于低压大电流星形并联整流器的可行性,针对双反星形和四星形整流器,分别介绍了其直流侧无源和有源谐波抑制方法。

本书由哈尔滨工业大学电气工程学科的教授杨世彦、副教授孟凡刚、杨威和高级工程师廉玉欣执笔,已毕业的博士研究生王景芳、李渊,硕士研究生金效忠、董晋明、朱屹、李雪岩、苍胜、李和宝、徐可、王鹏等对本书内容的研究做出了重要贡献。书中涉及的研究成果得到了4项国家自然科学基金(多脉波整流系统直流侧谐波抑制方法,批准号51107019;高性能中频多脉波变压整流技术研究,批准号51307034;基于混合型有源平衡电抗器多脉波整流系统,批准号51677036;基于直流侧混合谐波抑制方法的串联型多脉波整流技术研究,批准号51777042)及中国博士后基金面上项目(中频多脉波整流器稳定性与谐波抑制适应性研究,批准号2016M590281)的资助,在此表示衷心感谢。

限于作者水平,书中难免存在疏漏及不足之处,敬请读者不吝指正。

作　者
2020 年 1 月

目　　录

第1章　多脉波整流技术概述

1.1　多脉波整流技术的概念与分类

多脉波整流技术是大功率整流系统抑制谐波的主要方法之一[1,2],其原理是通过移相变压器将整流桥进行移相多重连接,使各个整流桥产生的谐波可以互相抵消,从而达到抑制电流谐波、提高功率因数的目的。实际应用中,多脉波整流系统是指由三相电路供电的变换器在每电源周期直流侧输出电压脉波数多于 6 个的整流系统,其显著特点是通过移相多重连接多个全桥或半桥整流电路对同一直流负载供电[3]。为便于分析,假设两个整流桥分别对两个直流负载供电,如图 1.1 所示。

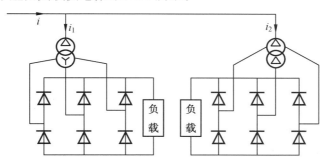

图 1.1　多脉波整流器结构示意图

图 1.1 中,两个相同负载由两个整流桥单独供电,每个整流桥分别由两个不同连接形式的变压器提供三相电压。其中,△/Y(三角形/Y 形)连接形式的变压器副边输出电压与原边输入电压之间存在 30° 的相位差,△/△ 连接形式的变压器副边输出电压与原边输入电压之间不存在相位差。在大电感负载下,若忽略整流桥换相以及直流侧的电流脉动,整流器每相输入电流与相应的相电压之间不存在相位差。但是,变压器的移相作用会使两个整流桥产生的某些次数谐波之间存在相位差。若其中一个整流桥产生的某些次数的谐波电流与另外一个整流桥产生的相应次数的谐波电流幅值相等、相位相反,则在平衡负载情况下,该次数的谐波电流将不会出现在整流器的输入电流中。例如,图 1.1 中,两个整流桥的输入电流分别为

$$\begin{cases} i_1(\omega t) = K\dfrac{2\sqrt{3}}{\pi}\left(\cos\omega t - \dfrac{\cos 5\omega t}{5} + \dfrac{\cos 7\omega t}{7} - \dfrac{\cos 11\omega t}{11} + \cdots\right) \\ i_2(\omega t) = K\dfrac{2\sqrt{3}}{\pi}\left(\cos\omega t + \dfrac{\cos 5\omega t}{5} - \dfrac{\cos 7\omega t}{7} - \dfrac{\cos 11\omega t}{11} + \cdots\right) \end{cases} \quad (1.1)$$

其中，K 为系统参数，与变压器变比和输出电流有关。

系统输入电流 i 等于电流 i_1 与电流 i_2 之和，由式（1.1）可知，电流 i 中不含 5 次和 7 次谐波。在大多数应用场合，两个三相整流桥对同一负载供电。由于输入电压存在 30° 的相位差，两个整流桥的输出电压也将存在 30° 的相位差，又由于三相整流桥输出电压周期为 60°，因此，该整流器的输出电压为 12 脉波。图 1.2 所示为某一仿真条件下 6 脉波整流器和 12 脉波整流器的输入电流、输入电流频谱及输出电压。相对于 6 脉波整流器，12 脉波整流器具有更少的输入电流谐波和更小的输出电压纹波。

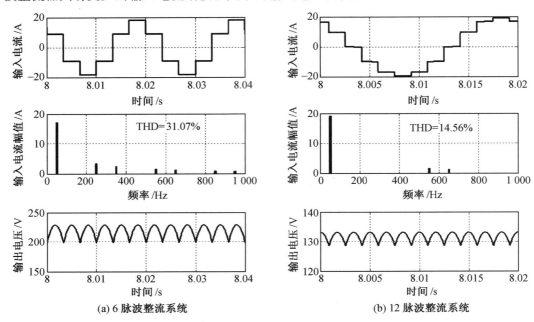

(a) 6 脉波整流系统　　　　　　　　　　(b) 12 脉波整流系统

图 1.2　6 脉波整流器和 12 脉波整流器的输入电流、输入电流频谱及输出电压

近半个世纪以来，多脉波整流技术得到了迅速发展，研究人员根据实际需要设计了形式各样的多脉波整流器。例如，根据移相变压器的不同连接方式，多脉波整流器可以分为 T 形连接、之字形连接、抽头三角形连接、延边三角形连接、叉形连接以及多边形连接等形式。同时，研究人员使用了各种辅助器件，如抽头变换器和有源平衡变换器等，来进一步提高谐波抑制能力。总之，可以根据不同的应用场合和要求，设计不同结构的多脉波整流器来提高交、直流侧的电能质量。

图 1.3 给出了多脉波整流器的一种分类方法。首先根据交、直流侧有无电隔离，多脉波整流器可分为隔离式和非隔离式两种；之后根据整流器是否可控，又可分为不控型与可控型两种；最后根据整流脉波数的不同，可细分为 12 脉波、18 脉波、24 脉波、30 脉波、36 脉波、48 脉波等。1.2 节将根据这种分类方法对多脉波整流器的国内外研究现状进行分析。

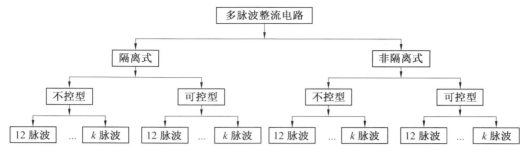

图 1.3　多脉波整流器的一种分类方法

1.2　多脉波整流技术研究现状

由于一系列的优良性能,多脉波整流技术在航空电源系统、调速系统、电解电镀过程以及高压直流输电等大功率场合得到了广泛应用,引起了众多国家研究机构的关注。其中以美国、韩国、日本和印度等国家的研究机构为主,主要针对大功率整流器,从整流器的优化设计、移相变压器结构、多抽头变换器结构以及直流侧电流注入技术等方面对多脉波整流技术展开了研究。进入 21 世纪以来,美国、印度以及韩国等国纷纷加大了对多脉波整流技术,尤其是使用直流侧谐波抑制方法的多脉波整流技术的研究力度;国内研究机构针对抽头变换器的优化设计与建模、移相电抗器抑制谐波机理和移相变压器的优化设计等方面进行了研究。

1.2.1　基于隔离变压器的多脉波整流技术

当整流器输入与输出电压等级差别较大时,从安全的角度考虑,电网电压接入整流桥前需要经过隔离式变压器。

1. 隔离式不控型多脉波整流器

不控型多脉波整流器的能量只能从交流侧流向直流侧,通常由二极管整流桥、变压器及其他辅助器件构成,主要缺点是不能进行调压。根据整流脉波数的不同,该类整流器又可以分为以下几类。

(1)12 脉波不控整流器。

图 1.4 所示为两种常见的隔离式不控型 12 脉波整流器。图 1.4(a)所示整流器中变压器原边为△连接,两个副边分别为△连接和 Y 连接,两组整流桥的输入电压存在 30°的相位差,图中平衡电抗器的主要作用是吸收两组整流桥输出电压瞬时差,以保证两个整流桥能够独立工作[4];图 1.4(b)所示整流器中变压器原边使用两绕组并联形成△连接,副边使用多边形连接,由于原边绕组的并联连接能够实现强制性均流,因此在直流侧不需要使用平衡电抗器[5]。

(2)18 脉波不控整流器。

图 1.5 所示为一种典型的隔离式不控型 18 脉波整流器[3]。该整流器中,移相变压器

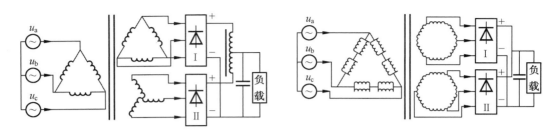

(a) 使用△/△/Y 三绕组变压器结构　　　　　　(b) 使用△/双多边形绕组变压器结构

图 1.4　隔离式不控型 12 脉波整流器

的原边绕组为△连接,3 个副边绕组中,一个为△连接(与原边无相位差),另外两个为多边形连接,两个多边形绕组相对于原边绕组分别产生±20°的相位差,即副边产生 3 组相互之间存在 20°相位差的三相电压对 3 组串联的整流桥供电。整流桥的串联连接使整流桥 3 组输出电流相等,因而不需要平衡电抗器。该类整流器对交流侧的电压谐波不敏感,适用于输出电流较小但输出电压较大的场合。

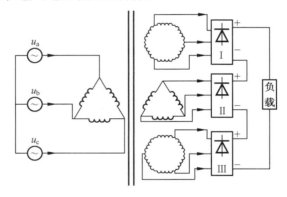

图 1.5　使用△/△/双多边形绕组变压器的隔离式不控型 18 脉波整流器

(3)24 脉波不控整流器。

图 1.6 所示为 4 个隔离式不控型 24 脉波整流器。图 1.6(a)[6-10]所示整流器使用两抽头变换器形成不流经负载的环流,在交流侧抵消 $12k\pm1$(k 为奇数)次谐波,从而形成 24 脉波整流。该整流器的主要缺点是对称性不好,受变压器制造精度影响较大,因此在设计变压器时必须注意铁心结构及副边三角形绕组和星形绕组的匝数设计,使副边两个绕组对称,以减小 5 次、7 次谐波。图 1.6(b)所示整流器的 4 个整流桥为串联连接,变压器原边绕组为 Y/△连接,4 个副边绕组为延边三角形连接,4 组输出电压之间存在 15°相位差。该整流器的缺点是变压器结构复杂、体积庞大且效率较低[11]。图 1.6(c)所示整流器原边绕组为△连接,副边绕组为延边三角形连接,通过两抽头变换器形成 24 脉波整流[12]。与图 1.6(a)相比,该整流器对称性较好。图 1.6(d)所示整流器与其他多脉波整流器相比,附加了一个额外的由单相变压器和单相整流桥构成的低容量(约为 12 脉波整流器容量的 5%)谐波注入整流器,以进一步提高整流器抑制谐波的性能。与 12 脉波整流器相比,该整流器直流侧输出电流与变压器副边电流分别增大 30% 和 60%[13]。

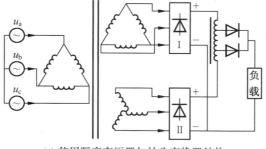

(a) 使用隔离变压器加抽头变换器结构

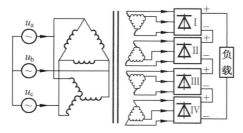

(b) 使用 △/Y 加延边三角形变压器结构

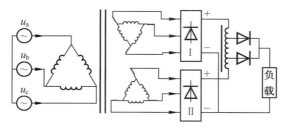

(c) 使用延边变压器加抽头变换器结构

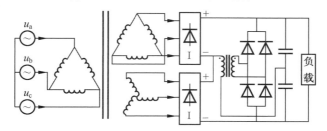

(d) 使用△/△/Y 变压器加辅助电路结构

图 1.6　隔离式不控型 24 脉波整流器

2. 隔离式可控型多脉波整流器

　　不控型整流器只能实现能量的单向流动,并且不能进行调压,因此在需要能量双向流动和调压的应用场合,需要使用可控型整流器。

　　(1)12 脉波可控整流器。

　　图 1.7 所示为隔离式可控型 12 脉波整流器。图 1.7(a)所示整流器中变压器绕组为△/△/Y 结构,由于设计时考虑了变压器的漏抗,平衡电抗器的电感值比传统电抗器小很

多,且输入电流近似为正弦波[14,15]。图1.7(b)所示为可控并联12脉波四象限运行整流器[16],输出电流较大时采取无环流12脉波并联运行来减小输入电流谐波,当主回路电流小于平衡电流时采取6脉波运行,可以减少换相缺口和电网电压畸变;同时平衡电抗器兼做均流电抗器,减少了电抗器的成本及系统造价。

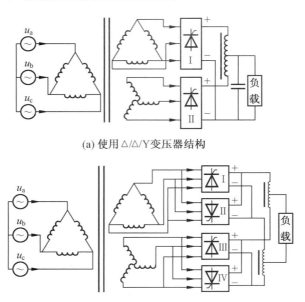

(a) 使用△/△/Y变压器结构

(b) 使用变压器加反并联整流器结构

图1.7　隔离式可控型12脉波整流器

(2)24脉波可控整流器。

图1.8所示为隔离式可控型24脉波整流器。其中图1.8(a)为在图1.6(b)基础上将不控型整流桥换成可控型得到的,两者存在同样的问题[17]。图1.8(b)所示整流器使用晶闸管构成两抽头变换器,通过控制两个晶闸管,使两个整流桥输出电流平均值相等,从而避免抽头变换器饱和,并可进一步减小抽头变换器的电感值[16,20]。

(3)36脉波可控整流器。

图1.9所示为使用△/△/Y变压器结构的隔离式可控型36脉波整流器[21.24]。图中抽头变换器的3个抽头使用晶闸管,与其他使用晶闸管作为抽头的电路类似,通过控制晶闸管在不同时刻的导通与关断来获得36脉波整流。M. E. Villablanca等给出了使用N个晶闸管作为抽头的抽头变换器通用设计方法[25]。

(4)48脉波可控整流器。

图1.10所示为隔离式可控型48脉波整流器[18]。Sewan Choi等通过分析输入电流与输出电压之间的关系得到了图1.10所示的48脉波整流器。通过优化抽头变换器变比与晶闸管控制角,实验时得到48脉波整流时输入电流最小THD值为3.08%。

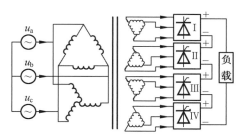

(a) 使用 Y/△ 加延边三角形变压器结构

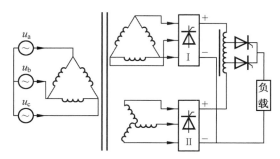

(b) 使用隔离变压器结构加两抽头变换器

图 1.8　隔离式可控型 24 脉波整流器

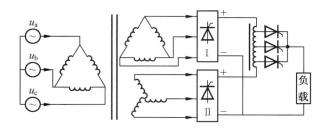

图 1.9　使用晶闸管三抽头变换器的隔离式可控型 36 脉波整流器

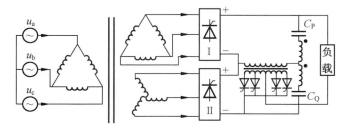

图 1.10　使用四抽头变换器的隔离式可控型 48 脉波整流器

1.2.2　基于自耦变压器的多脉波整流技术

　　当输入与输出电压的等级相差不大且交、直流侧不需要隔离时,使用自耦变压器作为移相变压器能够显著减小整流器的体积、质量、成本以及损耗,该类整流器受到越来越多的关注。

1. 非隔离式不控型多脉波整流器

（1）12 脉波不控整流器。

图 1.11 所示为非隔离式不控型 12 脉波整流器。根据所使用自耦变压器结构的不同，不控型 12 脉波整流器存在十几种变压器连接方式，本章只给出比较典型的几种。

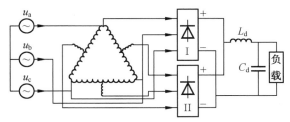

(a) 使用单抽头 △ 连接自耦变压器结构

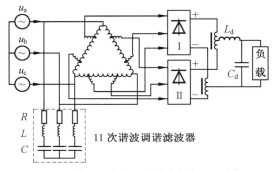

(b) 使用双抽头 △ 连接自耦变压器结构

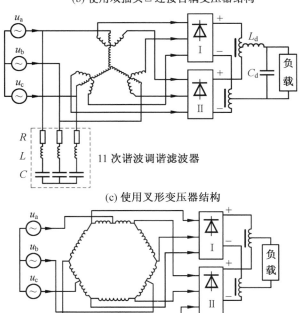

(c) 使用叉形变压器结构

(d) 使用多边形自耦变压器结构

图 1.11 非隔离式不控型 12 脉波整流器

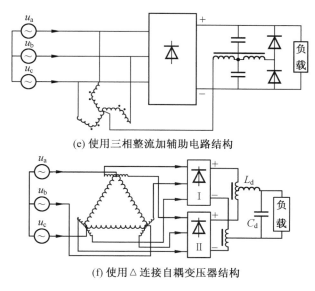

(e) 使用三相整流加辅助电路结构

(f) 使用 △ 连接自耦变压器结构

续图 1.11

图 1.11(a)[26]、图 1.11(b)[27]、图 1.11(f)[28]所示整流器都使用了 △ 连接自耦变压器作为移相变压器。图 1.11(a)中,一组三相电压为电源电压,提供负载容量的 75%,另外一组由电源电压和自耦变压器合成,提供负载容量的 25%,主要用来消除谐波电流,因此两组整流桥不是并联独立工作,且能量不均分,所以不需要平衡电抗器与零序电流阻抗器;图 1.11(b)所示整流器使用了调谐滤波器,在交流侧电流为 50 A 左右时,THD 值约为 6.68%,相对于图 1.11(a)的 10.1% 有大幅下降;图 1.11(c)所示整流器同样使用了调谐滤波器,从给出的仿真以及实验结果来看,整流器对负载变化比较敏感[29]。S. Martinius 等将变压器的多边形设计法应用到自耦变压器,得到的结构如图 1.11(d)所示[30],该结构的变压器容量仅为负载功率的 10.1%,与其他 12 脉波自耦变压器相比,变压器容量显著下降。图 1.11(e)所示整流器在传统 6 脉波整流器的基础上,通过一个辅助电路形成了 12 脉波整流[31],之字形变压器并联到整流桥的前端,作用是形成一个中性点,由于直流侧与交流侧存在电的联系,因此属于非隔离式整流器。

(2)18 脉波不控整流器。

图 1.12 所示为非隔离式不控型 18 脉波整流器。

图 1.12(a)所示整流器的 6 个延边绕组产生两组三相电压,再加上电源电压形成 3 组三相电压对 3 个整流桥供电,自耦变压器的容量约为负载功率的 16%[28]。图 1.12(c)[29]与图 1.12(b)[32]所示整流器的不同之处在于,图 1.12(c)所示整流器使用了调谐滤波器,相同条件下性能有了显著提高,表 1.1 和表 1.2 给出了二者的交流侧电流与电压的 THD 值、位移因数(DPF)、失真因数(DF)及其纹波系数(RF)的对比,从中可以看出,图 1.12(b)所示整流器对负载变化较为敏感,即在负载变化时,THD 值变化较为剧烈,且纹波系数与失真因数都较大。图 1.12(d)中三组整流桥虽然并联但并不独立工作,主整流桥(连接到三相电源)与两个副整流桥之间相互影响,同时它们在负荷传输功率上也不均衡,主整流桥传输 2/3,两个副整流桥分别只传输 1/6,这与图 1.12(a)所示整流器差别较

大[33]。表1.3 给出了图1.12(a)与图1.12(d)在整流桥运行方式、辅助器件以及变压器容量(P 为输出容量)方面的对比,由该表可知,两种结构均有各自的优缺点,在实际应用中应该根据具体需要进行选择。

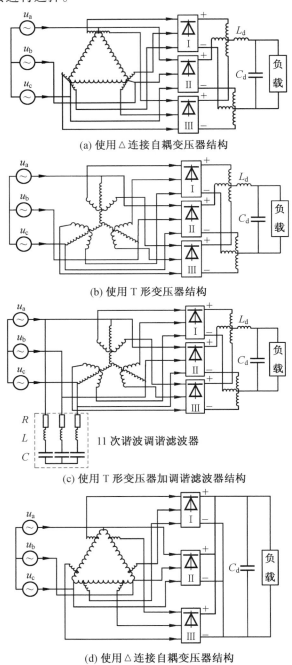

(a) 使用△连接自耦变压器结构

(b) 使用 T 形变压器结构

(c) 使用 T 形变压器加调谐滤波器结构

(d) 使用△连接自耦变压器结构

图 1.12　非隔离式不控型 18 脉波整流器

表 1.1　图 1.12(b)电能质量参数

负载变化/%	THD 值/%		DF	DPF	RF/%
	电流	电压			
20	7.89	1.57	0.997	0.992	1.11
40	6.78	2.0	0.997	0.993	1.04
60	5.77	2.4	0.998	0.991	0.96
80	4.96	2.73	0.998	0.989	0.93
100	4.24	3.06	0.999	0.988	0.92

表 1.2　图 1.12(c)电能质量参数

负载变化/%	THD 值/%		DF	DPF	RF/%
	电流	电压			
20	4.62	0.49	0.999	0.999	0.9
40	4.28	1.03	0.999	0.996	0.04
60	3.82	1.29	0.999	0.990	0.03
80	3.60	1.49	0.999	0.988	0.02
100	3.25	1.77	0.999	0.983	0.01

表 1.3　两种拓扑对比

拓扑	整流桥运行方式	辅助器件	变压器容量
图(a)	并行关系	平衡变换器	$0.167\ 5P$
图(d)	主从关系	不使用	$0.313\ 3P$

(3)24 脉波不控整流器。

图 1.13 所示为非隔离式不控型 24 脉波整流器,根据是否使用抽头变换器可将其分为两类。图 1.13(a)[12,34]和图 1.13(b)[35]所示整流器使用了两抽头变换器,图 1.13(c)[36]和图 1.13(d)[37]所示整流器直接使用 12 相自耦变压器构成 24 脉波整流。与使用抽头变换器的整流器相比,这两种变压器结构较为复杂,表 1.4 与表 1.5 分别给出了它们的电能质量参数;图 1.13(e)[38]利用串联连接的变压器对两个串联的整流桥供电,变压器的容量为输出容量的 50%左右,电流 THD 值小于 3%,功率因数大于 98.9%,这种结构受不平衡影响较小;图 1.13(f)中使用 4 个二极管构成两个两抽头变换器,形成不经过负载的环流实现 24 脉波整流[39]。

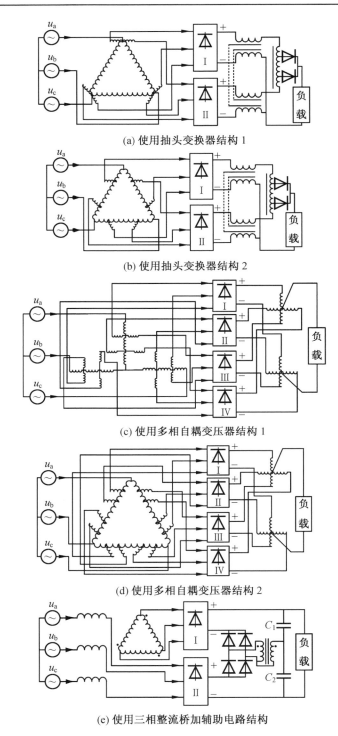

(a) 使用抽头变换器结构 1

(b) 使用抽头变换器结构 2

(c) 使用多相自耦变压器结构 1

(d) 使用多相自耦变压器结构 2

(e) 使用三相整流桥加辅助电路结构

图 1.13　非隔离式不控型 24 脉波整流器

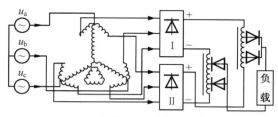

(f) 使用双抽头变换器结构

续图 1.13

表 1.4　图 1.13(c)电能质量参数

负载变化/%	THD 值/%		DF	DPF	RF/%
	电流	电压			
20	5.20	1.29	0.998	0.995	3.42
40	4.37	1.80	0.999	0.995	3.10
60	3.64	2.17	0.999	0.995	2.61
80	3.00	2.46	0.999	0.994	1.95
100	2.46	3.61	0.999	0.993	1.70

表 1.5　图 1.13(d)电能质量参数

负载变化/%	THD 值/%		DF	DPF	RF/%
	电流	电压			
20	5.08	1.23	0.998	0.992	3.70
40	4.27	1.71	0.998	0.994	3.27
60	3.57	2.09	0.998	0.993	2.85
80	2.95	2.37	0.999	0.993	2.10
100	2.45	2.52	0.999	0.992	1.85

(4)30 脉波不控整流器。

图 1.14 所示为非隔离式不控型 30 脉波整流器。图 1.14(a)所示整流器使用双 T 形自耦变压器[40,41]。图 1.14(b)所示整流器使用多边形自耦变压器[42],这类整流器中变压器结构复杂,且与图 1.13(c)所示整流器相比,谐波抑制能力下降。表 1.6 给出了二者的电能质量参数。

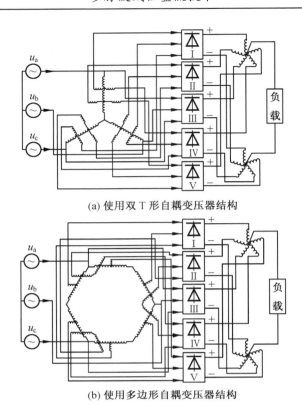

(a) 使用双 T 形自耦变压器结构

(b) 使用多边形自耦变压器结构

图 1.14　非隔离式不控型 30 脉波整流器

表 1.6　图 1.13(c) 与图 1.14(a) 电能质量参数对比分析

	THD 值/%		DF	DPF	RF/%
	电流	电压			
图 1.13(c)	2.90	1.72	0.999	0.996	0.005
图 1.14(a)	2.63	2.17	0.990	0.987	0.017

2. 非隔离式可控型多脉波整流器

(1) 12 脉波可控整流器。

图 1.15(a) 所示整流器使用三角形连接自耦变压器作为移相变压器[43,44]，其容量约为输出容量的 18%。图 1.15(b) 所示整流器是在 6 脉波晶闸管整流器的基础上附加辅助电路实现的[45]，该辅助电路主要由 3 部分组成，其中之字形变压器用来产生中性点，两个电容和小容量单相变压器实现电压均分，两个辅助晶闸管和单相自耦变压器组成电流注入电路。图 1.15(b) 所示整流器与其他整流器相比，没有电流不均衡问题，且可以根据需要使用 n 个晶闸管形成 $6n$ 脉波整流器。

(2) 36 脉波可控整流器。

图 1.16 所示为非隔离式可控型 36 脉波整流器[46]。由于该整流器使用了之字形自耦变压器，该自耦变压器与每个整流桥串联的漏抗基本相等，因而对称性较好。表 1.7 给

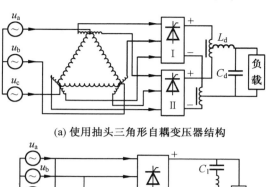

(a) 使用抽头三角形自耦变压器结构

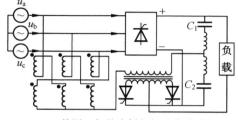

(b) 使用三相整流桥加辅助电路结构

图 1.15　非隔离式可控型 12 脉波整流器

出了控制角变化时的电能质量参数,电能质量受触发角的影响较大,此类现象同样存在于隔离式可控型整流器。

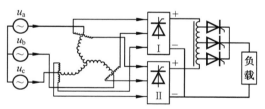

图 1.16　非隔离式可控型 36 脉波整流器

表 1.7　不同控制角下电能质量比较

负载变化/%	THD 值/%		DF	DPF	RF/%
	电流	电压			
10	3.935	3.594	0.998 6	0.980 0	0.978 6
30	4.829	6.473	0.996 7	0.867 7	0.864 9
60	5.81	6.760	0.996 0	0.501 6	0.496 6
75	7.243	5.147	0.995 8	0.264 5	0.263 9

1.2.3　基于移相电抗器的多脉波整流技术

在使用移相变压器只进行移相,而不进行升降压的场合,可以使用移相电抗器代替移相变压器。由于移相电抗器只对电压进行移相,且不承担升压和降压功能,所需要的移相线圈匝数相对较少,因此与移相变压器相比,其体积和质量要小得多。移相电抗器的结构如图 1.17 所示。

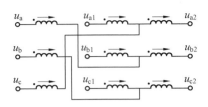

图 1.17　三相移相电抗器的绕组接线

图 1.18 所示为使用移相电抗器的多脉波整流器[47-53]。图 1.18(a)中移相电抗器输出的两组三相电压分别给两个二极管整流桥供电,可以根据要消除的谐波次数来设置不同的移相角,移相后交流侧输入电流中的 5、7、11 和 13 次等特征次谐波分量均有所下降,但仍未完全消除[47-52]。图 1.18(b)中,K. Oguchi 等通过对直流侧电流的调制进一步抑制了交流侧电流谐波[53]。

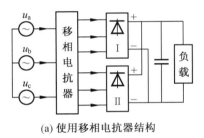
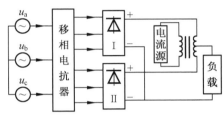

(a) 使用移相电抗器结构　　　　　　　　　　(b) 使用移相电抗器加电流调制结构

图 1.18　使用移相电抗器的多脉波整流器

1.2.4　基于直流侧谐波抑制方法的多脉波整流技术

由上文分析可知,无论整流器结构如何变化,所述多脉波整流器输入电流中总存在谐波,且 THD 值较大。针对该类整流器的缺点,S. Choi 等提出了在直流侧通过对整流桥输出电流进行调制来抑制输入电流谐波的方法[54],即在直流侧注入一定形状的电流以达到抑制谐波和提高功率因数的目的,这类整流器在本质上是采用直流侧功率因数校正方法对谐波进行抑制。图 1.19(a)与图 1.19(b)所示为 S. Choi 等提出的一类应用于非隔离式整流器的 PWM 变换器。两个整流桥并联且独立工作时,根据 6 脉波整流器的交、直流侧电流的关系[55],M. E. Villablanca 得到了如图 1.19(c)所示的整流器,该整流器分别在两个整流桥的直流侧使用开关器件,来控制交流侧电流波形。由于开关器件串联在主电路上,因此器件损耗较大[56]。图 1.19(d)所示整流器在两个整流桥的输出端分别使用单相逆变器[57],通过控制整流桥的输出电流波形来达到改善交流侧电流质量的目的。图 1.19(e)所示整流器在整流桥输出端接一个电流型 PWM 逆变电路[58],通过该逆变电路向整流器注入一定形状的谐波达到改善电流质量的目的。图 1.19(f)所示整流器在整流桥的输出端接两个 boost 电路[59],与图 1.19 中的其他整流器相比,该整流器结构简单且输出电压可调。图 1.19 所示整流器中除图 1.19(e)外,其余整流器在调制电路不能正常工作时均为 12 脉波整流,具有较高的可靠性。与前面的多脉波整流器相比,图 1.19 所示整流器电能质量有明显提高,在实际应用中,输入电流的 THD 值基本保持在 1% 左右(图 1.19(d)与图 1.19(f)所示整流器输入电流 THD 值分别为 3.8% 和 2.7%),在感性负载下功率因数接近 1,可称之为单位功率因数整流器。

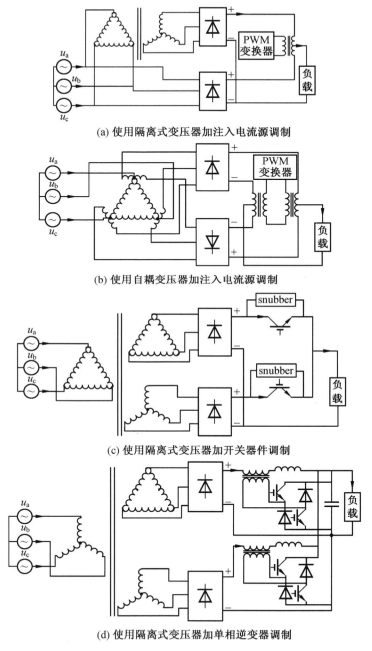

(a) 使用隔离式变压器加注入电流源调制

(b) 使用自耦变压器加注入电流源调制

(c) 使用隔离式变压器加开关器件调制

(d) 使用隔离式变压器加单相逆变器调制

图 1.19　直流侧电流调制多脉波整流器

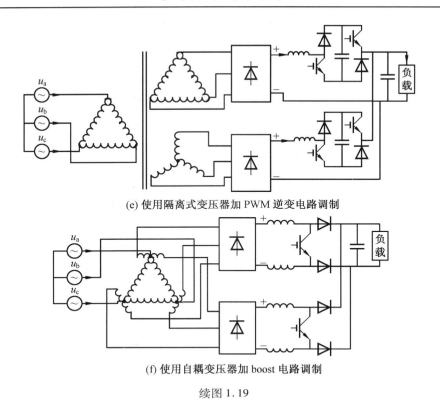

(e) 使用隔离式变压器加 PWM 逆变电路调制

(f) 使用自耦变压器加 boost 电路调制

续图 1.19

1.3　多脉波整流器性能评价指标

多脉波整流技术以其优良的谐波抑制能力和动态性能及实现的低复杂度,在大功率整流器中得到了广泛应用。根据对国内外研究现状的分析,可以从以下两个方面对多脉波整流器的性能进行评价:

(1)谐波抑制性能与实现复杂度。

谐波抑制能力是评价整流器性能的最重要指标,该性能不仅体现在稳态时输入电流具有较小的 THD 值,而且要求负载和输入电压发生突变时,输入电流 THD 值保持不变,即整流器具有较好的动态性能;在相同的谐波抑制能力下,实现方法越简单,可靠性越高,实现成本越低。

当整流桥为全桥整流电路时,表 1.8 所示为整流桥个数、整流器件个数与输入电流 THD 值之间的关系。

根据表 1.8,可以得到以下结论:多脉波整流器的性能与整流桥个数及整流桥中二极管或晶闸管的个数有关;整流桥个数越多,输入电流 THD 值和输出电压纹波系数越小,多脉波整流器性能越好。增加整流桥个数的一种有效方法是增加移相变压器输出相数,如图 1.13(c)、图 1.13(d)、图 1.14 所示的变压器。但是,增加移相变压器输出相数将导致变压器结构复杂,不仅会增加变压器设计和制造难度,还会降低材料利用率,增加变压器的等效容量。

表 1.8　整流桥个数、整流器件个数与输入电流 THD 值的关系(全桥整流)

整流桥个数	整流器件个数	输入电流 THD 值/%
1	6	30
2	12	15
3	18	11.5
4	24	7.5

在现有移相变压器中,12 脉波整流器所用移相变压器结构最为简单,但其输入电流 THD 值在大电感负载下约为 15%,该值大于电网对接入用电设备谐波的要求。为获得较好的性能,并使整流器具有较为简单的结构,现有多脉波整流器多使用直流侧谐波抑制技术,如使用抽头变换器(图 1.8(b))和有源平衡电抗器(图 1.19(a)和图 1.19(b))。

(2)系统对称性。

一个性能优良的多脉波整流器不仅要求谐波抑制能力好,同时系统对称性也是一个重要评价指标。在实际运行过程中,由于移相变压器和输入电压的不对称,三相输入电流幅值通常不相等,且彼此之间的相位差也不等于 120°。由此会导致谐波电流的"二次效应",即不对称的三相电流线路阻抗造成的谐波压降会反过来使电网电压波形也发生畸变,从而使电能质量进一步恶化。使用直流侧谐波抑制技术的多脉波整流器对系统对称性的要求更高,系统的不对称会导致两整流桥输出电流不相等,长时间运行可能导致整流器件烧毁。

根据上述分析,可以发现现有的多脉波整流器存在如下问题:

①传统的多脉波整流器只能抑制低次谐波,并有可能使高次谐波幅值增大。例如,在理想条件下,12 脉波整流器能够完全抵消 5、7 次谐波,但是会使 11、13 次谐波的幅值增大。

②获得尽可能高的整流脉波数是多脉波整流器的设计目标之一,增加移相变压器输出相数是获得高整流脉波数的传统途径,但是增加输出相数会使移相变压器结构复杂,增加其制造难度。

③多脉波整流器的性能受移相变压器制造精度影响较大,无论是隔离式变压器还是自耦变压器,在设计和制造时必须注意铁心结构和匝数设计;同时移相变压器绕组较多,可能会使系统对称性变差,导致输入电流中存在 3 次谐波。

能否同时抑制低次和高次谐波决定着系统的谐波抑制能力,而移相变压器的复杂度和对称性决定着系统成本,因此,寻找能够同时抑制低、高次谐波且移相变压器对称性好、复杂度低的多脉波整流技术成为大功率整流技术的一个研究热点。

第 2 章　多脉波线性整流器工作原理

增加输出电压脉波数能够有效抑制输入线电流谐波并降低输出电压纹波系数,因此获得尽可能高的整流脉波数是多脉波整流器的主要设计目标之一。增加移相变压器输出相数是增加整流脉波数的常用方法,但会显著增加移相变压器结构的复杂性,给设计和制造带来困难。在不增加移相变压器结构复杂性的前提下,使用多抽头变换器或有源平衡电抗器代替平衡电抗器是增加整流脉波数的有效方法。根据抽头数的不同,多抽头变换器通常分为两抽头、三抽头,直至 n 抽头。以 12 脉波整流器为例,若使用的抽头变换器抽头数为 n,则整流器的整流脉波数由 12 变为 $12n$,因此多抽头变换器能够显著抑制输入电流谐波。然而当抽头的个数达到一定值后,再增加抽头数不仅不能明显降低输入电流 THD 值,还会增加控制系统的复杂性。为此,本章研究用带副边的平衡电抗器(有源平衡电抗器)代替抽头变换器的方法,即通过在有源平衡电抗器的副边注入一定形状的电流来抑制网侧输入电流谐波。

上述两种方法从本质上来说都是通过直流侧调制整流桥输出电流来影响网侧输入电流,因此称之为直流侧谐波抑制。其中,抽头变换器属于无源谐波抑制方法,有源平衡电抗器是有源谐波抑制方法。本章主要分析多脉波整流器直流侧谐波抑制机理。

2.1　多脉波整流器的无源谐波抑制方法

2.1.1　抽头变换器工作模式分析

图 2.1 所示为使用两抽头变换器的 24 脉波整流器。在多脉波整流器中,抽头变换器主要有两个作用:一是吸收并联整流桥的输出电压瞬时差,保证各个整流桥能够独立工作;二是产生环流,抵消输入电流中 $12k\pm1$(k 为奇数)次谐波。为了便于分析,做以下假设:

(1)忽略自耦变压器的漏感。
(2)输入电压为对称的正弦波。
(3)整流桥为理想器件。
(4)忽略抽头变换器和自耦变压器的电阻。

图 2.1 所示整流器使用△连接自耦变压器作为移相器件,相对于使用隔离变压器的多脉波整流器而言,磁性器件容量显著降低,且对称性更好。由于多脉波整流器抑制谐波的机理相同,因此下述分析对于使用自耦变压器或隔离变压器的多脉波整流器皆适用。

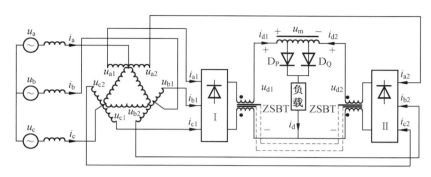

图 2.1　使用两抽头变换器的 24 脉波整流器

1. 吸收并联整流桥输出电压瞬时差

由于两个整流桥的输入电压之间存在 30°的相位差,因此它们的瞬时值不相等。此时,若不加平衡电抗器,则在两个整流桥中,只有瞬时电压较高的二极管导通,因此两组整流桥是轮流工作而不是并联工作。为了使两个整流桥并联独立运行,需要在两个整流桥输出端接平衡电抗器。平衡电抗器的作用是吸收两个整流桥输出电压的瞬时值之差,从其中点输出,从而使两个整流桥的输出电压瞬时值相等,保证这两组整流桥同时处于正常整流状态,并使输出电流平均分配在两组整流桥中,达到并联工作的目的。

2. 产生环流抵消网侧电流谐波

若单纯使用平衡电抗器而不加抽头,则整流器为 12 脉波运行,此时网侧电流中含有 $12k \pm 1$(k 为正整数)次谐波,与标准正弦波相比存在较为严重的畸变。若使用抽头变换器,则开关管的交替导通会产生不流经负载、只流经主整流器电路和抽头变换器所构成回路的环流。理想状态下,该环流可以抵消 $12k \pm 1$(k 为奇数)次谐波,使得理想条件下网侧电流存在的最低次谐波为 23 次。因此,抽头变换器能显著抑制输入电流的畸变。

抽头变换器的上述两个作用相对独立,前者要求抽头变换器在实际运行时有一个临界电感值,保证励磁电流小于每个整流桥输出电流的最小值;后者要求抽头变换器有一个最优变比,在实际运行时能够抵消 $12k \pm 1$(k 为奇数)次谐波。因此,临界电感值与最优变比是抽头变换器优化设计的两个重要方面。

为分析抽头变换器谐波抑制机理,必须先分析抽头变换器的工作模式。

设自耦变压器输入相电压为

$$\begin{cases} u_a = \sqrt{2}\,U_m \sin \omega t \\ u_b = \sqrt{2}\,U_m \sin(\omega t - \dfrac{2\pi}{3}) \\ u_c = \sqrt{2}\,U_m \sin(\omega t + \dfrac{2\pi}{3}) \end{cases} \tag{2.1}$$

其中,U_m 为输入相电压的有效值。

应用调制理论,可得两组整流桥的输出电压为

$$\begin{cases} u_{d1} = u_{a1}S_{a1} + u_{b1}S_{b1} + u_{c1}S_{c1} \\ u_{d2} = u_{a2}S_{a2} + u_{b2}S_{b2} + u_{c2}S_{c2} \end{cases} \tag{2.2}$$

其中,S_{a1}、S_{b1}、S_{c1}、S_{a2}、S_{b2}、S_{c2} 分别为两组整流桥各相的开关函数。

图 2.2 所示为 a1 相理想状态下的开关函数 S_{a1}。理想条件下,b1、c1 相开关函数与 a1 相开关函数的关系可以表示为

$$\begin{cases} S_{b1} = S_{a1} \angle -\dfrac{2\pi}{3} \\[2mm] S_{c1} = S_{a1} \angle +\dfrac{2\pi}{3} \end{cases} \tag{2.3}$$

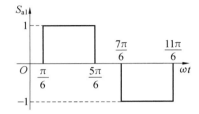

图 2.2　a1 相理想状态下的开关函数 S_{a1}

两个整流桥的同名相开关函数之间存在 $\pi/6$ 相位差,满足关系

$$\begin{cases} S_{a2} = S_{a1} \angle -\dfrac{\pi}{6} \\[2mm] S_{b2} = S_{b1} \angle -\dfrac{\pi}{6} \\[2mm] S_{c2} = S_{c1} \angle -\dfrac{\pi}{6} \end{cases} \tag{2.4}$$

因此,两组整流桥输出电压的具体表达式为

$$u_{d1} = \begin{cases} \sqrt{6}(\sqrt{3}-1)U_m\cos\left(\omega t + \dfrac{\pi}{12} - \dfrac{k\pi}{3}\right), & \omega t \in \left[\dfrac{k\pi}{3}, \dfrac{k\pi}{3} + \dfrac{\pi}{12}\right], k = 0,1,2,\cdots \\[3mm] \sqrt{6}(\sqrt{3}-1)U_m\cos\left(\omega t - \dfrac{\pi}{4} - \dfrac{k\pi}{3}\right), & \omega t \in \left[\dfrac{k\pi}{3} + \dfrac{\pi}{12}, \dfrac{(k+1)\pi}{3}\right], k = 0,1,2,\cdots \end{cases}$$

$$\tag{2.5}$$

$$u_{d2} = \begin{cases} \sqrt{6}(\sqrt{3}-1)U_m\cos\left(\omega t - \dfrac{\pi}{12} - \dfrac{k\pi}{3}\right), & \omega t \in \left[\dfrac{k\pi}{3}, \dfrac{k\pi}{3} + \dfrac{\pi}{4}\right], k = 0,1,2,\cdots \\[3mm] \sqrt{6}(\sqrt{3}-1)U_m\cos\left(\omega t - \dfrac{5\pi}{12} - \dfrac{k\pi}{3}\right), & \omega t \in \left[\dfrac{k\pi}{3} + \dfrac{\pi}{4}, \dfrac{(k+1)\pi}{3}\right], k = 0,1,2,\cdots \end{cases}$$

$$\tag{2.6}$$

抽头变换器的端电压 u_m 等于 $u_{d1} - u_{d2}$,所以

$$u_m = \begin{cases} -2\sqrt{3}(2-\sqrt{3})U_m\sin\left(\omega t - \dfrac{k\pi}{3}\right), & \omega t \in \left[\dfrac{k\pi}{3}, \dfrac{k\pi}{3} + \dfrac{\pi}{12}\right], k = 0,1,2,\cdots \\[3mm] 2\sqrt{3}(2-\sqrt{3})U_m\sin\left(\omega t - \dfrac{\pi}{6} - \dfrac{k\pi}{3}\right), & \omega t \in \left[\dfrac{k\pi}{3} + \dfrac{\pi}{12}, \dfrac{k\pi}{3} + \dfrac{\pi}{4}\right], k = 0,1,2,\cdots \\[3mm] -2\sqrt{3}(2-\sqrt{3})U_m\sin\left(\omega t - \dfrac{\pi}{3} - \dfrac{k\pi}{3}\right), & \omega t \in \left[\dfrac{k\pi}{3} + \dfrac{\pi}{4}, \dfrac{(k+1)\pi}{3}\right], k = 0,1,2,\cdots \end{cases}$$

$$\tag{2.7}$$

当抽头变换器端电压 $u_m > 0$,即 $u_{d1} > u_{d2}$ 时,二极管 D_P 导通,整流器工作于模式 P,如图 2.3(a)所示;当 $u_m < 0$,即 $u_{d1} < u_{d2}$ 时,二极管 D_Q 导通,整流器工作于模式 Q,如图 2.3(b)所示。下面分析这两种模式下两个整流桥输出电流 i_{d1} 与 i_{d2} 的表达式。

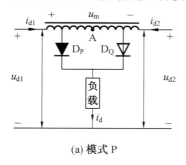
(a) 模式 P

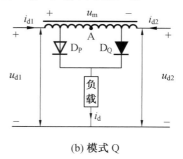
(b) 模式 Q

图 2.3　抽头变换器工作模式

在大电感负载下,可以认为输出电流 i_d 无脉动,为恒定值 I_d;同时忽略整流桥换相,可得 I_d 与两个整流桥输出电流的关系为

$$I_d = i_{d1} + i_{d2} \tag{2.8}$$

根据式(2.7),可以得到抽头变换器二极管的开关函数如图 2.4 所示。

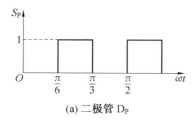
(a) 二极管 D_P

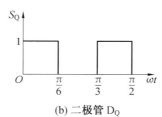
(b) 二极管 D_Q

图 2.4　理想状态下抽头变换器二极管开关函数

当抽头变换器处于模式 P 时,根据安匝平衡关系和式(2.8)可得

$$\begin{cases} i_{d1} = \dfrac{I_d}{2} + i_m \\[2mm] i_{d2} = \dfrac{I_d}{2} - i_m \end{cases} \tag{2.9}$$

同理,当抽头变换器处于模式 Q 时,可得

$$\begin{cases} i_{d1} = \dfrac{I_d}{2} - i_m \\[2mm] i_{d2} = \dfrac{I_d}{2} + i_m \end{cases} \tag{2.10}$$

其中,$i_m = \alpha_m I_d$,α_m 为抽头变换器变比,等于抽头变换器中心点到抽头位置的匝数与总匝数的比值。

由式(2.9)与式(2.10)可知,使用抽头变换器后,整流桥输出电流由两部分组成,分别为 $I_d/2$ 和 i_m。其中,$I_d/2$ 为 12 脉波整流时整流桥输出电流;i_m 为环流,它与抽头变换器的变比有关,是抽头变换器在整流器电流上的附加成分。在减小网侧电流的谐波方面,环

流起着重要作用。因此，a 相输入电流 i_a 的具体表达式与这两部分有关，可表示为

$$i_a = i_{as} + i_{am} \tag{2.11}$$

其中，i_{as} 与 $I_d/2$ 有关，为 12 脉波整流时输入电流；i_{am} 与 i_m 有关，是环流对输入电流的影响。

2.1.2 环流对输入电流的影响

当移相变压器具有图 2.1 所示结构时，不使用抽头变换器的 12 脉波整流器 a 相输入电流 i_{as} 可以表示为

$$i_{as} = i_{a1} + i_{a2} + \frac{2 - \sqrt{3}}{\sqrt{3}}(i_{c2} - i_{b2} + i_{b1} - i_{c1}) \tag{2.12}$$

根据各相开关函数的表达式，可得电流 i_{as} 波形如图 2.5 所示，对其进行傅立叶级数分解，可得

$$i_{as} = \frac{6\sqrt{2} - 2\sqrt{6}}{\pi}I_d\left[\sin\omega t - \sum_{k=1}^{\infty}\frac{\sin(12k \pm 1)\omega t}{12k \pm 1}\right] \tag{2.13}$$

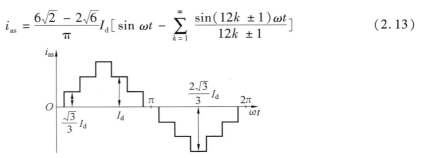

图 2.5 无抽头变换器时 a 相输入电流

由图 2.5 和式（2.13）可知，i_{as} 的波形在一个周期内具有 12 个阶梯，含有 $12k \pm 1$ 次谐波，与标准的正弦波相比，产生了较为严重的畸变，会对电力系统及用电设备造成危害。

根据基尔霍夫电流定律（Kirchhoff's Current Law，KCL）可得

$$i_{am} = \alpha_m I_d\left[S_{a1m} + S_{a2m} + \frac{2 - \sqrt{3}}{\sqrt{3}}(S_{c2m} - S_{b2m} + S_{b1m} - S_{c1m})\right] \tag{2.14}$$

其中

$$\begin{cases} S_{a1m} = S_{a1}(S_P - S_Q) \\ S_{b1m} = S_{b1}(S_P - S_Q) \\ S_{c1m} = S_{c1}(S_P - S_Q) \end{cases} \begin{cases} S_{a2m} = S_{a2}(S_Q - S_P) \\ S_{b2m} = S_{b2}(S_Q - S_P) \\ S_{c2m} = S_{c2}(S_Q - S_P) \end{cases} \tag{2.15}$$

由式（2.14）、式（2.15）及图 2.4 所示的二极管开关函数，可得 i_{am} 的波形如图 2.6 所示。

将图 2.6 所示的 i_{am} 进行傅立叶级数展开可得

$$i_{am} = \frac{4\sqrt{6}(\sqrt{3} - 1)\alpha_m I_d}{\pi}\left\{(\sqrt{6} - \sqrt{2} - 1)\left[\sin\omega t + \sum_{k=1}^{\infty}\frac{1}{24k \pm 1}\sin(24k \pm 1)\omega t\right] + \right.$$

$$\left.(\sqrt{6} - \sqrt{2} + 1)\left[\sum_{k=1}^{\infty}\frac{1}{24k - 13}\sin(24k - 13)\omega t + \sum_{k=1}^{\infty}\frac{1}{24k - 11}\sin(24k - 11)\omega t\right]\right\}$$

$$\tag{2.16}$$

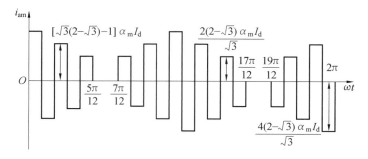

图 2.6　a 相网侧电流环流

将式(2.13)与式(2.16)相加,可得式(2.17)所示的带抽头变换器的整流器网侧输入电流傅立叶级数,以及式(2.18)所示的该输入电流的 THD 值表达式,即

$$i_a = \frac{4\sqrt{6}(\sqrt{3}-1)I_d}{\pi} \left\{ \left[\frac{1}{2} + (\sqrt{6}-\sqrt{2}-1)\alpha_m \right] \left[\sin\omega t + \sum_{k=1}^{\infty} \frac{\sin(24k\pm 1)\omega t}{24k\pm 1} \right] + \right.$$
$$\left. \left[(\sqrt{6}-\sqrt{2}+1)\alpha_m - \frac{1}{2} \right] \left[\sum_{k=1}^{\infty} \frac{\sin(24k-13)\omega t}{24k-13} + \sum_{k=1}^{\infty} \frac{\sin(24k-11)\omega t}{24k-11} \right] \right\} \quad (2.17)$$

$$\mathrm{THD} = \left\{ \left[(\sqrt{6}-\sqrt{2}+1)\alpha_m - \frac{1}{2} \right]^2 \left[\sum_{k=1}^{\infty} \left(\frac{1}{24k-13} \right)^2 + \sum_{k=1}^{\infty} \left(\frac{1}{24k-11} \right)^2 \right] + \right.$$
$$\left. \left[(\sqrt{6}-\sqrt{2}-1)\alpha_m - \frac{1}{2} \right]^2 \sum_{k=1}^{\infty} \left(\frac{1}{24k\pm 1} \right)^2 \right\}^{\frac{1}{2}} \left/ \left[\frac{1}{2} + (\sqrt{6}-\sqrt{2}-1)\alpha_m \right] \right. \quad (2.18)$$

由式(2.17)可知,若能正确选择抽头变换器的变比,就可以消除 $12k\pm 1$(k 为奇数)次谐波,但同时会使 $24k\pm 1$(k 为奇数)次谐波的幅值增大。

由式(2.18)可知,THD 值为 α_m 的函数,为了得到 THD 值的最小值,可在该式中对 α_m 求导数,并令导数为零,得到

$$\alpha_m = \frac{1}{2(\sqrt{6}-\sqrt{2}+1)} \quad (2.19)$$

将式(2.19)代入式(2.18),可知网侧电流中含有的最低次谐波为 23 次。此时,网侧电流的 THD 值为

$$\mathrm{THD} = \frac{\sqrt{\sum_{k=1}^{\infty}\left(\frac{1}{24k-1}\right)^2 + \sum_{k=1}^{\infty}\left(\frac{1}{24k+1}\right)^2}}{\sqrt{6}-\sqrt{2}} \quad (2.20)$$

通过上述理论分析可以发现,当不使用任何辅助器件时,12 脉波整流器输入电流的 THD 值为 15.20%,波形如图 2.5 所示,此时输入电流畸变较为严重;而使用两抽头变换器后,输入电流的 THD 值变为 7.6%,如式(2.20)所示,此时谐波得到明显抑制。

2.1.3　环流对输出电压的影响

由图 2.1 可得整流器的输出电压为

$$u_d = u_{d\alpha} + u_{d\beta} \quad (2.21)$$

其中,$u_{d\alpha}$ 为不使用抽头变换器时的输出电压,$u_{d\beta}$ 为抽头变换器的输出电压。其表达式分

别为

$$u_{d\alpha} = \frac{u_{d1} + u_{d2}}{2} \tag{2.22}$$

$$u_{d\beta} = \alpha_m (S_P - S_Q)(u_{d1} - u_{d2}) \tag{2.23}$$

将式(2.5)、式(2.6)代入式(2.22)可得

$$u_{d\alpha} = \begin{cases} \sqrt{2}\, U_m \cos(\omega t - \frac{k\pi}{3}), & \omega t \in \left[\frac{k\pi}{3}, \frac{k\pi}{3} + \frac{\pi}{12}\right], k = 0,1,2,\cdots \\ \sqrt{2}\, U_m \cos(\omega t - \frac{\pi}{6} - \frac{k\pi}{3}), & \omega t \in \left[\frac{k\pi}{3} + \frac{\pi}{12}, \frac{k\pi}{3} + \frac{\pi}{4}\right], k = 0,1,2,\cdots \\ \sqrt{2}\, U_m \cos(\omega t - \frac{\pi}{3} - \frac{k\pi}{3}), & \omega t \in \left[\frac{k\pi}{3} + \frac{\pi}{4}, \frac{k\pi}{3} + \frac{\pi}{3}\right], k = 0,1,2,\cdots \end{cases} \tag{2.24}$$

类似地,可得抽头变换器的输出电压为

$$u_{d\beta} = \begin{cases} 2\sqrt{3}(2-\sqrt{3}) U_m \alpha_m \sin(\omega t - \frac{k\pi}{3}), & \omega t \in \left[\frac{k\pi}{3}, \frac{k\pi}{3} + \frac{\pi}{12}\right], k = 0,1,2,\cdots \\ -2\sqrt{3}(2-\sqrt{3}) U_m \alpha_m \sin(\omega t - \frac{\pi}{6} - \frac{k\pi}{3}), & \omega t \in \left[\frac{k\pi}{3} + \frac{\pi}{12}, \frac{k\pi}{3} + \frac{\pi}{6}\right], k = 0,1,2,\cdots \\ 2\sqrt{3}(2-\sqrt{3}) U_m \alpha_m \sin(\omega t - \frac{\pi}{6} - \frac{k\pi}{3}), & \omega t \in \left[\frac{k\pi}{3} + \frac{\pi}{6}, \frac{k\pi}{3} + \frac{\pi}{4}\right], k = 0,1,2,\cdots \\ -2\sqrt{3}(2-\sqrt{3}) U_m \alpha_m \sin(\omega t - \frac{\pi}{3} - \frac{k\pi}{3}), & \omega t \in \left[\frac{k\pi}{3} + \frac{\pi}{4}, \frac{(k+1)\pi}{3}\right], k = 0,1,2,\cdots \end{cases} \tag{2.25}$$

因此,整流器的输出电压为

$$u_d = \begin{cases} \sqrt{3}\, U_m \left[\cos(\omega t - \frac{k\pi}{3}) + 2(2-\sqrt{3})\alpha_m \sin(\omega t - \frac{k\pi}{3})\right], \\ \qquad \omega t \in \left[\frac{k\pi}{3}, \frac{k\pi}{3} + \frac{\pi}{12}\right], k = 0,1,2,\cdots \\ \sqrt{3}\, U_m \left[\cos(\omega t - \frac{\pi}{6} - \frac{k\pi}{3}) - 2(2-\sqrt{3})\alpha_m \sin(\omega t - \frac{\pi}{6} - \frac{k\pi}{3})\right], \\ \qquad \omega t \in \left[\frac{k\pi}{3} + \frac{\pi}{12}, \frac{k\pi}{3} + \frac{\pi}{6}\right], k = 0,1,2,\cdots \\ \sqrt{3}\, U_m \left[\cos(\omega t - \frac{\pi}{6} - \frac{k\pi}{3}) + 2(2-\sqrt{3})\alpha_m \sin(\omega t - \frac{\pi}{6} - \frac{k\pi}{3})\right], \\ \qquad \omega t \in \left[\frac{k\pi}{3} + \frac{\pi}{6}, \frac{k\pi}{3} + \frac{\pi}{4}\right], k = 0,1,2,\cdots \\ \sqrt{3}\, U_m \left[\cos(\omega t - \frac{\pi}{3} - \frac{k\pi}{3}) - 2(2-\sqrt{3})\alpha_m \sin(\omega t - \frac{\pi}{3} - \frac{k\pi}{3})\right], \\ \qquad \omega t \in \left[\frac{k\pi}{3} + \frac{\pi}{4}, \frac{k\pi}{3} + \frac{\pi}{3}\right], k = 0,1,2,\cdots \end{cases} \tag{2.26}$$

定义直流侧输出电压的纹波系数为

$$K = \frac{(u_{\text{dmax}} - u_{\text{dmin}})}{2u_{\text{dav}}} \tag{2.27}$$

由式(2.24)可得,不使用抽头变换器时,对于 12 脉波整流器,有

$$\begin{cases} u_{\text{d}\alpha,12\text{max}} = \sqrt{3}\,U_{\text{m}} \\[2mm] u_{\text{d}\alpha,12\text{min}} = \dfrac{\sqrt{6}\,(1 + \sqrt{3}\,)U_{\text{m}}}{4} \\[3mm] u_{\text{d}\alpha,12\text{av}} = \dfrac{3\sqrt{6}\,(\sqrt{3} - 1)U_{\text{m}}}{\pi} \end{cases} \tag{2.28}$$

将式(2.28)代入式(2.27)可得 12 脉波整流器直流输出电压的纹波系数为 0.017 2。

由式(2.26)可得,对于使用两抽头变换器的多脉波整流器,有

$$\begin{cases} u_{\text{dmax}} = \sqrt{3}\,(\sqrt{3} - 1)U_{\text{m}}\sqrt{\dfrac{(\sqrt{3} + 1)^2}{2} + [\alpha_{\text{m}}(\sqrt{3} - 1)]^2} \\[4mm] u_{\text{dmin}} = \dfrac{\sqrt{6}\,(\sqrt{3} - 1)U_{\text{m}}}{2}\Big[\dfrac{2 + \sqrt{3}}{2} + (2 - \sqrt{3})\alpha_{\text{m}}\Big],\quad \alpha_{\text{m}} \leqslant \dfrac{1}{2(\sqrt{6} - \sqrt{2} + 1)} \\[4mm] u_{\text{dmin}} = \sqrt{3}\,U_{\text{m}},\qquad\qquad\quad \dfrac{1}{2(\sqrt{6} - \sqrt{2} + 1)} \leqslant \alpha_{\text{m}} < \dfrac{1}{2} \\[4mm] u_{\text{dav}} = \dfrac{3\sqrt{6}\,(\sqrt{3} - 1)U_{\text{m}}}{\pi}[1 + \sqrt{2}\,\alpha_{\text{m}}(2\sqrt{3} - 2 - \sqrt{2})] \end{cases} \tag{2.29}$$

因此,当 $\alpha_{\text{m}} < 1/[2(\sqrt{6} - \sqrt{2} + 1)]$ 时,纹波系数为

$$K_{\beta1} = \frac{\pi\left\{\sqrt{\left(\dfrac{\sqrt{3} + 1}{2}\right)^2 + [\alpha_{\text{m}}(\sqrt{3} - 1)]^2} - \alpha_{\text{m}}\dfrac{\sqrt{2}\,(2 - \sqrt{3})}{2} - \dfrac{\sqrt{2}\,(2 + \sqrt{3})}{4}\right\}}{3[\sqrt{2} + 2\alpha_{\text{m}}(2\sqrt{3} - 2 - \sqrt{2})]} \tag{2.30}$$

当 $1/[2(\sqrt{6} - \sqrt{2} + 1)] < \alpha_{\text{m}} < 1/2$ 时,纹波系数为

$$K_{\beta2} = \frac{\pi\left\{\sqrt{\left(\dfrac{\sqrt{3} + 1}{2}\right)^2 + [\alpha_{\text{m}}(\sqrt{3} - 1)]^2} - \dfrac{\sqrt{3} + 1}{2}\right\}}{3[\sqrt{2} + 2\alpha_{\text{m}}(2\sqrt{3} - 2 - \sqrt{2})]} \tag{2.31}$$

同样,为了获得最小纹波系数,分别对式(2.30)和式(2.31)中的 α_{m} 求导,并令导数等于零,得到

$$\alpha_{\text{m}} = \frac{1}{2\sqrt{6} - 2\sqrt{2} + 2} \tag{2.32}$$

将式(2.32)代入式(2.30)或式(2.31),可得直流侧输出电压的最小纹波系数为

$$K_{\beta} = 4.096 \times 10^{-3} \tag{2.33}$$

因此,相对于 12 脉波整流器,使用两抽头变换器的多脉波整流器的直流侧输出电压的纹波系数显著减小。

2.2　直流侧环流与交流侧电流谐波

2.2.1　环流在整流器中的表现形式

理想状况下,使用两抽头变换器的 24 脉波整流器能够完全消除 $12k \pm 1$(k 为奇数)次谐波。定义完全消除 $12k \pm 1$(k 为奇数)次谐波需要的环流为显性环流。在实际系统中,两抽头变换器产生的环流除显性环流外还有隐性环流。如果不考虑换相,两抽头变换器产生的环流在自耦变压器副边的表现形式为

$$\begin{cases} i_{\text{a1m}} = \alpha_{\text{m}} I_{\text{d}} S_{\text{a1}}(S_{\text{P}} - S_{\text{Q}}) \\ i_{\text{b1m}} = \alpha_{\text{m}} I_{\text{d}} S_{\text{b1}}(S_{\text{P}} - S_{\text{Q}}) \\ i_{\text{c1m}} = \alpha_{\text{m}} I_{\text{d}} S_{\text{c1}}(S_{\text{P}} - S_{\text{Q}}) \end{cases} \quad \begin{cases} i_{\text{a2m}} = \alpha_{\text{m}} I_{\text{d}} S_{\text{a2}}(S_{\text{Q}} - S_{\text{P}}) \\ i_{\text{b2m}} = \alpha_{\text{m}} I_{\text{d}} S_{\text{b2}}(S_{\text{Q}} - S_{\text{P}}) \\ i_{\text{c2m}} = \alpha_{\text{m}} I_{\text{d}} S_{\text{c2}}(S_{\text{Q}} - S_{\text{P}}) \end{cases} \quad (2.34)$$

环流在自耦变压器原边表现形式为

$$\begin{cases} i_{\text{1m}} = \dfrac{2 - \sqrt{3}}{\sqrt{3}}(i_{c2\text{m}} - i_{c1\text{m}}) \\[2mm] i_{\text{2m}} = \dfrac{2 - \sqrt{3}}{\sqrt{3}}(i_{a2\text{m}} - i_{a1\text{m}}) \\[2mm] i_{\text{3m}} = \dfrac{2 - \sqrt{3}}{\sqrt{3}}(i_{b2\text{m}} - i_{b1\text{m}}) \end{cases} \quad (2.35)$$

根据 2.1.1 节给出的理想状态下抽头变换器二极管和整流桥二极管的开关函数,可得环流在自耦变压器原边与副边的具体表达式分别为

$$\begin{cases} i_{\text{1m}} = \dfrac{-(2 - \sqrt{3})\alpha_{\text{m}} I_{\text{d}}}{\sqrt{3}} \displaystyle\sum_{k=\text{odd}}^{\infty} \dfrac{16}{k\pi}\sin\dfrac{k\pi}{3}\sin\dfrac{k\pi}{12}\left(2\sin\dfrac{k\pi}{12} - \sin\dfrac{k\pi}{6}\right)\cos k\left(\omega t + \dfrac{2\pi}{3}\right) \\[3mm] i_{\text{2m}} = \dfrac{-(2 - \sqrt{3})\alpha_{\text{m}} I_{\text{d}}}{\sqrt{3}} \displaystyle\sum_{k=\text{odd}}^{\infty} \dfrac{16}{k\pi}\sin\dfrac{k\pi}{3}\sin\dfrac{k\pi}{12}\left(2\sin\dfrac{k\pi}{12} - \sin\dfrac{k\pi}{6}\right)\cos k\omega t \\[3mm] i_{\text{3m}} = \dfrac{-(2 - \sqrt{3})\alpha_{\text{m}} I_{\text{d}}}{\sqrt{3}} \displaystyle\sum_{k=\text{odd}}^{\infty} \dfrac{16}{k\pi}\sin\dfrac{k\pi}{3}\sin\dfrac{k\pi}{12}\left(2\sin\dfrac{k\pi}{12} - \sin\dfrac{k\pi}{6}\right)\cos k\left(\omega t - \dfrac{2\pi}{3}\right) \end{cases}$$

$$(2.36)$$

$$\begin{cases} i_{a1m} = \alpha_m I_d \sum_{k=odd}^{\infty} \dfrac{8}{k\pi} \sin \dfrac{k\pi}{3} \left(2\sin \dfrac{k\pi}{12} - \sin \dfrac{k\pi}{6}\right) \sin k\left(\omega t + \dfrac{\pi}{12}\right) \\[2mm] i_{b1m} = \alpha_m I_d \sum_{k=odd}^{\infty} \dfrac{8}{k\pi} \sin \dfrac{k\pi}{3} \left(2\sin \dfrac{k\pi}{12} - \sin \dfrac{k\pi}{6}\right) \sin k\left(\omega t + \dfrac{\pi}{12} - \dfrac{2\pi}{3}\right) \\[2mm] i_{c1m} = \alpha_m I_d \sum_{k=odd}^{\infty} \dfrac{8}{k\pi} \sin \dfrac{k\pi}{3} \left(2\sin \dfrac{k\pi}{12} - \sin \dfrac{k\pi}{6}\right) \sin k\left(\omega t + \dfrac{\pi}{12} + \dfrac{2\pi}{3}\right) \\[2mm] i_{a2m} = \alpha_m I_d \sum_{k=odd}^{\infty} \dfrac{8}{k\pi} \sin \dfrac{k\pi}{3} \left(2\sin \dfrac{k\pi}{12} - \sin \dfrac{k\pi}{6}\right) \sin k\left(\omega t - \dfrac{\pi}{12}\right) \\[2mm] i_{b2m} = \alpha_m I_d \sum_{k=odd}^{\infty} \dfrac{8}{k\pi} \sin \dfrac{k\pi}{3} \left(2\sin \dfrac{k\pi}{12} - \sin \dfrac{k\pi}{6}\right) \sin k\left(\omega t - \dfrac{\pi}{12} - \dfrac{2\pi}{3}\right) \\[2mm] i_{c2m} = \alpha_m I_d \sum_{k=odd}^{\infty} \dfrac{8}{k\pi} \sin \dfrac{k\pi}{3} \left(2\sin \dfrac{k\pi}{12} - \sin \dfrac{k\pi}{6}\right) \sin k\left(\omega t - \dfrac{\pi}{12} + \dfrac{2\pi}{3}\right) \end{cases} \quad (2.37)$$

为了消除网侧电流中的 $12k \pm 1$（k 为奇数）次谐波,自耦变压器的原边和副边电流中仅需要存在 $12k \pm 1$（k 为奇数）次环流谐波,因此显性环流在自耦变压器的表现为 $12k \pm 1$（k 为奇数）次谐波。式(2.36)与式(2.37)中,除 $12k \pm 1$（k 为奇数）次谐波外其余谐波皆称为隐性环流,其中 $12k \pm 1$（k 为偶数）次谐波会使整流器中已有的该次谐波幅值增大,因而称之为半隐性环流;$k = 1$ 时的环流会增大网侧电流中的基波成分,因此能够略微增加整流器的输入电流等级;$6k \pm 1$（k 为奇数）次环流由于结构的对称性而在网侧能够相互抵消,但同时也能够导致自耦变压器等器件的容量增大,称之为全隐性环流。

2.2.2　交、直流侧环流的谐波抑制作用

根据抽头变换器的工作模式,可得环流在每个整流桥输出电流中表现为

$$\begin{cases} i_{d1m} = (S_P - S_Q) i_m \\ i_{d2m} = (S_Q - S_P) i_m \end{cases} \quad (2.38)$$

结合式(2.34)和式(2.38),可得

$$\begin{cases} i_{a1m} = S_{a1}(S_P - S_Q) i_m \\ i_{b1m} = S_{b1}(S_P - S_Q) i_m, \\ i_{c1m} = S_{c1}(S_P - S_Q) i_m \end{cases} \quad \begin{cases} i_{a2m} = S_{a2}(S_Q - S_P) i_m \\ i_{b2m} = S_{b2}(S_Q - S_P) i_m \\ i_{c2m} = S_{c2}(S_Q - S_P) i_m \end{cases} \quad (2.39)$$

式(2.39)建立了直流侧环流与移相变压器输出电流之间的关系。

图 2.1 中,根据 KCL 可得环流在 a 相的表现为

$$i_{am} = i_{a1m} + i_{a2m} + \frac{2 - \sqrt{3}}{\sqrt{3}} (i_{c2m} - i_{b2m} + i_{b1m} - i_{c1m}) \quad (2.40)$$

将式(2.39)代入式(2.40),可得

$$i_{am} = (S_P - S_Q) i_m \left[S_{a1} - S_{a2} + \frac{2 - \sqrt{3}}{\sqrt{3}} (-S_{c2} + S_{b2} + S_{b1} - S_{c1}) \right] \quad (2.41)$$

式(2.41)也可以改写为

$$i_{am} = (S_Q - S_P) i_m \left[S_{a2} - S_{a1} + \frac{2 - \sqrt{3}}{\sqrt{3}} (S_{c2} - S_{b2} - S_{b1} + S_{c1}) \right] \quad (2.42)$$

综合式（2.38）、式（2.41）以及式（2.42）可得

$$\begin{cases} \dfrac{i_{am}}{i_{d1m}} = S_{a1} - S_{a2} + \dfrac{2 - \sqrt{3}}{\sqrt{3}} (- S_{c2} + S_{b2} + S_{b1} - S_{c1}) \\[3mm] \dfrac{i_{am}}{i_{d2m}} = S_{a2} - S_{a1} + \dfrac{2 - \sqrt{3}}{\sqrt{3}} (S_{c2} - S_{b2} - S_{b1} + S_{c1}) \end{cases} \quad (2.43)$$

式（2.43）所示为整流桥输出环流与该环流在网侧输入电流中表现形式的关系，可以认为式中右侧部分为直流侧环流与交流侧 a 相环流的传递函数，即

$$G_{am} = 2S_{c2} - 2S_{b1} + \frac{2}{\sqrt{3}} (- S_{c2} + S_{b2} + S_{b1} - S_{c1}) \quad (2.44)$$

图 2.7 所示为一个周期内环流的传递函数。以两抽头变换器为例，环流在直流侧产生，如图 2.8 所示。若将图 2.7 和图 2.8 中所示数值按照相位顺序相乘，则可以得出与图 2.6 所示相同的波形。

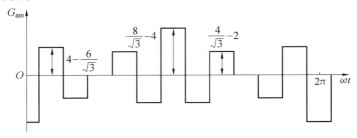

图 2.7　环流传递函数

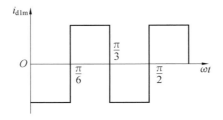

图 2.8　整流桥 1 所流经环流

同理，可得直流侧环流与 b 相、c 相环流的传递函数为

$$\begin{cases} G_{bm} = 2S_{a2} - 2S_{c1} + \dfrac{2}{\sqrt{3}} (- S_{a2} + S_{c2} + S_{c1} - S_{a1}) \\[3mm] G_{cm} = 2S_{b2} - 2S_{a1} + \dfrac{2}{\sqrt{3}} (- S_{b2} + S_{a2} + S_{a1} - S_{b1}) \end{cases} \quad (2.45)$$

根据上述分析，可以得出以下结论：

（1）理想情况下，即式（2.17）中，可以令 $\alpha_m = 1 / [2(\sqrt{6} - \sqrt{2} + 1)]$ 来完全消除整流器输入电流中的 $12k \pm 1$（k 为奇数）次谐波。所需环流的表达式为

$$i_{aml} = \frac{4\sqrt{6}(\sqrt{3}-1)(\sqrt{6}-\sqrt{2}+1)\alpha_m I_d}{\pi} \sum_{k=1}^{\infty} \frac{1}{12(2k-1)\pm 1}\sin\left[12(2k-1)\pm 1\right]\omega t$$

$$(2.46)$$

此时环流在交流侧的其他成分为

$$i_{am,else} = i_{am2} + i_{am3} \tag{2.47}$$

其中

$$\begin{cases} i_{am2} = \dfrac{4\sqrt{6}(\sqrt{3}-1)(\sqrt{6}-\sqrt{2}-1)\alpha_m I_d}{\pi}\sin\omega t \\ i_{am3} = \dfrac{4\sqrt{6}(\sqrt{3}-1)(\sqrt{6}-\sqrt{2}-1)\alpha_m I_d}{\pi}\sum_{k=1}^{\infty}\dfrac{1}{24k\pm 1}\sin(24k\pm1)\omega t \end{cases} \tag{2.48}$$

由式(2.48)可知,当 $\alpha_m = 1/[2(\sqrt{6}-\sqrt{2}+1)]$ 时,基波分量大于零,因此环流将使输入电流基波分量增大。此时, $12k\pm1$(k 为偶数)次谐波分量也大于零,因此环流在使 $12k\pm1$(k 为奇数)次谐波分量为零的同时,增大了 $12k\pm1$(k 为偶数)次谐波分量,这是环流的一个负面效应。另外由式(2.17)可知,要使 $12k\pm1$(k 为偶数)次谐波分量为零, α_m 一定小于零,显然这是不可能的。因此,在同一整流器中不可能再使用另一个抽头变换器来消除 $12k\pm1$(k 为偶数)次谐波分量。

(2) 两抽头变换器产生的环流满足 $i_{dm2} = -i_{dm1}$,即流经两个整流桥的环流大小相等、方向相反。由于 $i_{dm2}+i_{dm1}=0$,可以认为该环流不流经负载,因此两抽头变换器抑制谐波的机理可以描述为:两个二极管交替导通产生一个不流经负载的环流,当该环流流经交流侧时,其含有的 $12k\pm1$(k 为奇数)次谐波分量与原12脉波器中含有的 $12k\pm1$(k 为奇数)次谐波分量幅值相等、相位相反,二者相互抵消从而达到抑制谐波的目的。

(3) 即使不使用抽头变换器而使用其他器件,若能产生类似于式(2.46)的环流,那么网侧输入电流中的 $12k\pm1$(k 为奇数)次谐波也同样能够被抑制。进一步分析可知,若能产生式(2.48)中所示的环流 i_{am3} ,则能够抵消 $12k\pm1$(k 为偶数)次谐波分量;若产生的环流等于 i_{aml} 与 i_{am3} 之和,则整流器将实现输入电流零谐波。

2.3　多脉波整流器的有源谐波抑制方法

由2.2节可知,使用两抽头变换器虽然可以完全消除某些特征次谐波,但同时会使另外一些次数的谐波分量幅值增大,且无论抽头数有多少,该问题都同样存在。在文献[25]中,作者给出了使用 n(n 大于3)抽头的多脉波整流器,并给出当 $n=5$ 时,网侧输入电流的 THD 理论值为4%左右。综合使用抽头变换器的各种多脉波整流器,可得以下结论:

(1)随着抽头变换器抽头数的增多,整流器谐波抑制能力将减弱。图2.9所示为抽头数与输入电流 THD 理论值之间的关系。由该图可知,当抽头数成倍增加时,THD 值并没有成倍减小,并且随着抽头数的增加,THD 值减小速率在下降,即谐波抑制能力在减弱。产生这种现象的主要原因是,抽头变换器在抑制低次谐波的同时会使高次谐波幅值增大。

（2）随着抽头变换器抽头数的增多,控制系统将会越来越复杂,从而导致系统成本增加。

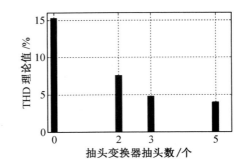

图 2.9　抽头数与 THD 理论值之间的关系

为了抑制高次谐波分量,本节使用 2.2 节提到的环流抑制输入电流谐波原理,通过在直流侧产生某种形状的环流来抑制全部谐波分量。

假设系统输出电流为 i_d,无环流时两个整流桥输出电流分别为 i_{d1} 和 i_{d2}。根据 12 脉波整流器的特点,i_{d1} 和 i_{d2} 大小相等,i_{d2} 滞后 i_{d1} 30°,且 i_{d1} 和 i_{d2} 的周期均为 60°。当整流器存在环流时,输入电流可以表示为

$$\begin{cases} i_a = G_{a1}i_{d1} + G_{a2}i_{d2} + G_{am}i_{am} \\ i_b = G_{b1}i_{d1} + G_{b2}i_{d2} + G_{bm}i_{bm} \\ i_c = G_{c1}i_{d1} + G_{c2}i_{d2} + G_{cm}i_{cm} \end{cases} \tag{2.49}$$

其中

$$\begin{cases} G_{a1} = 2\left[(S_{b1} - S_{c1})/\sqrt{3} - S_{b1} \right] \\ G_{a2} = 2\left[(S_{c2} - S_{b2})/\sqrt{3} - S_{c2} \right] \\ G_{b1} = 2\left[(S_{c1} - S_{a1})/\sqrt{3} - S_{c1} \right] \\ G_{b2} = 2\left[(S_{a2} - S_{c2})/\sqrt{3} - S_{a2} \right] \\ G_{c1} = 2\left[(S_{a1} - S_{b1})/\sqrt{3} - S_{a1} \right] \\ G_{c2} = 2\left[(S_{b2} - S_{c2})/\sqrt{3} - S_{b2} \right] \end{cases} \tag{2.50}$$

为了对各相环流加以区别,式(2.49)中各相环流分别用 i_{am}、i_{bm} 和 i_{cm} 来表示。

对于平衡三相系统有:$i_a + i_b + i_c = 0$。因此,三相输入电流中只有其中两相是独立的,即其中一相的电流可以用其他两相电流来表示。若只考虑 a 相和 b 相,则由式(2.49)可得

$$\begin{cases} i_{am} = \dfrac{i_a - G_{a1}i_{d1} - G_{a2}i_{d2}}{G_{am}} \\ i_{bm} = \dfrac{i_b - G_{b1}i_{d1} - G_{b2}i_{d2}}{G_{bm}} \end{cases} \tag{2.51}$$

2.3.1　零谐波环流形状分析

对于 12 脉波整流器在大电感负载下,若不考虑环流,则可以认为两个整流桥输出电流满足

$$i_{d1} = i_{d2} = \frac{I_d}{2} \tag{2.52}$$

则式(2.51)可简化为

$$\begin{cases} i_{am} = \dfrac{2i_a - (G_{a1} + G_{a2})I_d}{2G_{am}} \\[3mm] i_{bm} = \dfrac{2i_b - (G_{b1} + G_{b2})I_d}{2G_{bm}} \end{cases} \tag{2.53}$$

由式(2.53)可知,可以通过控制环流 i_m 的波形使整流器输入电流为标准正弦波。假设 i_a 为标准正弦波,即有

$$i_a = \sqrt{2}\,I_{a,1}\sin \omega t \tag{2.54}$$

其中, $I_{a,1}$ 为基波有效值。

根据输入功率等于负载功率,可得

$$\sqrt{3}\,U_{LL}I_{a,1} = U_d I_d \tag{2.55}$$

又根据输入线电压与输出电压之间的关系,有

$$U_d = \sqrt{\frac{\pi + 3}{\pi}}\,\frac{(2 + \sqrt{3})\,U_{LL}}{4} \tag{2.56}$$

将式(2.56)代入式(2.55)可得

$$I_{a,1} = \sqrt{\frac{\pi + 3}{3\pi}}\,\frac{(2 + \sqrt{3})}{4}I_d \tag{2.57}$$

因此,将式(2.57)代入式(2.54)可得

$$i_a = \sqrt{\frac{\pi + 3}{3\pi}}\,\frac{2 + \sqrt{3}}{2\sqrt{2}}I_d\sin \omega t \tag{2.58}$$

若用带副边的有源平衡电抗器代替直流侧的平衡电抗器,如图 2.10 所示,并在其副边注入所需要的环流,则通过下面的分析可知当环流满足一定要求时,可以实现输入电流零谐波。

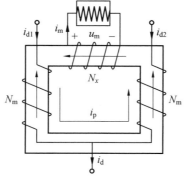

图 2.10　有源平衡电抗器结构示意图

图 2.10 中，当有源平衡电抗器各绕组的匝数满足 $N_x = 2N_m$ 时，a 相环流满足

$$i_{am} = \frac{2i_a - (G_{a1} + G_{a2})I_d}{2G_{am}} \tag{2.59}$$

将式(2.44)和式(2.50)代入式(2.59)，使用 Matlab 绘制 i_{am} 的图形，如图 2.11(a)所示；该环流存在时，根据式(2.53)可得 a 相电流如图 2.11(b)所示。

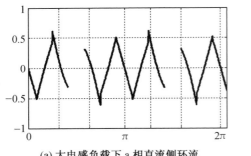

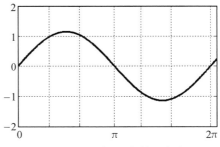

(a) 大电感负载下 a 相直流侧环流　　　　(b) 注入环流后 a 相输入电流

图 2.11　大电感负载下 a 相直流侧环流及注入环流后 a 相输入电流

由图 2.11(b)可知，当 a 相环流如图 2.11(a)所示时，a 相输入电流为理想正弦波。将使用两抽头变换器的多脉波整流器的输入电流与 12 脉波整流器的输入电流进行对比，可知环流所起作用十分显著。然而该环流仍存在两个明显缺陷，如下所述：

(1)由于在区间 $[5\pi/12, 7\pi/12]$ 和 $[17\pi/12, 19\pi/12]$ 内 G_{am} 等于零，即式(2.59)中环流 i_{am} 的分母等于零，由此导致环流在一个周期内存在两段断续状态且不规则，而波形的不规则以及断续会增加实际应用的困难。

(2)图 2.11(a)仅为 a 相输入电流为标准正弦波时的环流，若将该环流注入有源平衡电抗器的副边，则 b 相和 c 相的输入电流如图 2.12 所示。由图 2.12 可知注入图 2.11(a)所示的环流，虽然能够抑制 a 相输入电流谐波，但对 b 相和 c 相可能会起反作用。当 i_b 或 i_c 为理想正弦波时，所需直流侧环流如图 2.13 所示。

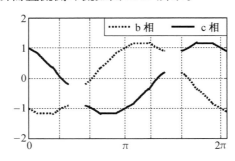

图 2.12　环流为 i_{am} 时 b、c 相输入电流

对比图 2.11(a)和图 2.13 可知，若要使三相输入电流皆为正弦波，环流 i_{am}、i_{bm} 和 i_{cm} 应为不对称的正弦波，且彼此之间存在 120° 的相位差。然而这种不对称的电流波形不仅很难产生，而且在有源平衡电抗器副边注入任意一种环流时不能同时保证三相输入电流均为理想正弦波。

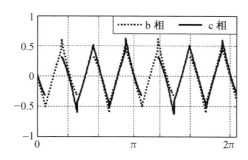

图 2.13　b 相与 c 相环流

　　若将图 2.11(a)和图 2.13 中环流不连续处连接起来可以发现,所得波形近似为一个频率为 6 倍电源频率、幅值约为 $0.5I_d$ 的三角波。若将图 2.14(a)所示的频率为 300 Hz、幅值为 $0.5I_d$ 的规则三角波"注入"有源平衡电抗器副边,可得各相输入电流如图 2.14(b)所示。由图 2.14(b)可知,三相输入电流波形相同,均已非常接近理想正弦波,三者彼此之间的相位相差 120°。

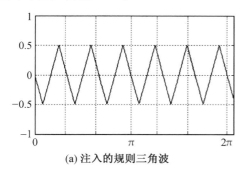
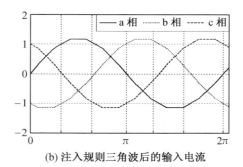

(a) 注入的规则三角波　　　　　　　　　(b) 注入规则三角波后的输入电流

图 2.14　注入的规则三角波及注入后的各相输入电流

　　根据图 2.14(a)可知,有源平衡电抗器产生的环流 i_m 近似为 6 倍电网频率的正负对称三角波,其幅值为输出电流的一半,相位满足过零点与输入相电压过零点重合,其表达式满足

$$i_m = I_d \sum_{n=1}^{\infty} \frac{4}{n^2 \pi^2} \sin \frac{3n\pi}{2} \sin 6n\omega t \tag{2.60}$$

　　假设有源平衡电抗器副边电路的电流调制在其原边绕组产生的环流 i_p 的方向如图 2.10 所示,根据系统的对称性可得两组整流桥的输出电流满足

$$\begin{cases} i_{d1} = 0.5I_d + i_p \\ i_{d2} = 0.5I_d - i_p \end{cases} \tag{2.61}$$

因此,两组整流桥输出电流可以表示为

$$\begin{cases} i_{d1} = I_d \left(\dfrac{1}{2} + \displaystyle\sum_{n=1}^{\infty} \dfrac{4}{n^2 \pi^2} \sin \dfrac{3n\pi}{2} \sin 6n\omega t \right) \\[3mm] i_{d2} = I_d \left(\dfrac{1}{2} - \displaystyle\sum_{n=1}^{\infty} \dfrac{4}{n^2 \pi^2} \sin \dfrac{3n\pi}{2} \sin 6n\omega t \right) \end{cases} \tag{2.62}$$

由式(2.62)可得两整流桥输出电流如图2.15(a)所示,整流桥输出电流为临界连续,环流的峰值时刻对应整流桥工作的临界点。

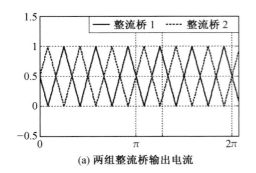

(a) 两组整流桥输出电流

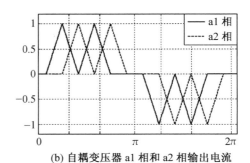

(b) 自耦变压器 a1 相和 a2 相输出电流

图 2.15　整流桥输出电流与自耦变压器输出电流

根据三相整流桥的工作特点,可以得到自耦变压器的 a1 相与 a2 相输出电流如图 2.15(b)所示。对图 2.15(a)中的 i_{a1} 和 i_{a2} 进行傅立叶级数展开,可得

$$\begin{cases} i_{a1} = I_d \sum_{n=1}^{\infty} \dfrac{24}{(n\pi)^2} \sin \dfrac{n\pi}{2} \left(2\cos \dfrac{n\pi}{6} - \cos \dfrac{n\pi}{3} - 1 \right) \sin n\left(\omega t + \dfrac{\pi}{12} \right) \\ i_{a2} = I_d \sum_{n=1}^{\infty} \dfrac{24}{(n\pi)^2} \sin \dfrac{n\pi}{2} \left(2\cos \dfrac{n\pi}{6} - \cos \dfrac{n\pi}{3} - 1 \right) \sin n\left(\omega t - \dfrac{\pi}{12} \right) \end{cases} \quad (2.63)$$

同理可得

$$\begin{cases} i_{b1} = I_d \sum_{n=1}^{\infty} \dfrac{24}{(n\pi)^2} \sin \dfrac{n\pi}{2} \left(2\cos \dfrac{n\pi}{6} - \cos \dfrac{n\pi}{3} - 1 \right) \sin n\left(\omega t + \dfrac{\pi}{12} - \dfrac{2\pi}{3} \right) \\ i_{b2} = I_d \sum_{n=1}^{\infty} \dfrac{24}{(n\pi)^2} \sin \dfrac{n\pi}{2} \left(2\cos \dfrac{n\pi}{6} - \cos \dfrac{n\pi}{3} - 1 \right) \sin n\left(\omega t - \dfrac{\pi}{12} - \dfrac{2\pi}{3} \right) \\ i_{c1} = I_d \sum_{n=1}^{\infty} \dfrac{24}{(n\pi)^2} \sin \dfrac{n\pi}{2} \left(2\cos \dfrac{n\pi}{6} - \cos \dfrac{n\pi}{3} - 1 \right) \sin n\left(\omega t + \dfrac{\pi}{12} + \dfrac{2\pi}{3} \right) \\ i_{c2} = I_d \sum_{n=1}^{\infty} \dfrac{24}{(n\pi)^2} \sin \dfrac{n\pi}{2} \left(2\cos \dfrac{n\pi}{6} - \cos \dfrac{n\pi}{3} - 1 \right) \sin n\left(\omega t - \dfrac{\pi}{12} + \dfrac{2\pi}{3} \right) \end{cases} \quad (2.64)$$

因此,a 相输入电流 i_a 的表达式为

$$i_a = \sum_{n=1}^{\infty} \frac{48 I_d}{(n\pi)^2} \left[\sin \frac{n\pi}{2} \left(2\cos \frac{n\pi}{6} - \cos \frac{n\pi}{3} - 1 \right) \right] \left[\cos \frac{n\pi}{12} + \frac{2}{\sqrt{3}} \sin \frac{2n\pi}{3} \sin \frac{n\pi}{12} \right] \sin n\omega t$$

$$(2.65)$$

使用 Matlab 软件编程分析网侧输入电流 i_a 的各次谐波值,可知 i_a 中的 $12k\pm1$ 次谐波几乎消除,其电流谐波总畸变率为 1.06%。

2.3.2　环流幅值和相位特性对输入电流的影响

产生满足式(2.60)的环流能够有效抑制输入电流谐波,其幅值和相位条件均是由图 2.14(a)近似所得,本章将继续分析三角波环流幅值和相位对输入电流的影响,以确定谐波抑制效果与环流参数的关系。

当环流幅值满足 $i_{pm}/I_d > 0.5$ 时,由式(2.62)和图 2.15(a)可知,整流桥输出电流将出现负值,又二极管整流桥电流只能单向流通,此时整流桥将工作在断续状态,整流器将不能正常工作。为了保证系统的正常工作,需要保证环流幅值条件。当环流满足相位条件,且环流幅值满足 $i_{pm}/I_d \leqslant 0.5$ 时,图 2.16 给出了两种情况下,三相输入电流波形及其 THD 值。图 2.17 所示为环流幅值 i_{pm} 从 $0.25I_d$ 变化到 $0.5I_d$ 时,输入电流 THD 值的变化情况。由图 2.16 可知,当环流幅值降低时,输入电流的 $(12k \pm 1)$ 次谐波抑制效果变差,THD 值增大;由图 2.17 可知,环流幅值越低,对应输入电流 THD 值越大,谐波抑制效果越差,当 $i_{pm}/I_d \approx 0.5$ 时,整流器达到最优的谐波抑制效果。

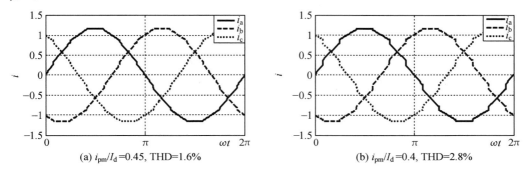

(a) $i_{pm}/I_d = 0.45$, THD=1.6%   (b) $i_{pm}/I_d = 0.4$, THD=2.8%

图 2.16 环流幅值变化时,输入电流波形

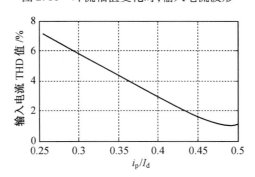

图 2.17 THD 值与环流幅值关系

保持环流幅值 $i_{pm}/I_d \approx 0.5$,分析相位发生改变时,对应的输入电流变化情况。以相电压过零点为基准,图 2.18 所示为 6 种相位超前或者滞后时对应的输入电流变化情况,可以得到控制环流相位超前或者滞后均会导致输入电流波形出现畸变、THD 值增大,另外还会引起输入电流的超前和滞后,使输入侧产生相位因数,降低整流器的功率因数。随着超前或者滞后角度的增大,输入电流谐波和相移也增大,严重降低了整流器的功率因数。

综上所述,只有环流的幅值和相位严格满足式(2.60),整流器才能够达到最好的谐波抑制效果,幅值和相位的改变均会降低系统的谐波抑制效果,其中相位的改变还会使输入侧产生相位因数。

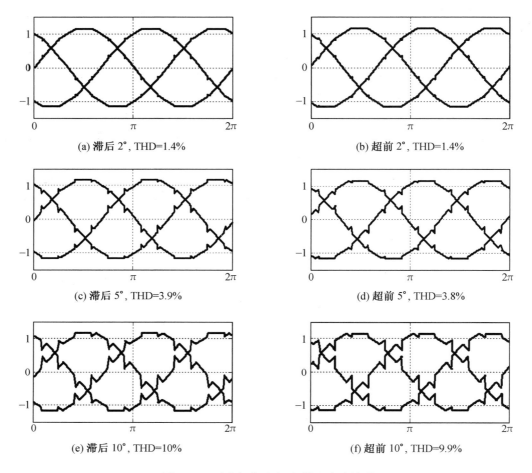

(a) 滞后 2°, THD=1.4%　　　　　　　　(b) 超前 2°, THD=1.4%

(c) 滞后 5°, THD=3.9%　　　　　　　　(d) 超前 5°, THD=3.8%

(e) 滞后 10°, THD=10%　　　　　　　　(f) 超前 10°, THD=9.9%

图 2.18　环流相位改变时,输入电流波形

2.3.3　输出电压分析

相关研究表明,针对使用抽头变换器实现的多脉波整流电路,在电流谐波得到抑制的同时,直流侧输出纹波也得到相应的减小,电流谐波抑制越明显,即电流波形阶梯数越多,对应直流侧输出电压脉波数越多,纹波也越小。因此对于本章所研究整流器,有必要在电流谐波得到显著抑制的同时,分析直流侧输出电压特性。

为抑制输入电流中的谐波,本章搭建了图 2.19 所示的 12 脉波整流器。当有源平衡电抗器原边电流满足式(2.60)时,由图 2.15 所示的整流桥的输入电流和输出电流可知,两组整流桥的输出均工作在临界连续状态,因此两组整流桥的每个二极管在每周期仍然导通120°,整流桥的导通模式与常规 12 脉波整流电路相同。根据三相桥式整流电路理论,可得此时两组整流桥各输出端电位 v_{m_1n}、v_{m_2n}、v_{m_3n} 和 v_{m_4n} 如图 2.20 所示。其对应傅立叶级数表达式满足

$$\begin{cases} v_{m_1n} = \dfrac{3\sqrt{3}}{2\pi}U_m\Big[1 - \sum\limits_{n=1}^{\infty}\dfrac{2}{9n^2-1}\cos n\pi\cos 3n\Big(\omega t + \dfrac{3\pi}{12}\Big)\Big] \\[3mm] v_{m_2n} = -\dfrac{3\sqrt{3}}{2\pi}U_m\Big[1 - \sum\limits_{n=1}^{\infty}\dfrac{2}{9n^2-1}\cos n\pi\cos 3n\Big(\omega t - \dfrac{\pi}{12}\Big)\Big] \\[3mm] v_{m_3n} = \dfrac{3\sqrt{3}}{2\pi}U_m\Big[1 - \sum\limits_{n=1}^{\infty}\dfrac{2}{9n^2-1}\cos n\pi\cos 3n\Big(\omega t + \dfrac{\pi}{12}\Big)\Big] \\[3mm] v_{m_4n} = -\dfrac{3\sqrt{3}}{2\pi}U_m\Big[1 - \sum\limits_{n=1}^{\infty}\dfrac{2}{9n^2-1}\cos n\pi\cos 3n\Big(\omega t - \dfrac{3\pi}{12}\Big)\Big] \end{cases} \quad (2.66)$$

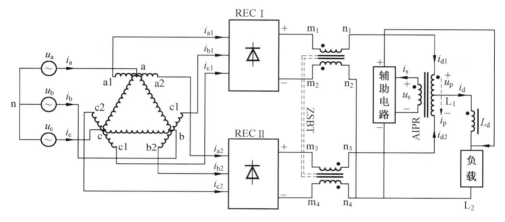

图 2.19　基于有源平衡电抗器的 12 脉波整流器

图 2.19 中,ZSBT 的四个绕组匝数相等,有源平衡电抗器抽头位置位于绕组中心,可得整流器输出两端电位满足

$$\begin{cases} v_{L_1n} = \dfrac{1}{2}(v_{m_1n} + v_{m_3n}) = \dfrac{3\sqrt{3}}{2\pi}U_m\Big[1 - \sum\limits_{n=1}^{\infty}\dfrac{2}{9n^2-1}\cos n\pi\cos\dfrac{n\pi}{4}\cos\Big(3n\omega t + \dfrac{n\pi}{2}\Big)\Big] \\[3mm] v_{L_2n} = \dfrac{1}{2}(v_{m_2n} + v_{m_4n}) = -\dfrac{3\sqrt{3}}{2\pi}U_m\Big[1 - \sum\limits_{n=1}^{\infty}\dfrac{2}{9n^2-1}\cos n\pi\cos\dfrac{n\pi}{4}\cos\Big(3n\omega t - \dfrac{n\pi}{2}\Big)\Big] \end{cases}$$

$$(2.67)$$

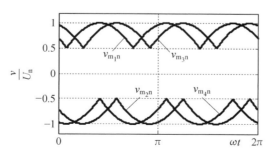

图 2.20　整流桥输出端电位

则输出电压满足

$$u_{\mathrm{d}} = v_{\mathrm{L_1}n} - v_{\mathrm{L_2}n} = U_{\mathrm{d}}\left(1 - \sum_{n=1}^{\infty} \frac{2}{144n^2 - 1}\cos n\pi\cos 12n\omega t\right) \tag{2.68}$$

其中，U_{d} 为输出电压平均值，满足

$$U_{\mathrm{d}} = \frac{3\sqrt{3}}{\pi}U_{\mathrm{m}} = 1.654U_{\mathrm{m}} \tag{2.69}$$

根据式(2.68)，可得输出电压如图 2.21 所示。输出电压中交流分量波形依然为每个周期 12 脉波，对应傅立叶级数表达式中只包含直流分量和 12 倍频的交流分量，因此整流器的输出电压依然为 12 脉波的直流电压，即图 2.19 所示整流器中的辅助电路只对电流进行调制，不会对输出电压特性产生影响。

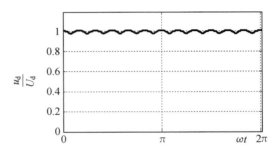

图 2.21　整流器输出电压

2.3.4　谐波能量流向分析

根据式(2.66)和图 2.19 可以得到，有源平衡电抗器原边电压满足

$$u_{\mathrm{p}} = v_{\mathrm{m_1}n} - v_{\mathrm{m_3}n} - (v_{\mathrm{m_2}n} - v_{\mathrm{m_4}n}) = U_{\mathrm{d}}\sum_{n=1}^{\infty} \frac{4}{36n^2 - 1}\sin\frac{3n\pi}{2}\sin 6n\omega t \tag{2.70}$$

由图 2.10 可知，有源平衡电抗器原边绕组的环流是由其副边绕组的输出电流决定，因此只需调制副边辅助电路的输入电流，可得到满足式(2.60)的环流。结合式(2.60)和式(2.70)，在图 2.19 所示的参考方向下，有源平衡电抗器副边输出电压和电流应满足

$$\begin{cases} u_{\mathrm{s}} = \dfrac{N_{\mathrm{s}}}{2N_{\mathrm{p}}}U_{\mathrm{d}}\displaystyle\sum_{n=1}^{\infty} \frac{4}{36n^2 - 1}\sin\frac{3n\pi}{2}\sin 6n\omega t \\[2ex] i_{\mathrm{s}} = \dfrac{2N_{\mathrm{p}}}{N_{\mathrm{s}}}I_{\mathrm{d}}\displaystyle\sum_{n=1}^{\infty} \frac{4}{n^2\pi^2}\sin\frac{3n\pi}{2}\sin 6n\omega t \end{cases} \tag{2.71}$$

其波形如图 2.22 所示。

式(2.71)和图 2.22 表明，有源平衡电抗器副边绕组输出电压和电流波形均为正负对称三角波，且相位相同。根据图 2.19 所示整流器结构图可知，有源平衡电抗器副边输出特性即为辅助电路的输入特性，因此辅助电路应该为工作在单位功率因数状态的整流器，辅助电路需要从主整流器吸收且只吸收有功功率。

辅助电路输入电压由整流器输入电压决定，而输入电流需要根据输出电流决定，为了保证整流器的谐波抑制效果，需要控制辅助电路输入电流满足式(2.60)，因此辅助电路吸收的有功功率应当跟随输入电压和输出电流的变化。考虑到需要消耗吸收的有功功

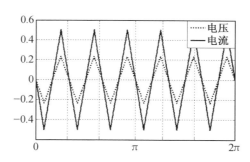

图 2.22　有源平衡电抗器副边电压与电流

率,本章所研究整流器将辅助电路输出直接并联到整流器负载侧,从而实现这部分能量的回收再利用,降低损耗。

由图 2.22 可知,副边电压与电流均为 6 倍频的对称三角波,且相位相同。因此,有源平衡电抗器并不是通过在副边"注入"三角波电流将谐波抵消,而是通过从副边吸收谐波功率实现的。其实质是,有源平衡电抗器的副边绕组所接辅助电路吸收谐波能量过程中,产生了符合特定条件的环流,从而将谐波能量从副边绕组"提取"出来,达到了抑制输入电流谐波的目的。这也从另外一个侧面说明,若在副边接一个合适的功率电阻来消耗谐波也可以达到抑制交流侧谐波的目的,第 5 章的实验将验证这一分析。

2.4　多脉波线性整流器谐波抑制性能的仿真验证

2.4.1　无源谐波抑制性能的仿真

为了验证抽头变换器所产生的环流对输入电流和输出电压的影响,根据图 2.1 设计了使用两抽头变换器的 24 脉波整流器,下面给出仿真结果。

图 2.23 与图 2.24 分别给出了理论与仿真条件下网侧输入电流 THD 值、输出电压纹波系数与抽头变换器变比之间的关系。由此二图可知:当抽头变换器变比不同时,输入电流 THD 值不同,输出电压纹波系数也不相同,产生这种情况的主要原因为由于不同变比下抽头变换器产生的环流不同;当变比等于零时,THD 值和纹波系数最大;之后随着变比的增大,THD 值和纹波系数逐渐减小,当变比达到某一值时,THD 值和纹波系数获得最小值,此时变比为最优值;随着变比的继续增大,THD 值和纹波系数又开始逐渐增大;当变比达到最大值 0.5 时,THD 值和纹波系数与变比等于零时的值相同。

上述分析表明,抽头变换器的变比能够显著影响输入电流 THD 值与输出电压纹波系数。事实上,上述分析是在忽略移相变压器漏感以及抽头变换器电感和开关管皆为理想器件的理想情况下进行的。然而,非理想条件下的仿真和实验均表明,移相变压器漏感和抽头变换器电感能够显著影响抽头变换器的最优变比。长期以来,关于两抽头变换器的最优变比一直存在 3 个有争议的结论。在[12]中,S. Choi 等通过使特征次谐波为零得到两抽头变换器的最优变比为 0.245 7;在[21]中,S. Miyairi 等通过实验得到最优变比为

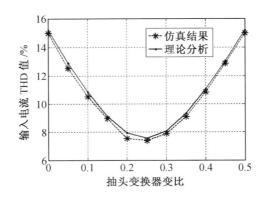

图 2.23   网侧输入电流 THD 值与抽头变换器变比关系

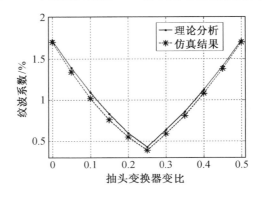

图 2.24   输出电压纹波系数与抽头变换器变比关系

0.232;在[6]中,通过实验得到最优变比为 0.264 2;在[60]中,同样通过实验得到最优变比为 0.263 2。因此,在后续分析中有必要对非理想条件下抽头变换器的最优变比进行分析。

2.4.2   有源谐波抑制性能的仿真

为验证上述理论分析的正确性,根据图 2.19,在仿真软件 Saber 中建立基于有源平衡电抗器的多脉波整流器模型。

仿真条件如下:

(1)输入线电压有效值为 $U_{LL} = 380$ V。

(2)负载功率 $P = U_d I_d = 10$ kW。

(3)负载为感性负载,其中电阻值 $R_d = 28$ Ω。

(4)有源平衡电抗器绕组参数满足 $2N_m : N_x = 1$。

(5)注入电流源是频率为 300 Hz、幅值为 9.4 A 且相位与电网电压保持同步的对称理想三角波电流源,其波形如图 2.25(a)所示。

在上述仿真条件下自耦变压器的输入和输出相电压如图 2.25(b)所示。由该图可知,自耦变压器的两路输出电压中一路超前于输入电压 15°,另一路滞后于输入电压 15°,即两路输出实现了 30°的相移。经测量发现,原边绕组端电压有效值为 $U_{LL} = 380.6$ V,副

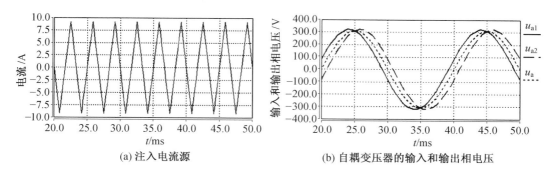

(a) 注入电流源　　　　　　　(b) 自耦变压器的输入和输出相电压

图 2.25　注入电流源及自耦变压器输入、输出相电压

边绕组端电压有效值为 $U_{aa1} = 58.87$ V。

图 2.26 所示为整流器中各部分电压与电流仿真波形,这些仿真波形的幅值和形状均与 2.3.1 节得出的理论波形相符,验证了理论分析的正确性。

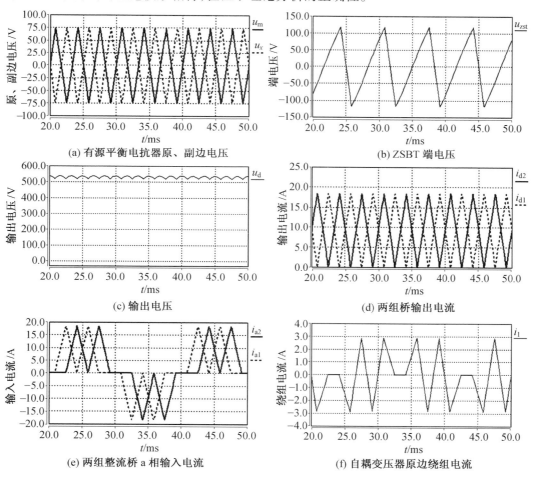

(a) 有源平衡电抗器原、副边电压　　　　　(b) ZSBT 端电压

(c) 输出电压　　　　　　　(d) 两组桥输出电流

(e) 两组整流桥 a 相输入电流　　　　　(f) 自耦变压器原边绕组电流

图 2.26　仿真整流器中各部分电压与电流仿真波形

图 2.27 所示为三相输入电流及其频谱。由图 2.27(a)和图 2.27(b)可知,注入的对称三角波电流源几乎能够完全消除三相输入电流中的 $12k\pm1$ 次谐波,使三相输入电流均接近理想正弦波,总谐波畸变率为 0.7%,因此基波正弦因数 v 约等于 1。

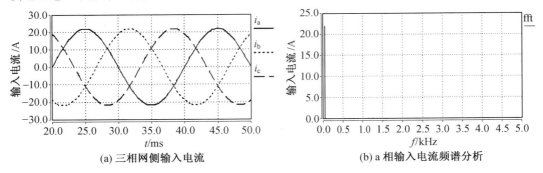

(a) 三相网侧输入电流　　　　　　　(b) a 相输入电流频谱分析

图 2.27　三相输入电流及其频谱

图 2.28 所示为 a 相网侧输入相电压和输入相电流,由该图可知相电流已经接近理想正弦波,且与输入电压相位差几乎为零,即位移因数 $\cos\varphi_1 = 1$。因此,整流器的功率因数为

$$PF = v\cos\varphi_1 \approx 1 \tag{2.72}$$

即基于有源平衡电抗器的多脉波整流器基本可以实现单位功率因数。

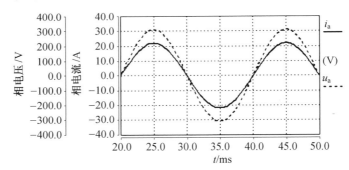

图 2.28　网侧输入相电压和相电流

根据本节的理论分析和仿真结果可知,在有源平衡电抗器副边注入一定形状的电流能够显著抑制输入电流谐波。

2.5　本章小结

多脉波整流器直流侧谐波抑制根据使用器件的不同,可以分为无源谐波抑制和有源谐波抑制两大类。其中,使用两抽头变换器的直流侧谐波抑制是无源谐波抑制的代表,而使用平衡电抗器副边电流注入法的直流侧谐波抑制是有源谐波抑制的代表。由本章分析可知,使用抽头变换器的直流侧谐波抑制法是由抽头变换器二极管交替导通所产生的环流来抑制交流侧输入电流谐波的。为了能够同时抑制输入电流中的低、高次谐波,提高整流器功率因数,本章又研究了一种使用有源平衡电抗器的直流侧谐波电流注入法,该方法在平衡电抗器副边注入一定形状的电流,通过其在原边形成的环流抑制输入电流谐波。

　　无论直流侧无源谐波抑制还是有源谐波抑制,都是通过直流侧辅助电路形成不流经负载的环流,环流流经之处将相应次谐波抵消,从而达到抑制输入电流谐波的目的。本章的理论分析与仿真结果表明,两种直流侧谐波电流抑制方法都具有较好的谐波抑制能力。

第 3 章   基于相分量法的磁性器件全解耦模型

由于自耦变压器和抽头变换器的特殊连接形式,仿真软件中没有对应模块,因此难以通过仿真来验证抽头变换器和自耦变压器的参数对系统性能的影响。本章首先分析抽头变换器和自耦变压器的耦合电路,在此基础之上,使用相分量法建立抽头变换器和自耦变压器的解耦模型,为后续分析磁性器件对系统性能的影响奠定基础。

3.1   相分量法原理

通常,在推导变压器数学模型时,应首先将电路进行等效,然后应用变压器基础方程式,推导出节点导纳矩阵。但此计算过程较为烦琐,不适用于多绕组变压器建模。在电力系统分析中,相分量法是建立系统解析化模型的强有力工具。应用该方法对电网络进行分析时,需要写出节点电压与节点电流之间的关系式,即

$$[I] = [Y][U] \qquad\qquad (3.1)$$

其中,$[U]$ 是节点电压向量;$[I]$ 是节点电流向量;$[Y]$ 是节点导纳矩阵。

节点导纳矩阵包含整个电网络的电气参数和网络连接信息,是连接节点电压向量和节点电流向量的桥梁。当计算出节点导纳矩阵后,整个系统的模型可以通过该矩阵建立。本章基于相分量法原理,通过计算支路电压、支路电流、节点电压和节点电流之间的相互关系,求取节点导纳矩阵,并应用该矩阵建立抽头变换器的全解耦模型。

3.2   基于相分量法的抽头变换器全解耦模型

3.2.1   两抽头变换器模型分析

图 3.1 所示为两抽头变换器电气连接关系及其耦合电路。图 3.1 中,L_1、L_2 和 L_3 分别表示 M 与 P、P 与 Q、Q 与 N 之间的电感,M_{12}、M_{13} 与 M_{23} 分别表示它们之间的互感,n_1、n_2 和 n_3 为相应的匝数。

假设 N_o 和 N_P 分别表示抽头变换器的总匝数和绕组 PA 或 AQ 的匝数,定义 $\alpha_m = N_P/N_o$ 为抽头变换器的变比。根据铁磁变换器的性质,若忽略磁芯饱和影响,则自感与线圈本身匝数的平方成正比、互感与相应线圈匝数的乘积成正比,再由两抽头铁磁变换器的对称性,可得

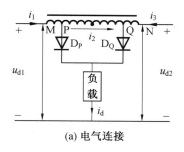

(a) 电气连接

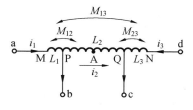

(b) 耦合电路

图 3.1　两抽头变换器电气连接关系及其耦合电路

$$
\begin{cases}
L_1 = L_3 = (0.5 - \alpha_m)^2 L_r \\
L_2 = (2\alpha_m)^2 L_r \\
M_{12} = M_{23} = K(1 - 2\alpha_m)\alpha_m L_r \\
M_{13} = K(0.5 - \alpha_m)^2 L_r
\end{cases}
\tag{3.2}
$$

其中，L_r 为抽头变换器的电感；K 为耦合系数，并且恒小于 1。

支路电压与支路电流之间的关系可以用如下表达式来描述，即

$$
\boldsymbol{U}_{\text{branch}} = \boldsymbol{Z}_{\text{prim}} \boldsymbol{I}_{\text{branch}}
\tag{3.3}
$$

其中，$\boldsymbol{U}_{\text{branch}} = \begin{bmatrix} U_{ab} & U_{bc} & U_{dc} \end{bmatrix}^T$ 表示支路电压；$\boldsymbol{I}_{\text{branch}} = \begin{bmatrix} I_1 & I_2 & I_3 \end{bmatrix}^T$ 表示支路电流；$\boldsymbol{Z}_{\text{prim}}$ 表示支路互感阻抗矩阵，其形式为

$$
\boldsymbol{Z}_{\text{prim}} = \begin{bmatrix}
Z_{11} & Z_{12} & -Z_{13} \\
Z_{21} & Z_{22} & -Z_{23} \\
-Z_{31} & -Z_{32} & Z_{33}
\end{bmatrix}
\tag{3.4}
$$

式（3.4）所示矩阵的元素满足

$$
\begin{cases}
Z_{11} = j\omega L_1 = Z_{33} = j\omega L_3 \\
Z_{22} = j\omega L_2, \quad Z_{12} = Z_{21} = j\omega M_{12} \\
Z_{23} = Z_{32} = j\omega M_{23}, \quad Z_{13} = Z_{31} = j\omega M_{13}
\end{cases}
\tag{3.5}
$$

此外，支路电压与支路电流之间的关系可用另一种形式来表述，即

$$
\boldsymbol{I}_{\text{branch}} = \boldsymbol{G}_{\text{prim}} \boldsymbol{U}_{\text{branch}}
\tag{3.6}
$$

其中，$\boldsymbol{G}_{\text{prim}}$ 为支路导纳矩阵，且有

$$
\boldsymbol{G}_{\text{prim}} = \boldsymbol{Z}_{\text{prim}}^{-1} = \begin{bmatrix}
G_{11} & G_{12} & G_{13} \\
G_{21} & G_{22} & G_{23} \\
G_{31} & G_{32} & G_{33}
\end{bmatrix}
\tag{3.7}
$$

$\boldsymbol{G}_{\text{prim}}$ 为对称阵，其元素满足

$$
\begin{cases}
G_{11} = G_{33} = 4X(1 + K)/(1 - 2\alpha_m)^2 \\
G_{22} = X(1 + K)/(2\alpha_m)^2 \\
G_{13} = G_{31} = 4XK/(1 - 2\alpha_m)^2 \\
G_{23} = G_{32} = -G_{12} = -G_{21} = XK/[\alpha_m(1 - 2\alpha_m)]
\end{cases}
\tag{3.8}
$$

其中，$X = \dfrac{-j}{\omega L_r(1 + 2K)(1 - K)}$。

表示抽头变换器连接关系的关联矩阵可用支路电压与节点电压之间的关系矩阵来表示，即

$$U_{\text{branch}} = N_1 U_{\text{node}} \tag{3.9}$$

其中，U_{node} 为节点电压；N_1 为关联矩阵，且有

$$N_1 = \begin{bmatrix} 1 & -1 & 0 & 0 \\ 0 & 1 & -1 & 0 \\ 0 & 0 & -1 & 1 \end{bmatrix} \tag{3.10}$$

表示抽头变换器连接关系的关联矩阵还可用节点电流与支路电流之间的关系矩阵来描述，即

$$I_{\text{node}} = N_2 I_{\text{branch}} \tag{3.11}$$

其中，I_{node} 为节点电流；N_2 为关联矩阵，且有

$$N_2 = \begin{bmatrix} 1 & 0 & 0 \\ 1 & -1 & 0 \\ 0 & 1 & 1 \\ 0 & 0 & 1 \end{bmatrix} \tag{3.12}$$

由式(3.6)、式(3.9)和式(3.11)可得

$$I_{\text{node}} = G_{\text{node}} U_{\text{node}} \tag{3.13}$$

其中，G_{node} 为节点导纳矩阵，等于 $N_2 G_{\text{prim}} N_1$，该矩阵用来描述节点电压与节点电流之间的关系。

根据式(3.7)、式(3.10)和式(3.12)，矩阵 G_{node} 的形式为

$$G_{\text{node}} = \begin{bmatrix} G_{11} & G_{12} - G_{11} & -G_{12} - G_{13} & G_{13} \\ G_{11} - G_{21} & 2G_{12} - G_{22} - G_{11} & G_{22} + G_{23} - G_{12} - G_{13} & G_{13} - G_{23} \\ G_{21} + G_{31} & G_{22} + G_{32} - G_{21} - G_{31} & -2G_{32} - G_{33} - G_{22} & G_{23} + G_{33} \\ G_{13} & G_{32} - G_{31} & -G_{33} - G_{32} & G_{33} \end{bmatrix}$$

$$\tag{3.14}$$

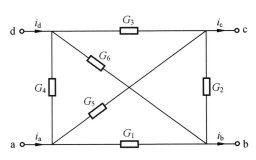

图 3.2　两抽头变换器全解耦模型

由式(3.14)可得如图 3.2 所示的两抽头变换器全解耦电路模型。图 3.2 中的参数

由节点导纳矩阵 $\boldsymbol{G}_{\text{node}}$ 决定,即

$$\begin{cases} G_1 = G_3 = G_{33} + G_{32}, & G_5 = G_6 = G_{21} + G_{31} \\ G_2 = G_{22} + G_{32} - G_{21} - G_{31}, & G_4 = -G_{13} \end{cases} \tag{3.15}$$

3.2.2　多抽头变换器半解耦模型及其局限性分析

图 3.3 所示为三抽头变换器电气连接关系及其耦合电路。

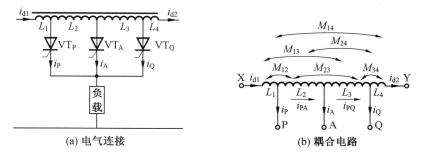

(a) 电气连接　　　　　　　　(b) 耦合电路

图 3.3　三抽头变换器电气连接关系及其耦合电路

图 3.3(b)中,由基尔霍夫电压定律,可得抽头变换器各段电压为

$$\begin{cases} \dot{U}_{XP} = j\omega \dot{I}_{d1} L_1 + j\omega \dot{I}_{PA} M_{12} + j\omega \dot{I}_{AQ} M_{13} + j\omega \dot{I}_{d2} M_{14} \\ \dot{U}_{PA} = j\omega \dot{I}_{d1} M_{12} + j\omega \dot{I}_{PA} L_2 + j\omega \dot{I}_{AQ} M_{23} + j\omega \dot{I}_{d2} M_{24} \\ \dot{U}_{AQ} = j\omega \dot{I}_{d1} M_{13} + j\omega \dot{I}_{PA} M_{23} + j\omega \dot{I}_{AQ} L_3 + j\omega \dot{I}_{d2} M_{34} \\ \dot{U}_{QY} = j\omega \dot{I}_{d1} M_{14} + j\omega \dot{I}_{PA} M_{24} + j\omega \dot{I}_{AQ} M_{34} + j\omega \dot{I}_{d2} L_4 \end{cases} \tag{3.16}$$

又由基尔霍夫电流定律,可得抽头变换器各绕组电流关系为

$$\begin{cases} \dot{I}_{PA} = \dot{I}_{d1} - \dot{I}_P \\ \dot{I}_{AQ} = \dot{I}_{PA} - \dot{I}_A \end{cases} \quad \begin{cases} \dot{I}_{d1} = \dot{I}_{PA} + \dot{I}_P \\ \dot{I}_{d2} = \dot{I}_{AQ} - \dot{I}_Q \end{cases} \tag{3.17}$$

将式(3.17)代入式(3.16)可得

$$\begin{cases} \dot{U}_{XP} = j\omega(L_1 + M_{12})\dot{I}_{d1} - j\omega M_{12}\dot{I}_P + j\omega M_{13}\dot{I}_{AQ} + j\omega M_{14}\dot{I}_{d2} \\ \dot{U}_{PA} = j\omega(M_{12} + L_2 + M_{23})\dot{I}_{PA} + j\omega M_{12}\dot{I}_P - j\omega M_{23}\dot{I}_A + j\omega M_{24}\dot{I}_{d2} \\ \dot{U}_{AQ} = j\omega(M_{23} + L_3 + M_{34})\dot{I}_{AQ} + j\omega M_{13}\dot{I}_{d1} + j\omega M_{23}\dot{I}_A - j\omega M_{34}\dot{I}_Q \\ \dot{U}_{QY} = j\omega(L_4 + M_{34})\dot{I}_{d2} + j\omega M_{14}\dot{I}_{d1} + j\omega M_{24}\dot{I}_{PA} + j\omega M_{34}\dot{I}_Q \end{cases} \tag{3.18}$$

由式(3.18)可得图 3.4 所示的三抽头变换器半解耦模型,该半解耦模型基于基尔霍夫定律建立。由图 3.4 可知,该模型存在 3 个互感,在仿真软件中难以建立其模型。另外,随着抽头数目的增多,模型中存在的互感数也会越来越多,这会增加模型实现难度。

若应用相分量法建模,则能够得到抽头变换器的全解耦模型,如图 3.5 所示。全解耦

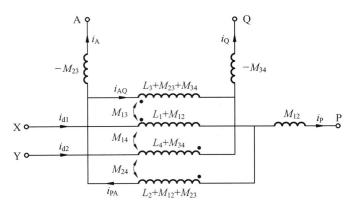

图 3.4　三抽头变换器半解耦模型

模型的参数与支路导纳矩阵元素之间的关系为

$$
\begin{cases}
G_1 = G_4 = G_{11} - G_{21} \\
G_2 = G_3 = G_{22} + G_{32} - G_{21} - G_{31} \\
G_5 = - G_{14} \\
G_6 = 2G_{42} - G_{32} - G_{41} \\
G_7 = G_{10} = G_{41} - G_{42} \\
G_8 = G_9 = G_{21} + G_{31}
\end{cases}
\tag{3.19}
$$

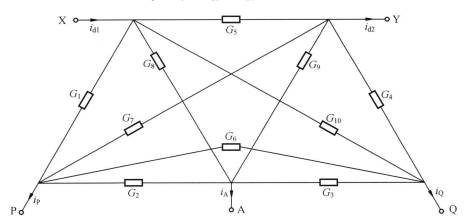

图 3.5　三抽头变换器全解耦模型

3.2.3　抽头变换器的模型验证

本节在 Matlab 环境下,应用 Simulink 和电力系统工具箱,建立了两抽头变换器的数学模型,如图 3.6 所示。

由式(2.7)可知,抽头变换器端电压的频率为 300 Hz。图 3.7 所示为端电压的仿真与实验波形。

当抽头变换器的端电压大于零($u_m > 0$),即 $u_{d1} > u_{d2}$ 时,二极管 D_P 导通,D_Q 关断;当抽头

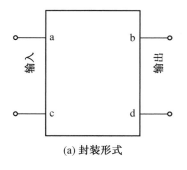

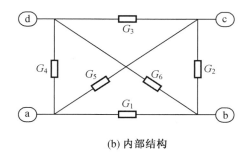

(a) 封装形式　　　　　　　　　(b) 内部结构

图 3.6　两抽头变换器的数学模型

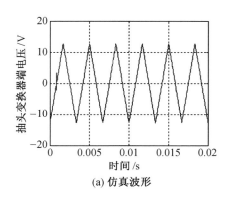

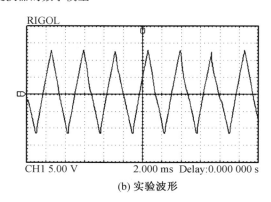

(a) 仿真波形　　　　　　　　　(b) 实验波形

图 3.7　抽头变换器端电压

变换器端电压小于零时,二极管 D_Q 导通,D_P 关断。由式(2.7)可知,两个二极管交替导通的电角度为 30°,从而在一个周期内实现 24 脉波整流,提高了电能质量。图 3.8 所示为流过两个二极管电流的实验与仿真波形。

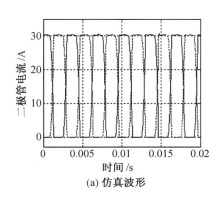

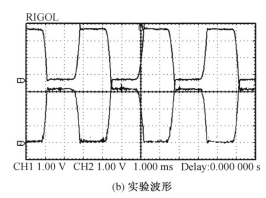

(a) 仿真波形　　　　　　　　　(b) 实验波形

图 3.8　二极管电流波形

由图 3.7 和图 3.8 可知,应用仿真模型得到的结果与理论分析及实验结果一致,充分证明了图 3.6 所示模型的有效性,可以应用该模型分析抽头变换器电感对其变比的影响。

3.3 三角形连接自耦变压器全解耦模型

在众多移相变压器中,三角形连接自耦变压器在结构设计合理时,变压器容量为负载功率的18%,且能为三倍频谐波提供回路,因此受到了越来越多的关注。图3.9所示为三角形连接六相自耦变压器绕组结构。图3.9中,N_{pa}、N_{pb}、N_{pc}为原边各绕组匝数,N_{qa1}、N_{qb1}、N_{qc1}、N_{qa2}、N_{qb2}、N_{qc2}为副边各绕组匝数。当自耦变压器结构对称时,原边各绕组匝数相等,副边各绕组匝数相等,即有$N_{pa} = N_{pb} = N_{pc} = N_p$,$N_{qa1} = N_{qb1} = N_{qc1} = N_{qa2} = N_{qb2} = N_{qc2} = N_q$。

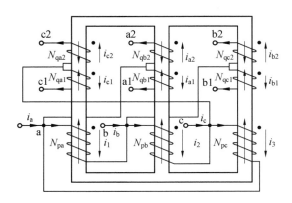

图3.9　三角形连接六相自耦变压器绕组结构

对于12脉波整流器而言,移相变压器的两组三相输出电压存在的最小相位差为30°。为实现该最小相位差,在变压器结构对称时,绕组匝数之间需满足

$$k = \frac{N_p}{N_q} = \frac{\sqrt{3}}{2 - \sqrt{3}} \tag{3.20}$$

当变压器结构不对称时,绕组匝数之间将不再满足式(3.20)。

3.3.1 节点电压与节点电流的关系

根据图3.9所示的三角形连接自耦变压器绕组结构,可得其相应的耦合电路,如图3.10所示。

图3.10中,L_{a11}、L_{b11}、L_{c11}分别为原边各绕组自感;R_{a1}、R_{b1}、R_{c1}分别为原边各绕组电阻;L_{a22}、L_{b22}、L_{c22}、L_{a33}、L_{b33}、L_{c33}分别为副边6个小绕组的自感;R_{a2}、R_{b2}、R_{c2}、R_{a3}、R_{b3}、R_{c3}分别为副边6个小绕组的电阻;M_{a12}、M_{b12}、M_{c12}、M_{a13}、M_{b13}、M_{c13}、M_{a23}、M_{b23}、M_{c23}分别为原、副边各绕组之间的互感。当自耦变压器结构对称时,各参数满足

$$\begin{cases} R_{a1} = R_{b1} = R_{c1}, \quad L_{a11} = L_{b11} = L_{c11} \\ R_{a2} = R_{b2} = R_{c2} = R_{a3} = R_{b3} = R_{c3} \\ M_{a12} = M_{b12} = M_{c12} = M_{a13} = M_{b13} = M_{c13} \\ M_{a23} = M_{b23} = M_{c23}, \quad L_{a22} = L_{b22} = L_{c22} = L_{a33} = L_{b33} = L_{c33} \end{cases} \tag{3.21}$$

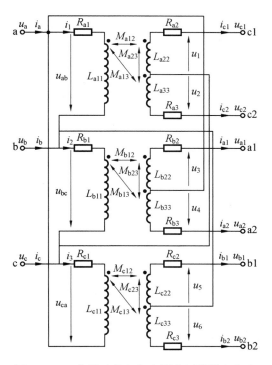

图 3.10　三角形连接六相自耦变压器耦合电路

根据自耦变压器的耦合电路,定义支路电压相量、支路电流相量、节点电压相量和节点电流相量为

$$
\begin{cases}
\boldsymbol{U}_{\text{branch}} = \begin{bmatrix} \dot{U}_{\text{ab}} & \dot{U}_1 & \dot{U}_2 & \dot{U}_{\text{bc}} & \dot{U}_3 & \dot{U}_4 & \dot{U}_{\text{ca}} & \dot{U}_5 & \dot{U}_6 \end{bmatrix}^{\text{T}} \\
\boldsymbol{I}_{\text{branch}} = \begin{bmatrix} \dot{I}_1 & \dot{I}_{\text{c1}} & \dot{I}_{\text{c2}} & \dot{I}_2 & \dot{I}_{\text{a1}} & \dot{I}_{\text{a2}} & \dot{I}_3 & \dot{I}_{\text{b1}} & \dot{I}_{\text{b2}} \end{bmatrix}^{\text{T}} \\
\boldsymbol{U}_{\text{node}} = \begin{bmatrix} \dot{U}_{\text{a}} & \dot{U}_{\text{a1}} & \dot{U}_{\text{a2}} & \dot{U}_{\text{b}} & \dot{U}_{\text{b1}} & \dot{U}_{\text{b2}} & \dot{U}_{\text{c}} & \dot{U}_{\text{c1}} & \dot{U}_{\text{c2}} \end{bmatrix}^{\text{T}} \\
\boldsymbol{I}_{\text{node}} = \begin{bmatrix} \dot{I}_{\text{a}} & \dot{I}_{\text{a1}} & \dot{I}_{\text{a2}} & \dot{I}_{\text{b}} & \dot{I}_{\text{b1}} & \dot{I}_{\text{b2}} & \dot{I}_{\text{c}} & \dot{I}_{\text{c1}} & \dot{I}_{\text{c2}} \end{bmatrix}^{\text{T}}
\end{cases}
\tag{3.22}
$$

$\boldsymbol{U}_{\text{branch}}$ 和 $\boldsymbol{I}_{\text{branch}}$ 之间的关系可以用支路阻抗矩阵 $\boldsymbol{Z}_{\text{prim}}$ 进行描述,即

$$
\boldsymbol{U}_{\text{branch}} = \boldsymbol{Z}_{\text{prim}} \boldsymbol{I}_{\text{branch}}
\tag{3.23}
$$

支路阻抗矩阵 $\boldsymbol{Z}_{\text{prim}}$ 的表达式为

$$
\boldsymbol{Z}_{\text{prim}} = \begin{bmatrix} Z_{\text{a}} & 0 & 0 \\ 0 & Z_{\text{b}} & 0 \\ 0 & 0 & Z_{\text{c}} \end{bmatrix}
\tag{3.24}
$$

矩阵 $\boldsymbol{Z}_{\text{prim}}$ 的元素 Z_{a}、Z_{b}、Z_{c} 满足

$$\boldsymbol{Z}_{\mathrm{i}} = \begin{bmatrix} Z_{i11} & -Z_{i12} & Z_{i13} \\ -Z_{i21} & Z_{i22} & -Z_{i23} \\ Z_{i31} & -Z_{i32} & Z_{i33} \end{bmatrix} \tag{3.25}$$

其中，Z_{i12}、Z_{i21}、Z_{i13}、Z_{i31}、Z_{i32} 和 Z_{i23} 分别表示同一芯柱上各绕组之间的互感抗；Z_{i11}、Z_{i22} 和 Z_{i33} 分别表示同一芯柱上各绕组的自阻抗；i 表示各相相数，其值为 a、b、c。

自阻抗和互感抗的计算公式为

$$\begin{cases} Z_{i11} = R_{i1} + j\omega L_{i11} \\ Z_{i22} = R_{i2} + j\omega L_{i22} \\ Z_{i33} = R_{i3} + j\omega L_{i33} \end{cases} \begin{cases} Z_{i12} = Z_{i21} = j\omega M_{i12} \\ Z_{i13} = Z_{i31} = j\omega M_{i13} \\ Z_{i23} = Z_{i32} = j\omega M_{i23} \end{cases} \tag{3.26}$$

另一方面，可以使用支路导纳矩阵 $\boldsymbol{G}_{\mathrm{prim}}$ 来描述支路电压和支路电流之间的关系，即

$$\boldsymbol{I}_{\mathrm{branch}} = \boldsymbol{G}_{\mathrm{prim}} \boldsymbol{U}_{\mathrm{branch}} \tag{3.27}$$

支路导纳矩阵与支路阻抗矩阵之间满足

$$\boldsymbol{G}_{\mathrm{prim}} = \boldsymbol{Z}_{\mathrm{prim}}^{-1} = \begin{bmatrix} G_{\mathrm{a}} & 0 & 0 \\ 0 & G_{\mathrm{b}} & 0 \\ 0 & 0 & G_{\mathrm{c}} \end{bmatrix} \tag{3.28}$$

定义矩阵 $\boldsymbol{G}_{\mathrm{prim}}$ 的元素 G_{a}、G_{b}、G_{c} 满足

$$\boldsymbol{G}_{i} = \begin{bmatrix} G_{i11} & G_{i12} & G_{i13} \\ G_{i21} & G_{i22} & G_{i23} \\ G_{i31} & G_{i32} & G_{i33} \end{bmatrix} \tag{3.29}$$

矩阵 $\boldsymbol{G}_{i}$ 的元素可根据式(3.25)和式(3.26)求得。

支路电压与节点电压及支路电流与节点电流之间的关系可以分别使用关联矩阵 $\boldsymbol{N}_1$ 和 $\boldsymbol{N}_2$ 来描述，即

$$\begin{cases} \boldsymbol{U}_{\mathrm{branch}} = \boldsymbol{N}_1 \boldsymbol{U}_{\mathrm{node}} \\ \boldsymbol{I}_{\mathrm{node}} = \boldsymbol{N}_2 \boldsymbol{I}_{\mathrm{branch}} \end{cases} \tag{3.30}$$

$\boldsymbol{N}_1$ 和 $\boldsymbol{N}_2$ 给出了三角形连接自耦变压器各绕组的连接方式，根据图 3.10，可得两个关联矩阵的表达式分别为

$$\boldsymbol{N}_1 = \begin{bmatrix} 1 & 0 & 0 & -1 & 0 & 0 & 0 & 0 & 0 \\ 0 & 0 & 0 & 0 & 0 & 0 & 1 & -1 & 0 \\ 0 & 0 & 0 & 0 & 0 & 0 & 1 & 0 & -1 \\ 0 & 0 & 0 & 1 & 0 & 0 & -1 & 0 & 0 \\ 1 & -1 & 0 & 0 & 0 & 0 & 0 & 0 & 0 \\ 1 & 0 & -1 & 0 & 0 & 0 & 0 & 0 & 0 \\ -1 & 0 & 0 & 0 & 0 & 0 & 1 & 0 & 0 \\ 0 & 0 & 0 & 1 & -1 & 0 & 0 & 0 & 0 \\ 0 & 0 & 0 & 1 & 0 & -1 & 0 & 0 & 0 \end{bmatrix} \tag{3.31}$$

$$N_2 = \begin{bmatrix} 1 & 0 & 0 & 0 & 1 & 1 & -1 & 0 & 0 \\ 0 & 0 & 0 & 0 & 1 & 0 & 0 & 0 & 0 \\ 0 & 0 & 0 & 0 & 0 & 1 & 0 & 0 & 0 \\ -1 & 0 & 0 & 1 & 0 & 0 & 0 & 1 & 1 \\ 0 & 0 & 0 & 0 & 0 & 0 & 0 & 1 & 0 \\ 0 & 0 & 0 & 0 & 0 & 0 & 0 & 0 & 1 \\ 0 & 1 & 1 & -1 & 0 & 0 & 1 & 0 & 0 \\ 0 & 1 & 0 & 0 & 0 & 0 & 0 & 0 & 0 \\ 0 & 0 & 1 & 0 & 0 & 0 & 0 & 0 & 0 \end{bmatrix} \tag{3.32}$$

综合式(3.27)和式(3.30),可得节点电流与节点电压之间的关系为

$$I_{\text{node}} = G_{\text{node}} U_{\text{node}} \tag{3.33}$$

其中,G_{node} 为节点导纳矩阵。

节点导纳矩阵 G_{node} 包含三角形连接自耦变压器的电气参数和网络连接信息,是连接节点电压向量和节点电流向量的桥梁。当计算出节点导纳矩阵后,可应用其建立自耦变压器的全解耦模型。

3.3.2　自耦变压器全解耦模型

根据式(3.27)和式(3.30),可得节点导纳矩阵等于 $N_2 G_{\text{prim}} N_1$,其具体表达式为

$$G_{\text{node}} = \begin{bmatrix} G_1 & -G_{b22}-G_{b23} & -G_{b23}-G_{b33} & G_4 & G_{c12} \\ G_{b22}+G_{b23} & -G_{b22} & -G_{b23} & G_{b12} & 0 \\ G_{b33}+G_{b23} & -G_{b23} & -G_{b33} & G_{b13} & 0 \\ G_2 & -G_{b12} & -G_{b13} & G_5 & -G_{c22}-G_{c23} \\ -G_{c21} & 0 & 0 & G_{c22}+G_{c23} & -G_{c22} \\ -G_{c31} & 0 & 0 & G_{c23}+G_{c33} & -G_{c23} \\ G_3 & G_{b12} & G_{b13} & G_6 & -G_{c12} \\ G_{a21} & 0 & 0 & -G_{a21} & 0 \\ G_{a31} & 0 & 0 & -G_{a31} & 0 \end{bmatrix}$$

$$\begin{bmatrix} G_{c13} & G_7 & -G_{a12} & -G_{a13} \\ 0 & -G_{b12} & 0 & 0 \\ 0 & -G_{b13} & 0 & 0 \\ -G_{c23}-G_{c33} & G_8 & G_{a12} & G_{a13} \\ -G_{c23} & G_{c12} & 0 & 0 \\ -G_{c33} & G_{c13} & 0 & 0 \\ -G_{c13} & G_9 & -G_{a22}-G_{a23} & -G_{a23}-G_{a33} \\ 0 & G_{a22}+G_{a23} & -G_{a22} & -G_{a23} \\ 0 & G_{a33}+G_{a23} & -G_{a23} & -G_{a33} \end{bmatrix} \tag{3.34}$$

式(3.34)中,$G_1 \sim G_9$ 满足

$$\begin{cases} G_1 = G_{a11} + G_{b22} + G_{b33} + G_{c11} + 2G_{b23} \\ G_5 = G_{a11} + G_{b11} + G_{c33} + G_{c22} + 2G_{c23} \\ G_9 = G_{a22} + G_{a33} + G_{b11} + G_{c11} + 2G_{a23} \\ G_2 = G_4 = G_{b12} + G_{b13} - G_{c12} - G_{c13} - G_{a11} \\ G_3 = G_7 = G_{a21} + G_{a13} - G_{b12} - G_{b13} - G_{c11} \\ G_6 = G_8 = G_{c13} - G_{a21} - G_{a13} - G_{b12} + G_{c12} \end{cases} \quad (3.35)$$

根据式(3.34)和式(3.35),可得三角形连接六相自耦变压器的全解耦不对称模型,如图 3.11 所示。

全解耦模型的参数由节点导纳矩阵式(3.34)决定,二者之间满足

$$\begin{cases} g_1 = -G_4 \quad g_2 = -G_8 \quad g_3 = -G_7 \quad g_{10} = -G_{b23} \quad g_{11} = -G_{c23} \quad g_{12} = -G_{a23} \\ g_{13} = -G_{c12} \quad g_{14} = -G_{c13} \quad g_{15} = G_{c13} \quad g_{16} = G_{c12} \quad g_{17} = -G_{b13} \quad g_{18} = -G_{b12} \\ g_{19} = G_{a12} \quad g_{20} = G_{a13} \quad g_{21} = -G_{a12} \quad g_{22} = G_{b13} \quad g_{23} = -G_{a13} \quad g_{24} = G_{b12} \\ g_4 = G_{b22} + G_{b23} \quad g_5 = G_{b33} + G_{b23} \quad g_6 = G_{c22} + G_{c23} \\ g_7 = G_{c33} + G_{c23} \quad g_8 = G_{a22} + G_{a23} \quad g_9 = G_{a33} + G_{a23} \end{cases} \quad (3.36)$$

式(3.36)给出了变压器结构不对称时模型参数与支路导纳矩阵之间的关系。当变压器结构对称时,根据式(3.36)可得模型参数满足

$$\begin{cases} g_1 = g_2 = g_3 = G_{a11} \\ g_4 = g_5 = g_6 = g_7 = g_8 = g_9 = G_{a22} + G_{a23} \\ g_{10} = g_{11} = g_{12} = -G_{a23} \\ g_{13} = g_{14} = g_{17} = g_{18} = g_{21} = g_{23} = -G_{a12} \\ g_{16} = g_{15} = g_{19} = g_{20} = g_{22} = g_{24} = G_{a12} \end{cases} \quad (3.37)$$

3.3.3　自耦变压器模型验证

为验证 3.3.2 节建立的自耦变压器全解耦模型的正确性和有效性,根据实际设计的变压器测试参数,在 Matlab 软件中应用 Simulink 和电力系统工具箱搭建如图 3.11 所示的模型,进行相应的仿真和实验。

图 3.12 所示为三角形连接自耦变压器模型在 Matlab 中的封装形式,其内部结构与图 3.11 相同。

图 3.13 所示为变压器结构对称时的自耦变压器原边电压、副边电压以及输入与输出电压之间的关系。由该图可得,所设计的自耦变压器满足多脉波整流器对移相变压器的要求,即自耦变压器实现了移相功能,且两组输出三相电压之间存在 30° 相位差。

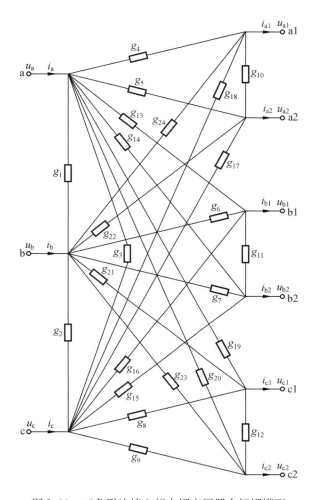

图 3.11　三角形连接六相自耦变压器全解耦模型

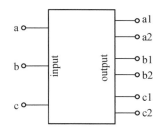

图 3.12　三角形连接自耦变压器模型封装形式

为验证解耦模型对变压器不对称时的模拟效果,下面以某一原边绕组匝数相对于正常匝数增多为例进行分析。仿真和实验条件为:

(1)输入线电压有效值为 250 V。

(2)负载电阻阻值为 25 Ω。

(3)变压器芯柱 c 原边绕组匝数比芯柱 a 和芯柱 b 的稍多(芯柱 c 的原边绕组匝数为

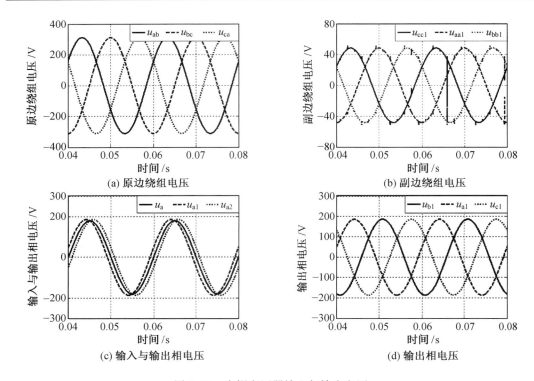

图 3.13　自耦变压器输入与输出电压

芯柱 a 和芯柱 b 的 1.1 倍）。

（4）6 个副边绕组匝数相等，且与芯柱 a 和芯柱 b 原边绕组匝数的关系满足式（3.20）。

图 3.14 和图 3.15 分别给出了副边绕组电压的仿真和实验结果。当芯柱 c 绕组匝数变为原来的 1.1 倍时，绕组 aa1、绕组 aa2、绕组 cc1 和绕组 cc2 的端电压理论值为 38.675 V，绕组 bb1 和 bb2 的端电压理论值为 35.159 V。对比图 3.14 和图 3.15 可知，在误差允许范围内，副边绕组电压的仿真和实验结果一致。

图 3.16 和图 3.17 分别给出了变压器输出线电压的仿真和实验结果。在设定的仿真和实验条件下，电压 b1c1 和电压 a2b2 的理论值为 256.345 V，电压 a1b1 和电压 b2c2 的理论值为 259.751 V，电压 c1a1 和电压 c2a2 的理论值为 258.819 V。对比图 3.16 和图 3.17 可知，在误差允许范围内，变压器输出线电压的仿真和实验结果相符合。

综合图 3.14 ~ 3.17 可知，三角形连接自耦变压器全解耦不对称模型可以较好地模拟结构不对称时的变压器状态。

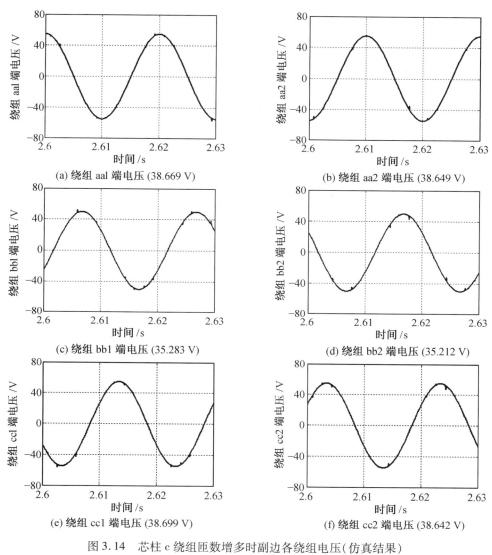

(a) 绕组 aa1 端电压 (38.669 V)　　　　　　(b) 绕组 aa2 端电压 (38.649 V)

(c) 绕组 bb1 端电压 (35.283 V)　　　　　　(d) 绕组 bb2 端电压 (35.212 V)

(e) 绕组 cc1 端电压 (38.699 V)　　　　　　(f) 绕组 cc2 端电压 (38.642 V)

图 3.14　芯柱 c 绕组匝数增多时副边各绕组电压(仿真结果)

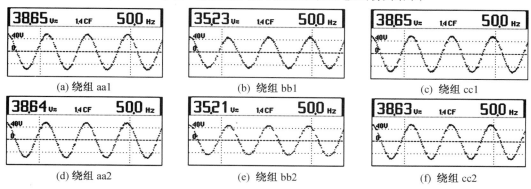

(a) 绕组 aa1　　　　　　(b) 绕组 bb1　　　　　　(c) 绕组 cc1

(d) 绕组 aa2　　　　　　(e) 绕组 bb2　　　　　　(f) 绕组 cc2

图 3.15　芯柱 c 绕组匝数增多时副边绕组电压(实验结果)

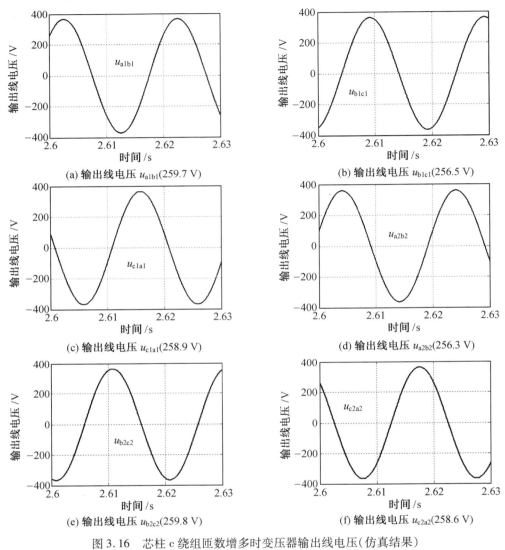

(a) 输出线电压 u_{a1b1}(259.7 V)

(b) 输出线电压 u_{b1c1}(256.5 V)

(c) 输出线电压 u_{c1a1}(258.9 V)

(d) 输出线电压 u_{a2b2}(256.3 V)

(e) 输出线电压 u_{b2c2}(259.8 V)

(f) 输出线电压 u_{c2a2}(258.6 V)

图 3.16　芯柱 c 绕组匝数增多时变压器输出线电压(仿真结果)

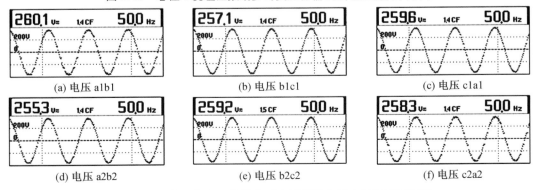

(a) 电压 a1b1

(b) 电压 b1c1

(c) 电压 c1a1

(d) 电压 a2b2

(e) 电压 b2c2

(f) 电压 c2a2

图 3.17　芯柱 c 绕组匝数增多时变压器输出线电压(实验结果)

3.4　本章小结

分析上文所建各类整流变压器模型,可以发现全解耦不对称模型具有以下特点:

（1）模型中任意两个节点之间都存在直接或间接的联系,该联系可能是由于电连接产生,也可能是由于磁耦合产生,即全解耦不对称模型反映了节点之间的电磁关系。

（2）在具体应用中,模型中的参数可以使用有限元分析软件根据变压器实际制造尺寸求得或通过实测得到,即全解耦不对称模型以变压器的实际参数为依据。

应用全解耦不对称模型,可有效模拟抽头变换器和自耦变压器参数对系统性能的影响,为理论分析和实验提供指导。

第4章　多脉波整流器的优化设计及实际影响因素

移相变压器是多脉波整流器的必需器件,其主要作用是为整流桥提供几组存在一定相位差的三相电压。根据交、直流侧是否存在电隔离,多脉波整流电路所用移相变压器可分为隔离式和自耦式两种。隔离式变压器不仅容量大、成本高,而且副边绕组的不同接法会引起各绕组匝数和漏抗不相等,导致三相输入电流不平衡;自耦式变压器的绕组是交互连接的,由于磁耦合而需要转换的能量仅占负载功率的很小一部分,因而可成倍减小变压器的容量,同时其绕组结构的对称性使三相输入电流对称性好,易于实现谐波抑制。但是,理论分析和仿真结果表明,并非任意结构的自耦变压器均具有较小的等效容量,自耦变压器的绕组布置对其等效容量有显著影响。在众多自耦变压器拓扑中,三角形连接自耦变压器由于能够为三倍频谐波提供回路,得到了广泛应用。本章以三角形连接自耦变压器为例,分析绕组结构与等效容量的影响,给出结构最优、容量最小的三角形连接自耦变压器,为降低多脉波整流器磁性器件容量提供指导。

第2章在忽略移相变压器漏感和抽头变换器电感的情况下,从输入电流最小 THD 值的角度给出了两抽头变换器变比的最优值。然而,通过实验发现,移相变压器漏感和抽头变换器电感能够显著影响抽头变换器的最优变比。因此,本章将使用理论分析与仿真相结合的方法分析系统参数对抽头变换器最优变比的影响。

4.1　绕组结构对自耦变压器等效容量的影响

4.1.1　三角形连接自耦变压器谐波抑制条件分析

为了抑制谐波,需要移相变压器产生几组存在一定相位差的三相电压对整流桥供电,这几组三相电压的相位差由整流桥个数决定,一般来说,相位差与整流桥个数满足

$$\varphi = \frac{60°}{N} \tag{4.1}$$

其中,φ 为最小相位差;N 为整流桥个数。

在整流电路中,如果存在多个整流桥,由于整流桥的输入电流谐波基本保持不变,因此可以应用其他整流桥产生的谐波在输入侧对其进行抵消,例如两个整流桥产生的某次谐波若在输入侧恰好幅值相等、相位相反,那么整流器输入电流中将不会含有该次谐波。

图 4.1 所示为使用两个整流桥的 12 脉波整流电路,为使分析一般化,对整流桥的连接方式不加以限定,即以下分析对整流桥串联与并联皆适用。

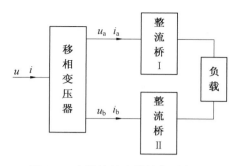

图 4.1　多脉波整流器结构示意图

理想状况下,忽略电压畸变,假设移相变压器的输入电压 u 与输出电压 u_a 和 u_b 满足

$$\begin{cases} U = U_a \\ U = U_b \angle \varphi \end{cases} \tag{4.2}$$

即 u 与 u_a 不存在相位差,u 和 u_b 的相位差为 φ。

由于多脉波整流器没有能量储存装置,其输入侧基波电流与基波电压相位相同。类似地,移相变压器输出侧基波电流与基波电压相位也相同。由此得到,图 4.1 中电流 i_b 的基波分量 i_{b1} 滞后于电流 i 的基波分量 i_1 为 φ 电角度。由于 5 次电流谐波为负序分量,假设在 $\omega t = 0$ 时,电流 i 中的 5 次谐波 i_5 与电流 i_b 中的 5 次谐波 i_{b5} 的相位差为 φ 电角度。那么,当 $\omega t = \varphi$ 时,i_{b1} 的相角为零,i_{b5} 相角增加 5φ 变为 6φ,如图 4.2 所示。

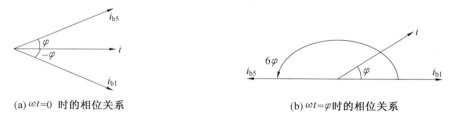

(a) $\omega t = 0$ 时的相位关系　　　　　　(b) $\omega t = \varphi$ 时的相位关系

图 4.2　5 次谐波相位关系

电流 i_a 中的 5 次谐波 i_{a5} 与电流 i 的 5 次谐波 i_5 相位相同,且 i_{a5}、i_{b5} 和 i_5 满足

$$i_5 = K_1 i_{a5} + K_2 i_{b5} \tag{4.3}$$

其中,K_1、K_2 为与移相变压器的结构有关的常数。

如果 i_{a5} 和 i_{b5} 相位相反,同时变压器结构满足 $K_1 = K_2$,则由式(4.3)可得整流器输入电流中不含 5 次谐波。

由于 7 次谐波电流为正序分量,假设在 $\omega t = 0$ 时,电流 i_b 的 7 次谐波 i_{b7} 滞后于电流 i 中的 7 次谐波 i_7 为 φ 电角度,因此当 $\omega t = \varphi$ 时,i_{b1} 的相角为零,i_{b7} 相角增加 7φ 变为 6φ,如图 4.3 所示。

同理,若 $6\varphi = 180°$,且 $K_1 = K_2$,那么整流器输入电流中不含 7 次谐波。

将以上分析进行扩展可知,当同时满足 $\varphi = 30°$ 和 $K_1 = K_2$ 时,12 脉波整流器不仅能够抑制 5 次与 7 次谐波,而且对于 $12k - 7$(k 为正整数) 次和 $12k - 5$(k 为正整数) 次谐波同样能够抑制。以上机理分析对于其他多脉波整流器同样适用。

对于三角形连接自耦变压器,为了使两组输出三相电压之间存在 30° 相位差,需要这

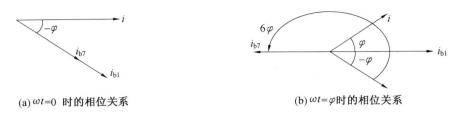

(a) $\omega t = 0$ 时的相位关系   (b) $\omega t = \varphi$ 时的相位关系

图 4.3　7 次谐波相位关系

两组三相电压与输入相电压之间的相位差为 ±15°，即一组输出三相电压超前输入相电压 15°，另外一组滞后输入相电压 15°，如图 4.4 所示。

图 4.4 中，$\alpha = 15°$，$\dot{U}_a$、$\dot{U}_b$ 和 $\dot{U}_c$ 为自耦变压器输入相电压，$\dot{U}_{a1}$、$\dot{U}_{b1}$ 和 $\dot{U}_{c1}$ 为自耦变压器一组输出相电压，$\dot{U}_{a2}$、$\dot{U}_{b2}$ 和 $\dot{U}_{c2}$ 为自耦变压器另一组输出相电压，$\dot{U}_{ab}$、$\dot{U}_{bc}$ 和 $\dot{U}_{ca}$ 为自耦变压器输入线电压。

为简便起见，单独分析 a 相电压，如图 4.5 所示。其中 g 为从中心点开始，沿着 $\dot{U}_{bc}$ 与 $\dot{U}_{ab}$ 相交点。

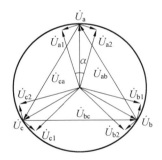

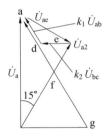

图 4.4　自耦变压器相量图　　　　图 4.5　相量合成原理

由图 4.5 可得，输入电压 u_a 与输出电压 u_{a2} 及绕组电压之间存在以下关系，即

$$\begin{cases} \dot{U}_{a2} = \dot{U}_a + \dot{U}_{ae} \\ \dot{U}_{ae} = k_1 \dot{U}_{ab} + k_2 \dot{U}_{bc} \end{cases} \tag{4.4}$$

其中，k_1 为副边位置系数，反映了副边绕组相对于原边绕组的位置；k_2 为副边比例系数，反映了副边绕组极性和端电压大小。

式(4.4)中，除 k_1 和 k_2 为标量外，其他均为矢量。由式(4.4)可知，自耦变压器输出相电压是输入相电压和线电压的矢量合成，输出相电压与输入相电压之间的相位差和幅值关系由 k_1 和 k_2 决定，即 k_1 和 k_2 决定了自耦变压器的结构。当 k_1 和 k_2 满足某一条件，且 $\dot{U}_{a2}$ 和 $\dot{U}_a$ 之间的相位差为 15° 时，12 脉波整流器能够抑制 $12k-7$（k 为正整数）次和 $12k-5$（k 为正整数）次谐波。

4.1.2　三角形连接自耦变压器结构系数分析

定义自耦变压器的变比为输出相电压与输入相电压之比，即

$$k = \frac{U'_{\mathrm{m}}}{U_{\mathrm{m}}} \tag{4.5}$$

其中,U_{m} 和 U'_{m} 分别为输入与输出电压幅值。

下面根据 k_1 和 k_2 的不同取值来确定自耦变压器的结构。

图 4.6(a)所示为 $k_1 \geqslant 0$ 且 $k_2 \leqslant 0$ 时自耦变压器的相量图,在三角形 def 中,根据边角关系可得

$$\begin{cases} \dfrac{\sin 45°}{-\sqrt{3}\,k_2} = \dfrac{\sin 75°}{\mathrm{df}} \\ \mathrm{df} + \sqrt{3}\,k_1 = (\sqrt{3} - 1)/2 \end{cases} \tag{4.6}$$

图 4.6(b)所示为 $k_1 > 0$ 且 $k_2 \geqslant 0$ 时自耦变压器的相量图,在三角形 def 和 oaf 中,根据边角关系可得

$$\begin{cases} \dfrac{\sin 45°}{\sqrt{3}\,k_2} = \dfrac{\sin 75°}{\mathrm{fd}} \\ \dfrac{\sin 135°}{1} = \dfrac{\sin 15°}{\mathrm{af}} \end{cases} \tag{4.7}$$

图 4.6(c)所示为 $k_1 \leqslant 0$ 且 $k_2 < 0$ 时自耦变压器的相量图,在三角形 oaf 和 def 中,根据边角关系可得

$$\begin{cases} \dfrac{\sin 135°}{1} = \dfrac{\sin 15°}{\mathrm{af}} \\ \dfrac{\sin 75°}{-\sqrt{3}\,k_1 + \mathrm{af}} = \dfrac{\sin 45°}{-\sqrt{3}\,k_2} \end{cases} \tag{4.8}$$

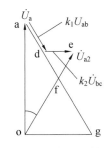 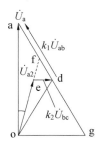 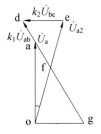

(a) $k_1 \geqslant 0$ 且 $k_2 \leqslant 0$ 时相量图 　(b) $k_1 > 0$ 且 $k_2 \geqslant 0$ 时相量图 　(c) $k_1 \leqslant 0$ 且 $k_2 < 0$ 时相量图

图 4.6　k_1 与 k_2 取不同值时自耦变压器相量图

综合分析式(4.6)、式(4.7)和式(4.8)可得

$$\begin{cases} k_2 = (\sqrt{3} - 1)k_1 - (2\sqrt{3} - 3)/3 \\ k = 3(\sqrt{2} - \sqrt{6})k_1/2 + \sqrt{6} - \sqrt{2} \end{cases} \tag{4.9}$$

根据式(4.9)可绘制 k_1 与 k_2 的关系图,如图 4.7 所示。

由图 4.7 可知,当 $(4 - \sqrt{6} - \sqrt{2})/6 < k_1 < 2/3$ 时,自耦变压器为降压变压器;当 $k_1 < (4 - \sqrt{6} - \sqrt{2})/6$ 时,自耦变压器为升压变压器。根据自耦变压器相量图和式(4.9),可推出自耦变压器设计公式为

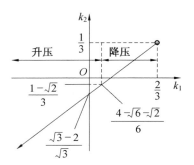

图 4.7　k_1 与 k_2 关系图

$$\begin{cases} k_1 = \left[-(\sqrt{2} + \sqrt{6})k + 4 \right]/6 \\ k_2 = (-\sqrt{2}k + 1)/3 \end{cases} \tag{4.10}$$

因此,在设计自耦变压器时只要确定变比 k,就可以确定 k_1 与 k_2。

图 4.8 所示为 $k_1 \geqslant 0$ 且 $k_2 \leqslant 0$ 时自耦变压器的绕组结构图,其中 N_q、N_s 和 N_p 为各绕组匝数。对于每个芯柱,由安匝平衡原理可得

$$\begin{cases} N_q i_{c2} = N_q i_{c1} + N_s i_1 + N_p i_{11} + N_s i_{12} \\ N_q i_{a2} = N_q i_{a1} + N_s i_2 + N_p i_{21} + N_s i_{22} \\ N_q i_{b2} = N_q i_{b1} + N_s i_3 + N_p i_{31} + N_s i_{32} \end{cases} \tag{4.11}$$

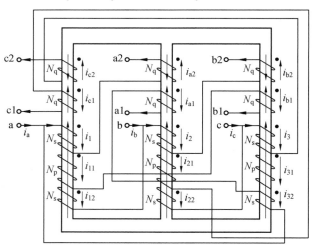

图 4.8　连接 1:$k_1 \geqslant 0$ 且 $k_2 \leqslant 0$

根据基尔霍夫电流定律可得

$$\begin{cases} i_a + i_{32} = i_1 \\ i_b + i_{12} = i_2 \\ i_c + i_{22} = i_3 \end{cases} \quad \begin{cases} i_1 = i_{a2} + i_{11} \\ i_2 = i_{b2} + i_{21} \\ i_3 = i_{c2} + i_{31} \end{cases} \quad \begin{cases} i_{11} = i_{b1} + i_{12} \\ i_{21} = i_{c1} + i_{22} \\ i_{31} = i_{a1} + i_{32} \end{cases} \tag{4.12}$$

由式(4.11)和式(4.12),可得自耦变压器原边绕组电流为

$$
\begin{cases}
i_1 = \dfrac{N_q(i_{c2} - i_{c1}) + N_s(i_{a2} + i_{b1}) + N_p i_{a2}}{N_p + 2N_s} \\[3mm]
i_{11} = \dfrac{N_q(i_{c2} - i_{c1}) - N_s(i_{a2} - i_{b1})}{N_p + 2N_s} \\[3mm]
i_{12} = \dfrac{N_q(i_{c2} - i_{c1}) - N_s(i_{a2} + i_{b1}) - N_p i_{b1}}{N_p + 2N_s} \\[3mm]
i_a = \dfrac{(N_q + N_s)(i_{b1} + i_{c2}) - N_q(i_{b2} + i_{c1}) + (N_s + N_p)(i_{a1} + i_{a2})}{N_p + 2N_s}
\end{cases}
\tag{4.13}
$$

图 4.9 所示为 $k_1 > 0$ 且 $k_2 \geqslant 0$ 时自耦变压器的磁路结构图,根据安匝平衡原理可得

$$
\begin{cases}
N_q i_{c1} = N_q i_{c2} + N_s i_1 + N_p i_{11} + N_s i_{12} \\
N_q i_{a1} = N_q i_{a2} + N_s i_2 + N_p i_{21} + N_s i_{22} \\
N_q i_{b1} = N_q i_{b2} + N_s i_3 + N_p i_{31} + N_s i_{32}
\end{cases}
\tag{4.14}
$$

对图 4.9 应用基尔霍夫电流定律,可得各电流之间的关系同样满足式(4.12),由此得到自耦变压器原边各部分电流以及输入电流为

$$
\begin{cases}
i_1 = \dfrac{N_q(i_{c1} - i_{c2}) + N_s(i_{a2} + i_{b1}) + N_p i_{a2}}{2N_s + N_p} \\[3mm]
i_{11} = \dfrac{N_q(i_{c1} - i_{c2}) + N_s(i_{b1} - i_{a2})}{2N_s + N_p} \\[3mm]
i_{12} = \dfrac{N_q(i_{c1} - i_{c2}) - N_s(i_{a2} + i_{b1}) - N_p i_{b1}}{2N_s + N_p} \\[3mm]
i_a = \dfrac{N_q(i_{b2} - i_{b1} - i_{c2} + i_{c1}) + N_s(i_{c2} + i_{a1} + i_{a2} + i_{b1}) + N_p(i_{a1} + i_{a2})}{2N_s + N_p}
\end{cases}
\tag{4.15}
$$

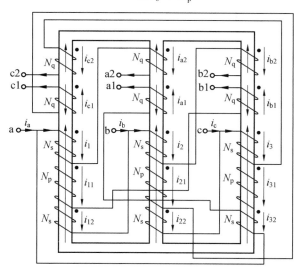

图 4.9　连接 2: $k_1 > 0$ 且 $k_2 \geqslant 0$

图 4.10 所示为 $k_1 \leqslant 0$ 且 $k_2 < 0$ 时自耦变压器的磁路结构图,根据安匝平衡原理可得

$$\begin{cases} N_q i_{c2} + N_s i_1 + N_p i_{11} = N_q i_{c1} + N_s i_{12} \\ N_q i_{a2} + N_s i_2 + N_p i_{21} = N_q i_{a1} + N_s i_{22} \\ N_q i_{b2} + N_s i_3 + N_p i_{31} = N_q i_{b1} + N_s i_{32} \end{cases} \tag{4.16}$$

又根据基尔霍夫电流定律可得

$$\begin{cases} i_a + i_{31} - i_{32} - i_1 = i_{11} \\ i_b + i_{11} - i_{12} - i_2 = i_{21} \\ i_c + i_{21} - i_{22} - i_3 = i_{31} \end{cases} \quad \begin{cases} i_1 = i_{a2} \\ i_2 = i_{b2} \\ i_3 = i_{c2} \end{cases} \quad \begin{cases} i_{12} = i_{b1} \\ i_{22} = i_{c1} \\ i_{32} = i_{a1} \end{cases} \tag{4.17}$$

由此得到自耦变压器原边各绕组电流以及输入电流为

$$\begin{cases} i_{11} = \dfrac{N_q(i_{c1} - i_{c2}) + N_s(i_{b1} - i_{a2})}{N_p}, \quad i_1 = i_{a2}, \quad i_{12} = i_{b1} \\ i_a = \dfrac{N_p(i_{a2} + i_{a1}) + N_q(i_{c1} - i_{c2} + i_{b2} - i_{b1}) + N_s(i_{b1} - i_{a2} + i_{c2} - i_{a1})}{N_p} \end{cases} \tag{4.18}$$

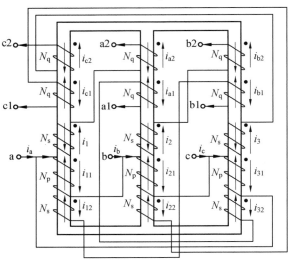

图 4.10　连接 3：$k_1 \leqslant 0$ 且 $k_2 < 0$

4.1.3　自耦变压器等效容量与最优结构

如前所述,自耦变压器的主要作用是为抑制谐波提供一个合适的相移,而不是升降压,因此有必要根据变压器的容量和结构的复杂程度对其进行优化设计。

变压器等效容量计算式为

$$P_t = \frac{1}{2} \sum UI \tag{4.19}$$

其中,U 和 I 分别为变压器绕组的电压、电流有效值。

大电感负载下,当自耦变压器副边位置系数和比例系数满足连接 1 和连接 2 时,由式(4.13)和式(4.15),可得原边各绕组电流的有效值为

$$\begin{cases} I_1 = I_{12} = \dfrac{I_d}{6}\sqrt{18k_1^2 - (21 - 3\sqrt{3})k_1 + 10 - 2\sqrt{3}} \\[3mm] I_{11} = \dfrac{I_d}{6}\sqrt{18k_1^2 - (12 - 6\sqrt{3})k_1 + 7 - 4\sqrt{3}} \end{cases} \qquad (4.20)$$

副边绕组电流有效值为

$$I_{a2} = \dfrac{I_d}{\sqrt{6}} \qquad (4.21)$$

原边各绕组电压有效值为

$$\begin{cases} U_1 = U_{12} = k_1 U_{LL} \\ U_{11} = (1 - 2k_1)U_{LL} \end{cases} \qquad (4.22)$$

其中,U_{LL}是输入线电压有效值。

副边绕组端电压为

$$U_{a2} = \left| (\sqrt{3} - 1)k_1 + (3 - 2\sqrt{3})/3 \right| U_{LL} \qquad (4.23)$$

假设整流器输入电压为

$$\begin{cases} u_a = \sqrt{2}\, U_m \sin \omega t \\[2mm] u_b = \sqrt{2}\, U_m \sin(\omega t - \dfrac{2\pi}{3}) \\[2mm] u_c = \sqrt{2}\, U_m \sin(\omega t + \dfrac{2\pi}{3}) \end{cases} \qquad (4.24)$$

则根据调制理论,两个整流桥输出电压 u_{d1} 和 u_{d2} 可以表示为

$$u_{d1} = \begin{cases} \sqrt{2}\, k U_{LL} \cos(\omega t - \dfrac{n\pi}{3}) \\[2mm] \quad \omega t \in \left[\dfrac{n\pi}{3}, \dfrac{n\pi}{3} + \dfrac{\pi}{6} \right], n = 0,1,2,\cdots \\[4mm] \sqrt{2}\, k U_{LL} \cos \left[\omega t - \dfrac{(n+1)\pi}{3} \right] \\[2mm] \quad \omega t \in \left[\dfrac{n\pi}{3} + \dfrac{\pi}{6}, \dfrac{(n+1)\pi}{3} \right], n = 0,1,2,\cdots \end{cases} \qquad (4.25)$$

$$u_{d2} = \begin{cases} \sqrt{2}\, k U_{LL} \cos(\omega t - \dfrac{n\pi}{3} - \dfrac{\pi}{6}) \\[2mm] \quad \omega t \in \left[\dfrac{n\pi}{3}, \dfrac{(n+1)\pi}{3} \right], n = 0,1,2,\cdots \end{cases} \qquad (4.26)$$

由式(4.25)和式(4.26)可以得到输出电压为

$$u_d = \begin{cases} \sqrt{2}\, k U_{LL} \cos \dfrac{\pi}{12} \cos(\omega t - \dfrac{n\pi}{3} - \dfrac{\pi}{12}) \\[2mm] \quad \omega t \in \left[\dfrac{n\pi}{3}, \dfrac{n\pi}{3} + \dfrac{\pi}{6} \right], n = 0,1,2,\cdots \\[4mm] \sqrt{2}\, k U_{LL} \cos \dfrac{\pi}{12} \cos(\omega t - \dfrac{n\pi}{3} - \dfrac{\pi}{4}) \\[2mm] \quad \omega t \in \left[\dfrac{n\pi}{3} + \dfrac{\pi}{6}, \dfrac{(n+1)\pi}{3} \right], n = 0,1,2,\cdots \end{cases} \qquad (4.27)$$

根据式(4.27)计算得到输出电压有效值为

$$U_{\mathrm{d}} = \frac{(\sqrt{6} + \sqrt{2})\sqrt{3 + \pi}}{4\sqrt{\pi}} k U_{\mathrm{LL}} \qquad (4.28)$$

即

$$U_{\mathrm{LL}} = \frac{4\sqrt{\pi}\, U_{\mathrm{d}}}{k(\sqrt{6} + \sqrt{2})\sqrt{3 + \pi}} \qquad (4.29)$$

因此,连接 1 与连接 2 的变压器等效容量可以表示为

$$S_{\mathrm{kVA1}} = \frac{1}{12} U_{\mathrm{LL}} I_{\mathrm{d}} \{ 6k_1 \sqrt{18k_1^2 - (21 - 3\sqrt{3})k_1 + 10 - 2\sqrt{3}} +$$

$$3(1 - 2k_1)\sqrt{18k_1^2 - (12 - 6\sqrt{3})k_1 + 7 - 4\sqrt{3}} +$$

$$2\sqrt{6}\,|3(\sqrt{3} - 1)k_1 + (3 - 2\sqrt{3})|\} \qquad (4.30)$$

定义 P_{o} 为负载功率,且

$$P_{\mathrm{o}} = U_{\mathrm{d}} I_{\mathrm{d}} \qquad (4.31)$$

将式(4.31)代入式(4.30),可得自耦变压器容量为

$$S_{\mathrm{kVA1}} = \frac{\sqrt{\pi}\, P_{\mathrm{o}}}{3k(\sqrt{6} + \sqrt{2})\sqrt{3 + \pi}} \{ 6k_1 \sqrt{18k_1^2 - (21 - 3\sqrt{3})k_1 + 10 - 2\sqrt{3}} +$$

$$3(1 - 2k_1)\sqrt{18k_1^2 - (12 - 6\sqrt{3})k_1 + 7 - 4\sqrt{3}} + 2\sqrt{6}\,|3(\sqrt{3} - 1)k_1 + (3 - 2\sqrt{3})|\}$$
$$(4.32)$$

式(4.32)给出了在相同负载功率下两种变压器结构连接 1、连接 2 与其等效容量的关系。

当自耦变压器副边位置系数和比例系数满足连接 3 时,根据式(4.18)可得原边各绕组电流有效值为

$$\begin{cases} I_1 = I_{12} = \dfrac{I_{\mathrm{d}}}{\sqrt{6}} \\[2mm] I_{11} = \dfrac{I_{\mathrm{d}}}{6}\sqrt{18k_1^2 - (12 - 6\sqrt{3})k_1 + 7 - 4\sqrt{3}} \end{cases} \qquad (4.33)$$

原边各绕组端电压有效值为

$$\begin{cases} U_1 = U_{12} = -k_1 U_{\mathrm{LL}} \\[2mm] U_{11} = U_{\mathrm{LL}} \end{cases} \qquad (4.34)$$

副边绕组电流和端电压有效值分别满足式(4.21)与式(4.23)。

因此,变压器结构连接 3 与其等效容量的关系可以表示为

$$S_{\mathrm{kVA2}} = \frac{\sqrt{\pi}\, P_{\mathrm{o}}}{3k(\sqrt{6} + \sqrt{2})\sqrt{3 + \pi}} \{ -6\sqrt{6}\, k_1 +$$

$$3\sqrt{18k_1^2 - (12 - 6\sqrt{3})k_1 + 7 - 4\sqrt{3}} + 2\sqrt{6}\,|3(\sqrt{3} - 1)k_1 + (3 - 2\sqrt{3})|\}$$
$$(4.35)$$

综合式(4.32)和式(4.35),可得三角形连接自耦变压器等效容量计算公式为

$$
\begin{cases}
\text{当}\ 0 \leqslant k_1 < 1/2\ \text{时} \\
S_{kVA} = \dfrac{\sqrt{\pi}\,P_o}{2(2-3k_1)\sqrt{3+\pi}}\Big\{2k_1\sqrt{18k_1^2-(21-3\sqrt{3})k_1+10-2\sqrt{3}}\ + \\
\qquad (1-2k_1)\sqrt{18k_1^2-(12-6\sqrt{3})k_1+7-4\sqrt{3}}+2\sqrt{2}\left|\sqrt{3}(\sqrt{3}-1)k_1+(\sqrt{3}-2)\right|\Big\} \\
\text{当}\ k_1 \leqslant 0\ \text{时} \\
S_{kVA} = \dfrac{\sqrt{\pi}\,P_o}{2\sqrt{3+\pi}(2-3k_1)}\Big\{-2\sqrt{6}\,k_1+\sqrt{18k_1^2-(12-6\sqrt{3})k_1+7-4\sqrt{3}}\ + \\
\qquad 2\sqrt{2}\left|\sqrt{3}(\sqrt{3}-1)k_1+(\sqrt{3}-2)\right|\Big\}
\end{cases}
$$

$$\tag{4.36}$$

定义等效容量比 K_{kVA} 为

$$K_{kVA} = \frac{S_{kVA}}{P_o} \tag{4.37}$$

K_{kVA} 描述了相同负载功率下自耦变压器等效容量与自耦变压器结构参数 k_1 之间的关系,图 4.11 较为直观地表现了该关系。

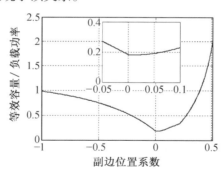

图 4.11　自耦变压器等效容量与结构参数关系

通过上述分析,可知:

(1)当 $k_1=0$ 时,K_{kVA} 最小,且最小值为 0.183 4,即自耦变压器的等效容量仅为负载功率的 18.34%。若使用该种结构的自耦变压器作为移相器件,整流器的体积和成本与使用隔离式变压器(隔离式变压器等效容量为输出容量的 105% 左右)相比将显著减小。同时,通过分析自耦变压器的绕组结构图可以发现,当 $k_1=0$ 或 $k_2=0$ 时,每个芯柱仅为 3 个绕组,相对于其他连接形式而言,变压器结构最为简单。而当 $k_2=0$ 时,$K_{kVA}=0.332$,明显大于 $k_1=0$ 时的 K_{kVA} 值。因此 $k_1=0$ 时的自耦变压器结构是最优的,图 4.12 所示为 $k_1=0$ 时的绕组结构图。

(2)当 $k_1=0.064$ 时,$K_{kVA}=0.2$,而当 $k_1=0.175$ 时,$K_{kVA}=0.3$,结合图 4.11 可以发现当 k_1 在区间 $[0,0.175]$ 变化时,自耦变压器等效容量缓慢上升。此时变压器工作状态是先升压再降压,变比范围为 $0.763 \leqslant k \leqslant 1.035$,由于自耦变压器等效容量相对于隔离式变

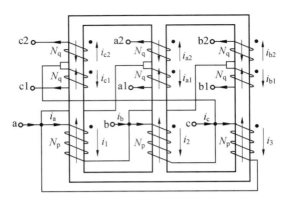

图 4.12　三角形连接的自耦变压器磁路结构图（$k_1 = 0$）

压器仍较小,此时仍适合作为移相器件使用。当 $k_1 > 0.175$ 时,自耦变压器等效容量快速上升,且当 $k_1 = 1/2$ 时,K_{kVA} 已经达到 2,相对于隔离式变压器已经没有任何优势。因此,使用自耦变压器可以降低移相器件的等效容量,但并不是任何连接形式的自耦变压器都可以降低其等效容量。

（3）当 $k_1 = -0.068$ 时,$K_{kVA} = 0.3$,自耦变压器等效容量相对于隔离式变压器仍较小,但变比为 1.14,相对于 $k_1 = 0$ 时变化不明显。而当 $k_1 = -1$ 时,变比为 2.59,$K_{kVA} = 0.9784$,因此 k_1 在区间[-1,0]变化时,自耦变压器等效容量变化较为缓慢,变比变化范围为[1.035,2.59]。因此,若不考虑自耦变压器的非隔离这一缺点,其可以作为升压变压器使用。

4.1.4　最优结构仿真与实验验证

为了验证上文理论分析的正确性,根据 k_1 和 k_2 的不同取值,设计了 5 种不同结构的自耦变压器,并将其应用于 12 脉波整流器。以下给出这 5 种结构的仿真结果,并计算自耦变压器容量,分析自耦变压器结构对容量的影响,并寻找结构最优的自耦变压器。为节省篇幅,只给出芯柱 1 的仿真结果。

（1）$k_1 = 0$。

图 4.13 所示为 $k_1 = 0$ 时自耦变压器的绕组电压与电流,图 4.14 所示为相同仿真条件下的输出电压和电流。根据等效容量比定义,可以得到此时 K_{kVA} 等于 17.89%。

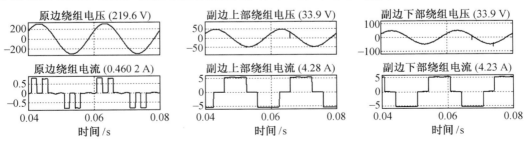

图 4.13　$k_1 = 0$ 时自耦变压器的绕组电压和电流

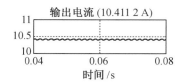 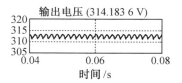

图 4.14　$k_1 = 0$ 时输出电压和电流

图 4.15 所示为输入电流及其频谱。由该图可知,输入电流 THD 值为 14.60%,相对于三相二极管全桥整流电路(不加滤波器)有较大下降。

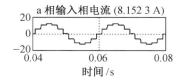 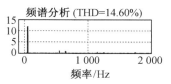

图 4.15　$k_1 = 0$ 时输入电流及其频谱

(2)$k_1 = 0.1$。

图 4.16 所示为 $k_1 = 0.1$ 时自耦变压器的绕组电压与电流,图 4.17 所示为相同仿真条件下的输出电压和电流。根据等效容量比定义,可得此时 K_{kVA} 等于 21.51%。图 4.18 所示为 $k_1 = 0.1$ 时输入电流及其频谱。

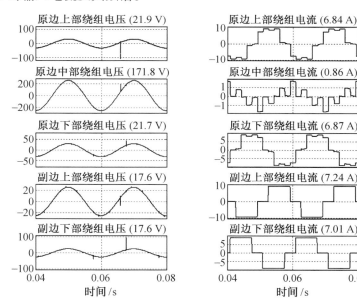

图 4.16　$k_1 = 0.1$ 时自耦变压器的绕组电压和电流

(3)$k_1 = 0.3$。

图 4.19 所示为 $k_1 = 0.3$ 时自耦变压器的绕组电压与电流,图 4.20 所示为相同仿真条件下的输出电压和电流。根据等效容量比定义,可得此时 K_{kVA} 等于 42.58%。图 4.21 所示为 $k_1 = 0.3$ 时输入电流及其频谱。

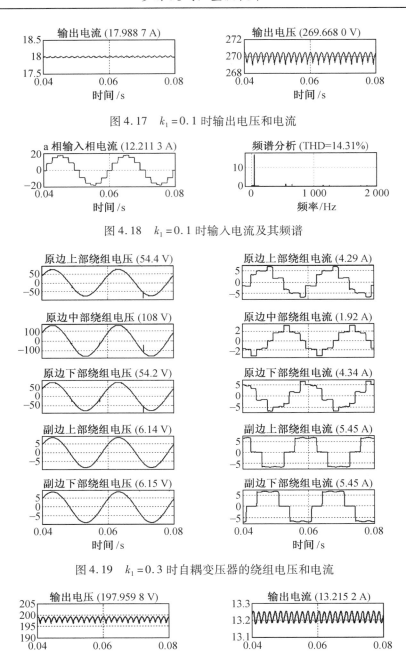

图 4.17　$k_1 = 0.1$ 时输出电压和电流

图 4.18　$k_1 = 0.1$ 时输入电流及其频谱

图 4.19　$k_1 = 0.3$ 时自耦变压器的绕组电压和电流

图 4.20　$k_1 = 0.3$ 时输出电压和电流

（4）$k_1 = -0.5$。

图 4.22 所示为 $k_1 = -0.5$ 时自耦变压器的绕组电压与电流，图 4.23 所示为相同仿真条件下的输出电压和电流。根据等效容量比定义，可得此时 K_{kVA} 等于 62.64% 。图 4.24 所示为 $k_1 = -0.5$ 时输入电流及其频谱。

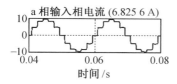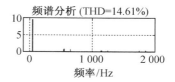

图 4.21　$k_1 = 0.3$ 时输入电流及其频谱

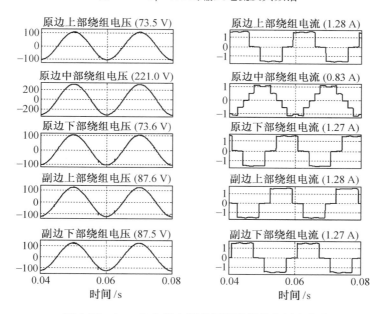

图 4.22　$k_1 = -0.5$ 时自耦变压器的绕组电压和电流

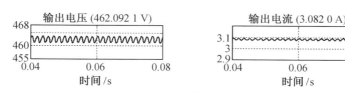

图 4.23　$k_1 = -0.5$ 时输出电压和电流

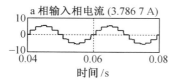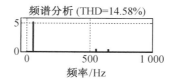

图 4.24　$k_1 = -0.5$ 时输入电流及其频谱

（5）$k_2 = 0$。

图 4.25 所示为 $k_2 = 0$ 时自耦变压器的绕组电压与电流,图 4.26 所示为相同仿真条件下的输出电压和电流。根据等效容量比定义,可得此时 K_{kVA} 等于 31.83%。图 4.27 所示为 $k_2 = 0$ 时输入电流及其频谱。

综合上述仿真结果,可得副边位置系数与等效容量比之间的关系如图 4.28 所示。结合上

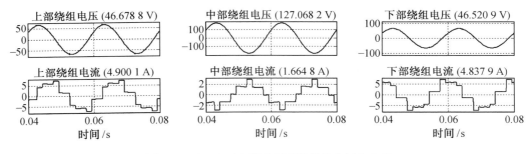

图 4.25　$k_2 = 0$ 时自耦变压器的绕组电压和电流

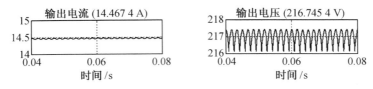

图 4.26　$k_2 = 0$ 时输出电压和电流

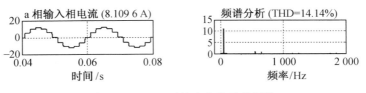

图 4.27　$k_2 = 0$ 时输入电流及其频谱

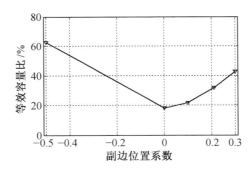

图 4.28　副边位置系数与等效容量比关系

节的理论分析,可得当副边位置系数等于零时,自耦变压器等效容量比最小,且结构最简单。

通过图 4.15、图 4.18、图 4.21、图 4.24、图 4.27 可知,改变自耦变压器结构不影响输入电流 THD 值。

通过上述理论分析及仿真验证可知,当副边位置系数等于零时自耦变压器具有最小的等效容量比和最简单的结构,即 $k_1 = 0$ 时自耦变压器结构最优。本章设计了 $k_1 = 0$ 时的三角形连接自耦变压器并将其应用于图 4.29 所示的 12 脉波整流器。

图 4.30 所示为输入电流及其频谱特性。由于三芯柱变压器固有的磁轭不对称以及在实际制造过程中的误差,输入电流彼此不相等,其 THD 值也不相等,且输入电流中含有 5 次和 7 次谐波;同时由于自耦变压器漏感的滤波作用,THD 值比理论分析略小。

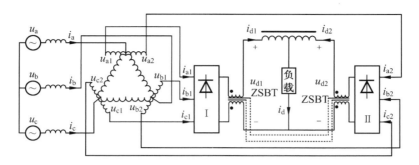

图 4.29　使用三角形连接自耦变压器的 12 脉波整流器

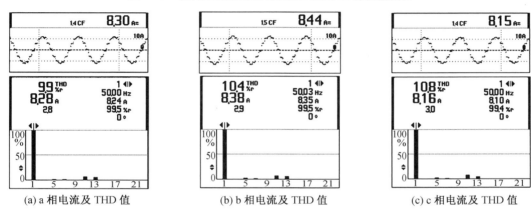

(a) a 相电流及 THD 值　　　(b) b 相电流及 THD 值　　　(c) c 相电流及 THD 值

图 4.30　各相输入电流及其频谱特性

　　图 4.31 所示为自耦变压器原边端电压和电流波形。图中,原边端电压即为输入线电压。由该图可知 3 个绕组的电压并不相等,即源电压不对称,这也是造成整流器输入电流不等的一个重要原因。

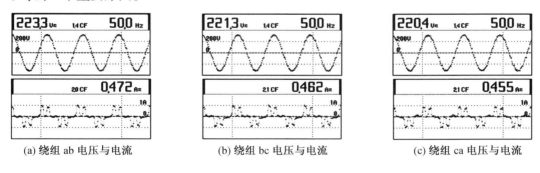

(a) 绕组 ab 电压与电流　　　(b) 绕组 bc 电压与电流　　　(c) 绕组 ca 电压与电流

图 4.31　自耦变压器原边端电压和电流波形

　　原边实验电流波形与图 4.13 中的仿真波形相同,且符合理论分析。根据图 4.31 中电压与电流的有效值,计算得到原边绕组等效容量为 153.7 V·A。

　　图 4.32 所示为副边绕组端电压与电流实验波形,经计算得到副边绕组等效容量为409.7 V·A。

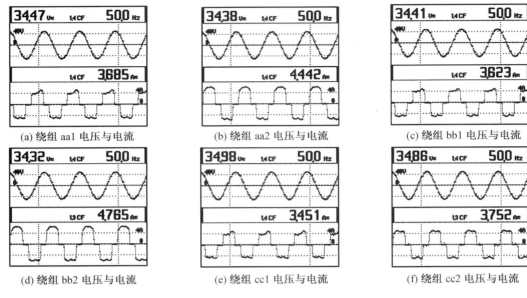

(a) 绕组 aa1 电压与电流　　(b) 绕组 aa2 电压与电流　　(c) 绕组 bb1 电压与电流

(d) 绕组 bb2 电压与电流　　(e) 绕组 cc1 电压与电流　　(f) 绕组 cc2 电压与电流

图 4.32　自耦变压器副边端电压与电流实验波形

图 4.33 所示为相同实验条件下输出电压与电流,经计算得出负载功率为 3 134.4 V·A。

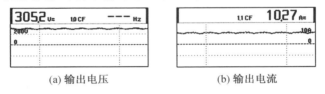

(a) 输出电压　　　　　　　(b) 输出电流

图 4.33　输出电压与电流

综合上述实验结果,可得出实验条件下自耦变压器等效容量比为 17.97% 。考虑到测量误差,该结果与理论分析值及仿真分析结果一致。

4.2　换相角对抽头变换器最优变比的影响

4.2.1　整流桥换相角对抽头变换器变比的影响

当只考虑整流桥二极管换相时,为简化分析,有以下假设成立:

(1)三相输入电压为对称的正弦波。

(2)忽略抽头变换器、自耦变压器绕组电阻及抽头变换器的电感。

(3)二极管为理想器件。

在以上假设条件下,使用两抽头变换器的 24 脉波整流器可以简化为图 4.34 所示电路,图中 L_s 为将自耦变压器原、副边漏感折算到副边后的漏感。

当考虑自耦变压器漏感时,a1 相的开关函数如图 4.35 所示,其中 γ 为换相重叠角。

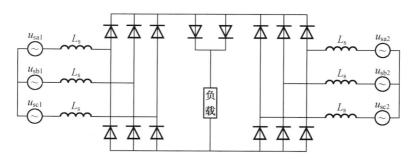

图 4.34　24 脉波整流器简化电路

由该图可知,整流桥的开关函数满足

$$S_{a1} = S_{a1}^1 + S_{a1}^2 \tag{4.38}$$

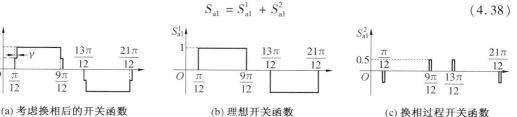

(a) 考虑换相后的开关函数　　　(b) 理想开关函数　　　(c) 换相过程开关函数

图 4.35　考虑整流桥换相时 a1 相开关函数

此时,输入电流包含两部分:一部分为不考虑换相时的输入电流,如式(2.17)所示;另一部分为由换相引起的电流,即

$$i_a^{11} = i_a^1 + i_a^{c1} \tag{4.39}$$

其中,i_a^{11} 为考虑整流桥换相时的输入电流;i_a^1 为不考虑换相时的输入电流,与式(2.17)中电流相同;i_a^{c1} 为由换相引起的电流,且

$$i_a^{c1} = i_a^2 + i_{am}^2 \tag{4.40}$$

其中

$$\begin{cases} i_a^2 = I_d\left(- S_{b1}^2 - S_{c2}^2 + \dfrac{S_{c2}^2 - S_{b2}^2 + S_{b1}^2 - S_{c1}^2}{\sqrt{3}}\right) \\[3mm] i_{am}^2 = 2i_m(S_P - S_Q)\left(S_{c2}^2 - S_{b1}^2 + \dfrac{S_{b2}^2 - S_{c2}^2 + S_{b1}^2 - S_{c1}^2}{\sqrt{3}}\right) \end{cases} \tag{4.41}$$

根据开关函数和环流的定义,i_a^2 和 i_{am}^2 的表达式为

$$\begin{cases} i_a^2 = \dfrac{2\sqrt{6}(\sqrt{3}-1)I_d}{\pi}\left[-M + \displaystyle\sum_{k=1}^{\infty} \dfrac{N}{(-1)^{k+1}(12k\pm1)}\right] \\[4mm] i_{am}^2 = \dfrac{4\sqrt{6}(\sqrt{3}-1)\alpha_m I_d}{\pi}\left[M + \displaystyle\sum_{k=1}^{\infty} \dfrac{N}{(-1)^{k}(12k\pm1)}\right] \end{cases} \tag{4.42}$$

其中,$M = \sin\dfrac{\gamma}{2}\cos\left(\omega t - \dfrac{\gamma}{2}\right)$,$N = \sin\dfrac{(12k\pm1)\gamma}{2}\cos(12k\pm1)\left(\omega t - \dfrac{\gamma}{2}\right)$。

将式(2.17)和式(4.42)代入式(4.39),可得

$$i_a^{11} = \frac{2\sqrt{6}(\sqrt{3}-1)I_d}{\pi}\left\{2(\sqrt{6}-\sqrt{2})\alpha_m\left[\sin\omega t + \sum_{k=1}^{\infty}\frac{\sin(12k\pm1)\omega t}{12k\pm1}\right]+\right.$$

$$\left(\frac{1}{2}-\alpha_m\right)\left[\sin\omega t + \sum_{k=1}^{\infty}\frac{\sin(12k\pm1)\omega t}{(-1)^k(12k\pm1)} + \sin(\omega t - \gamma) +\right.$$

$$\left.\left.\sum_{k=1}^{\infty}\frac{\sin(12k\pm1)(\omega t - \gamma)}{(-1)^k(12k\pm1)}\right]\right\} \tag{4.43}$$

由 THD 值的定义,可得考虑整流桥换相时输入电流的 THD 值表达式为

$$\text{THD} = \frac{\sqrt{\begin{array}{l}\displaystyle\sum_{k=1}^{\infty}\frac{1}{(12k\pm1)^2}\Big\{\left(\alpha_m-\frac{1}{2}\right)\cos(12k\pm1)\gamma\big[2\alpha_m+4\alpha_m(\sqrt{6}-\sqrt{2})(-1)^{k+1}-1\big]+\\[3mm]2\left(\alpha_m-\frac{1}{2}\right)^2+2(\sqrt{6}-\sqrt{2})\alpha_m(-1)^k\big[2\alpha_m(\sqrt{6}-\sqrt{2})(-1)^k-2\alpha_m+1\big]\Big\}\end{array}}}{\sqrt{\begin{array}{l}2(1+2\cos\gamma)\left(\alpha_m-\frac{1}{2}\right)^2+\\[3mm]2(\sqrt{6}-\sqrt{2})\alpha_m\big[1+2\alpha_m(\sqrt{6}-\sqrt{2}-1)-2\left(\alpha_m-\frac{1}{2}\right)\cos\gamma\big]\end{array}}} \tag{4.44}$$

当不考虑抽头变换器二极管换相时,整流桥换相角对抽头变换器最优变比的影响可以根据式(4.44)进行分析。

图 4.36 所示为不同整流桥换相角下抽头变换器变比与 THD 值之间的关系曲线,图 4.37(a)所示为应用全解耦模型仿真时换相角与最优变比之间的关系,图 4.37(b)为仿真时最优变比下换相角与 THD 值之间的关系。由图 4.36 和图 4.37 可得:

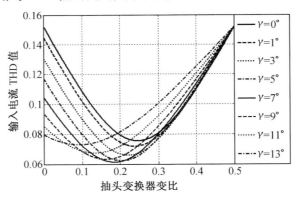

图 4.36　不同整流桥换相角下 THD 与变比关系曲线

(1)当整流桥换相角等于零时,最优变比与理想状态下相同。

(2)随着换相角的增大,最优变比减小,即整流桥的换相作用使抽头变换器的最优变比减小。

(3)当换相角较大时,抽头变换器作用变小。例如 $\gamma=13°$ 时,抽头变换器变比较小,且 THD 值与变比等于零时相差不大。由于换相角主要由漏感引起,而在其他条件保持不变时,在漏感的滤波作用下,换相角随着漏感的增大而增大。因此,当漏感较大时,使用抽

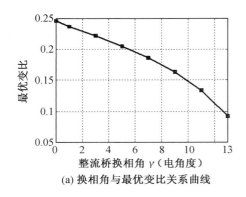 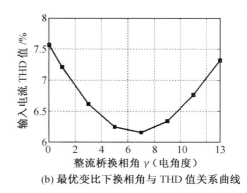

(a) 换相角与最优变比关系曲线　　　　　(b) 最优变比下换相角与 THD 值关系曲线

图 4.37　仿真时整流桥换相角与 THD 值和最优变比的关系

头变换器意义不大。

4.2.2　抽头变换器二极管换相角对其变比的影响

当只分析抽头变换器二极管换相对其变比的影响时,为简化分析,有以下假设成立:

(1)三相输入电压为对称正弦波。

(2)忽略自耦变压器的电阻和漏感。

(3)二极管为理想器件。

在以上假设条件下,使用两抽头变换器的 24 脉波整流器可以简化为图 4.38 所示的电路。

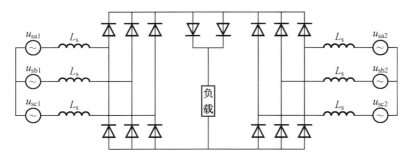

图 4.38　只考虑抽头变换器电感时 24 脉波整流器等效电路

当考虑抽头变换器电感时,抽头变换器二极管 D_P 的开关函数如图 4.39 所示,其中 γ_D 为换相角。由图 4.39 可知,抽头变换器开关函数满足

$$S_P = S_P^1 + S_P^2 \tag{4.45}$$

当考虑抽头变换器二极管换相时,输入电流 i_a^{12} 由两部分组成,一部分为理想条件下的输入电流 i_a^1,另外一部分为抽头变换器换相引起的电流 i_a^{c2},即

$$i_a^{12} = i_a^1 + i_a^{c2} \tag{4.46}$$

其中,i_a^{c2} 满足

$$i_a^{c2} = 2i_m(S_P^2 - S_Q^2)\left(S_{c2}^1 - S_{b1}^1 + \frac{S_{b2}^1 - S_{c2}^1 + S_{b1}^1 - S_{c1}^1}{\sqrt{3}}\right) \tag{4.47}$$

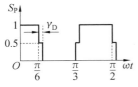
(a) 考虑换相后的开关函数

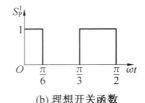
(b) 理想开关函数

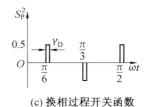
(c) 换相过程开关函数

图 4.39　抽头变换器二极管 D_P 的开关函数

经计算可得

$$i_a^{c2} = - \frac{16\sqrt{3}(2-\sqrt{3})i_m}{\pi} \left[\sin\frac{\gamma_D}{2}\cos\left(\omega t - \frac{\gamma_D}{2}\right) + \right.$$

$$\left. \sum_{k=1}^{\infty} \frac{\sin\dfrac{(12k\pm1)\gamma_D}{2}\cos(12k\pm1)\left(\omega t - \dfrac{\gamma_D}{2}\right)}{12k\pm1} \right] \tag{4.48}$$

因此,输入电流可以表示为

$$i_a^{12} = \frac{2\sqrt{6}(\sqrt{3}-1)I_d}{\pi} \left\{ (1-2\alpha_m)\left[\sin\omega t + \sum_{k=1}^{\infty} \frac{\sin(12k\pm1)\omega t}{(-1)^k(12k\pm1)} \right] + (\sqrt{6}-\sqrt{2})\alpha_m\sin\omega t + \right.$$

$$\left. (\sqrt{6}-\sqrt{2})\alpha_m\left[\sin(\omega t - \gamma_D) + \sum_{k=1}^{\infty} \frac{\sin(12k\pm1)\omega t + \sin(12k\pm1)(\omega t - \gamma_D)}{12k\pm1} \right] \right\} \tag{4.49}$$

此电流的 THD 值为

$$\mathrm{THD} = \frac{\sqrt{\begin{array}{l} \displaystyle\sum_{k=1}^{\infty} \frac{1}{12k\pm1}(1-2\alpha_m)^2 + \\[2mm] \displaystyle 2\alpha_m(\sqrt{6}-\sqrt{2})\sum_{k=1}^{\infty} \frac{1+\cos(12k\pm1)\gamma_D}{(-1)^k(12k\pm1)^2}[1-2\alpha_m+(\sqrt{6}-\sqrt{2})\alpha_m(-1)^k] \end{array}}}{\sqrt{(1-2\alpha_m)^2 + 2(\sqrt{6}-\sqrt{2})\alpha_m[1+\alpha_m(\sqrt{6}-\sqrt{2}-2)](1+\cos\gamma_D)}} \tag{4.50}$$

图 4.40 所示为不同抽头变换器换相角下 THD 值与抽头变换器变比之间的关系曲线,图 4.41(a)所示为应用全解耦模型仿真时换相角与最优变比之间的关系曲线,图 4.41(b)所示为最优变比下换相角与 THD 值之间的关系曲线。

由图 4.40 和图 4.41 可知:

(1)当抽头变换器换相角等于零时,最优变比与理想状态下相同。

(2)最优变比随着换相角的增大而增大,即抽头变换器的换相作用使变比增大,这与整流桥换相作用恰好相反;但是,抽头变换器换相角与最小 THD 值之间的关系和整流桥换相角与最小 THD 值之间的关系相同。

4.2.3　两种换相角对抽头变换器变比的综合影响

若同时考虑抽头变换器换相与整流桥换相,则网侧输入电流总表达式也由两部分组成。其中,第一部分为无抽头变换器时网侧电流表达式,即考虑换相的 12 脉波整流电路

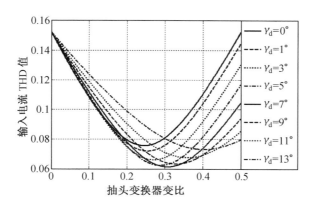

图 4.40   不同抽头变换器换相角下 THD 值与变比关系曲线

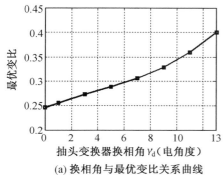

(a) 换相角与最优变比关系曲线

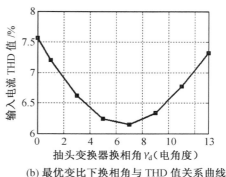

(b) 最优变比下换相角与 THD 值关系曲线

图 4.41   仿真时抽头变换器换相角与 THD 值和最优变比的关系

的网侧输入电流,其表达式为

$$i_a^3 = I_d\{-(S_{b1}^1 + S_{b1}^2) - (S_{c2}^1 + S_{c2}^2) +$$
$$[(S_{c2}^1 + S_{c2}^2) - (S_{b2}^1 + S_{b2}^2) + (S_{b1}^1 + S_{b1}^2) - (S_{c1}^1 + S_{c1}^2)]/\sqrt{3}\}$$
$$= i_{as}^1 + i_a^2 \tag{4.51}$$

第二部分为环流,其表达式为

$$i_{am} = 2i_m(S_P^1 + S_P^2 - S_Q^1 - S_Q^2)\{(S_{c2}^1 + S_{c2}^2) - (S_{b1}^1 + S_{b1}^2) +$$
$$[(S_{b2}^1 + S_{b2}^2) - (S_{c2}^1 + S_{c2}^2) + (S_{b1}^1 + S_{b1}^2) - (S_{c1}^1 + S_{c1}^2)]/\sqrt{3}\} \tag{4.52}$$

整理式(4.52)可得

$$i_{am} = 2i_m\{(S_P^1 - S_Q^1)[S_{c2}^1 - S_{b1}^1 + (S_{b2}^1 - S_{c2}^1 + S_{b1}^1 - S_{c1}^1)/\sqrt{3}] +$$
$$(S_P^1 - S_Q^1)[S_{c2}^2 - S_{b1}^2 + (S_{b2}^2 - S_{c2}^2 + S_{b1}^2 - S_{c1}^2)/\sqrt{3}] +$$
$$(S_P^2 - S_Q^2)[S_{c2}^1 - S_{b1}^1 + (S_{b2}^1 - S_{c2}^1 + S_{b1}^1 - S_{c1}^1)/\sqrt{3}] +$$
$$(S_P^2 - S_Q^2)[S_{c2}^2 - S_{b1}^2 + (S_{b2}^2 - S_{c2}^2 + S_{b1}^2 - S_{c1}^2)/\sqrt{3}]\} \tag{4.53}$$

在 24 脉波整流器典型运行工况下,两个换相角均小于 15°,因此式(4.53)中的第四项等于零。因此考虑两种换相时,输入电流可以表示为

$$i_a = i_a^1 + i_a^2 + i_{am} + i_a^{c2} \tag{4.54}$$

即

$$i_a = \frac{2\sqrt{6}(\sqrt{3}-1)I_d}{\pi}\Bigg\{\left(\frac{1}{2}-\alpha_m\right)\left[\sin\omega t + \sin(\omega t - \gamma)\right] +$$

$$(\sqrt{6}-\sqrt{2})\alpha_m\left[\sin\omega t + \sin(\omega t - \gamma_D)\right] +$$

$$\left(\frac{1}{2}-\alpha_m\right)\sum_{k=1}^{\infty}\frac{\sin(12k\pm1)\omega t + \sin(12k\pm1)(\omega t - \gamma)}{(-1)^k(12k\pm1)} +$$

$$(\sqrt{6}-\sqrt{2})\alpha_m\sum_{k=1}^{\infty}\frac{\sin(12k\pm1)\omega t + \sin(12k\pm1)(\omega t - \gamma_D)}{12k\pm1}\Bigg]\Bigg\} \quad (4.55)$$

由此可得,同时考虑整流桥换相和抽头变换器换相时的输入电流 THD 值为

$$\mathrm{THD} = \frac{\sqrt{\begin{array}{l}\displaystyle\sum_{k=1}^{\infty}\frac{2\left\{\left(\alpha_m-\frac{1}{2}\right)^2 + (\sqrt{6}-\sqrt{2})\alpha_m\left[\left(\frac{1}{2}-\alpha_m\right)(-1)^k + \alpha_m(\sqrt{6}-\sqrt{2})\right]\right\}}{(12k\pm1)^2} + \\ \displaystyle 2(\sqrt{6}-\sqrt{2})\alpha_m\sum_{k=1}^{\infty}\frac{\cos(12k\pm1)\gamma_D}{(12k\pm1)^2}\left[\left(\frac{1}{2}-\alpha_m\right)(-1)^k + \alpha_m(\sqrt{6}-\sqrt{2})\right] + \\ \displaystyle 2\left(\frac{1}{2}-\alpha_m\right)\sum_{k=1}^{\infty}\frac{\cos(12k\pm1)\gamma}{(12k\pm1)^2}\left[(\sqrt{6}-\sqrt{2})\alpha_m(-1)^k + \left(\alpha_m-\frac{1}{2}\right)\right] + \\ \displaystyle 2(\sqrt{6}-\sqrt{2})\left(\frac{1}{2}-\alpha_m\right)\alpha_m\sum_{k=1}^{\infty}\frac{\cos(12k\pm1)(\gamma_D-\gamma)}{(-1)^k(12k\pm1)^2}\end{array}}}{\sqrt{\begin{array}{l}2\left(\alpha_m-\frac{1}{2}\right)^2(1+\cos\gamma) + \left[1+2\alpha_m(\sqrt{6}-\sqrt{2}-1)\right](\sqrt{6}-\sqrt{2})(1+\cos\gamma_D)\alpha_m - \\ 2(\sqrt{6}-\sqrt{2})\left(\alpha_m-\frac{1}{2}\right)\alpha_m\left[\cos\gamma + \cos(\gamma_D-\gamma)\right]\end{array}}}$$

$$(4.56)$$

图 4.42 所示为整流桥换相角与抽头变换器二极管换相角相等时,抽头变换器变比与输入电流 THD 值之间的关系曲线。图 4.43(a)所示为应用全解耦模型仿真时整流桥换相角与最优变比之间的关系。由图 4.42 和图 4.43 可知,当两种换相角相等时,抽头变换器的最优变比基本维持不变,与两种换相角等于零时相同。因此,两种换相角相等意味着

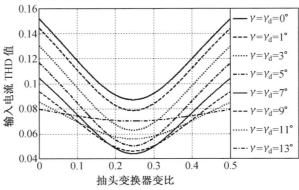

图 4.42　两种换相角相等时变比与输入电流 THD 值的关系

移相变压器漏感和抽头变换器电感对抽头变换器变比施加的影响相同。图 4.43(b)所示为整流桥换相角与最小 THD 值之间的关系,由该图可知,当换相角等于 7°时,输入电流 THD 值最小。

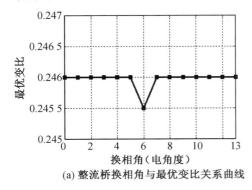

(a) 整流桥换相角与最优变比关系曲线

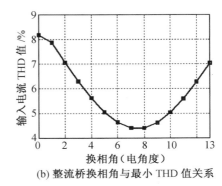

(b) 整流桥换相角与最小 THD 值关系

图 4.43　仿真时两种换相角相等时换相角与 THD 值和最优变比的关系

图 4.44 所示为抽头变换器二极管换相角等于 5°时整流桥换相角和变比及输入电流 THD 值之间的关系。图 4.45 所示为抽头变换器二极管换相角等于 5°时应用全解耦模型得到的整流桥换相角与 THD 值和最优变比之间的关系。

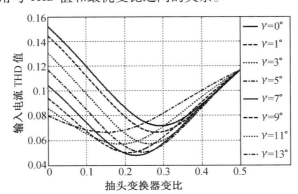

图 4.44　抽头变换器换相角等于 5°时整流桥换相角和变比与输入电流 THD 值的关系

根据图 4.44、图 4.45 中所示曲线并结合图 4.37、图 4.41,可得以下结论:

(1)无论整流桥的换相作用还是抽头变换器二极管的换相作用都能使输入电流 THD 值降低。原因为:整流桥换相主要由移相变压器漏感引起,抽头变换器二极管换相由抽头变换器电感引起,无论漏感还是电感,都对电流有平滑作用。

(2)当两种换相角相等时,抽头变换器变比维持不变,与换相角等于零时相同;在相同的抽头变换器二极管换相角下,只有当整流桥换相角与抽头变换器二极管换相角相等时,输入电流 THD 值在最优变比下才能获得最小值;若两个换相角不相等,即使在同一变比下,输入电流 THD 值也不能达到最小。

(3)当抽头变换器二极管换相角大于整流桥换相角时,抽头变换器最优变比大于理论最优值 0.245 7;当抽头变换器二极管换相角小于整流桥换相角时,抽头变换器最优变比小于理论最优值 0.245 7。这表明抽头变换器二极管的换相作用使最优变比增大,而整流桥的换相作用使最优变比减小。

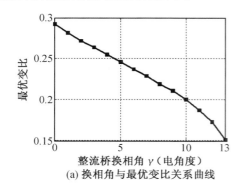 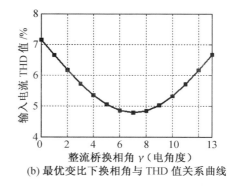

(a) 换相角与最优变比关系曲线　　　　　(b) 最优变比下换相角与 THD 值关系曲线

图 4.45　抽头变换器换相角等于 5° 时整流桥换相角与 THD 值和最优变比的关系

4.2.4　抽头变换器优化设计方法

　　根据上述分析,可以对关于抽头变换器最优变比的 3 种有争议的结论做出如下解释。在 [21] 中,S. Miyairi 等得到抽头变换器的最优变比为 0.232,主要原因是整流桥换相对变比的影响大于抽头变换器二极管换相对变比的影响,即整流桥换相角大于抽头变换器二极管换相角;在 [6] 中,潘启军等得到最优变比为 0.264 2,而在 [60] 中得到最优变比为 0.263 2,主要原因是抽头变换器二极管换相对变比的影响大于整流桥换相对变比的影响,即抽头变换器二极管换相角大于整流桥换相角;在 [12] 中,S. Choi 等在理想状态下得到最优变比为 0.245 7,虽然其在分析中忽略了移相变压器漏感和平衡电抗器电感,但是当两种换相角相等时,此值为抽头变换器最优变比,即当两种换相对变比的影响相同时,这两种影响可以互相抵消,使最优变比与理想状态下相同。

　　由上述分析可知,抽头变换器可以通过如下方法进行优化设计:

　　(1) 确定整流桥换相角。关于整流桥换相角的计算已经有很多文献,主要结论为:整流桥换相主要由变压器漏感引起,换相角的大小与漏感及电流有关。当变压器确定后,应首先测定其漏感,再通过经验公式或者仿真根据漏感得出换相角。

　　(2) 根据整流桥换相角确定抽头变换器二极管换相角。整流桥换相角确定后,只有当它与抽头变换器二极管换相角相等时,才能获得该整流桥换相角下输入电流最小 THD 值,从而获得最优变比;抽头变换器二极管换相角由其电感决定,可以通过第 3 章所建立的自耦变压器和抽头变换器模型确定换相角与电感之间的关系,在电感值容许范围内设计变比最优的抽头变换器,获得输入电流最小 THD 值。

　　(3) 多脉波整流器中,移相变压器是必需器件,其性能决定着谐波抑制性能的好坏;抽头变换器为辅助器件,其主要作用是进一步抑制谐波。因此,在进行优化设计时,应该根据移相变压器参数确定抽头变换器参数。

4.2.5　抽头变换器优化设计效果实验验证

　　为验证抽头变换器变比对谐波抑制性能的影响,本章根据上述抽头变换器优化设计方法设计了一个具有 11 个端口的两抽头变换器。当存在 11 个端口时,可以得到 6 组不同的变比。在相同负载下,可以通过改变输入电压来改变输入电流,从而测定不同输入电流下变比与 THD 值之间的关系。

图 4.46 所示为输入线电压为 240 V 时不同变比下 a 相输入电流及其 THD 值,图中输入线电压为 U_{ab}。由图 4.46 可知,随着变比的增大,输入电流 THD 值不断减小,当变比接近 0.25 时 THD 值达到最小值;此后当变比继续增大时,THD 值也随之增大,直到变比等于 0.5。

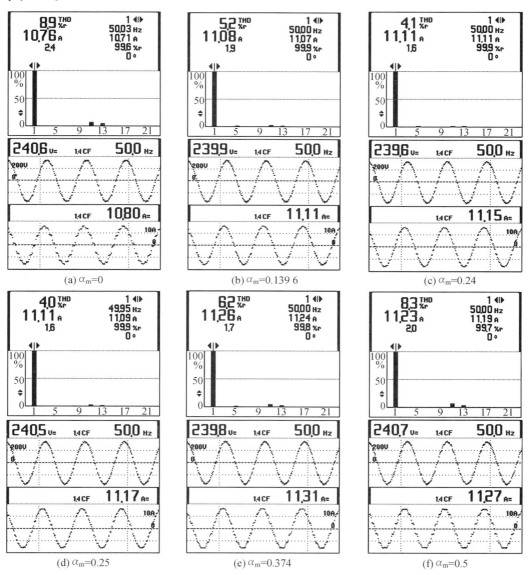

图 4.46　输入线电压为 240 V 时不同变比下 a 相输入电流及其频谱特性

实际应用中,系统不可避免地存在不对称,而这种不对称不仅会导致各相输入电流有效值不相等,还可能导致各相输入电流 THD 值不相等。图 4.47 所示为同时考虑 b 相和 c 相时,输入电流有效值的平均值和 THD 平均值与变比之间的关系。

由于系统设计时未考虑零序电流抑制器的漏感,导致系统实际运行时输入电流 THD 值比理论值略小,但输入电流 THD 值与变比关系的变化趋势符合理论分析。同时,由图 4.47(b)可知,输入电流有效值基本不随变比变化而变化,即其他条件一定时,改变变比并不能改变输入功率。

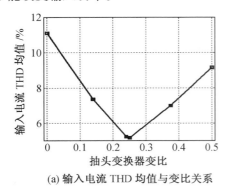
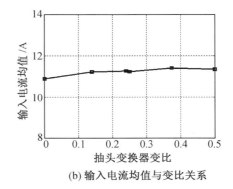

(a) 输入电流 THD 均值与变比关系　　　　(b) 输入电流均值与变比关系

图 4.47　实验时输入电流均值和 THD 均值与变比关系

4.3　输入电压变化对无源谐波抑制系统的影响

为考察外界条件变化对谐波抑制性能的影响,本节将通过实验分析输入电压变化对系统性能的影响。

考察输入电压变化对谐波抑制性能影响时,输入线电压从 30 V 到300 V等差增大,每间隔 30 V 取一次值,负载电阻为 25 Ω,电感为 41.2 mH。

12 脉波整流器可以看作当抽头变换器变比等于零时的 24 脉波整流器,即 12 脉波整流器是 24 脉波整流器的一种特殊形式。为便于对比分析,本节将 12 脉波整流器实验结果单独列出加以分析。

图 4.48 所示为输入线电压为 30 V、150 V、300 V 时 12 脉波整流器的输入电流及其频谱。由该图可知,随着输入电压的变大,输入电流 THD 值先减小后增大,最小值大约为 8.7%。由于移相变压器漏感的平滑作用,该值小于理论分析值。

图 4.49 所示为使用抽头变换器的 24 脉波整流器在输入线电压为 30 V、150 V 和 300 V时的输入电流及其频谱,其中抽头变换器变比为 0.25。

图 4.50 所示为不同输入电压下抽头变换器变比与输入电流 THD 值之间的关系。与 12 脉波整流器类似,随着输入电压的增大,输入电流 THD 值先减小后增大,最小值为 3.5%,这表明使用抽头变换器的多脉波整流器与 12 脉波整流器的输入电流 THD 值随输入电压变化而变化的趋势相同。由图 4.50 可知,输入电流 THD 值与变比之间的关系符合第 3 章的分析,但由于 ZSBT 漏感和测量误差等影响,该 THD 值比理论值略小。

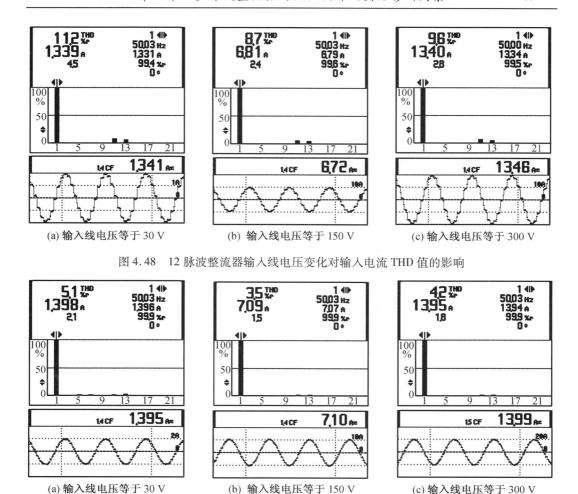

(a) 输入线电压等于 30 V　　(b) 输入线电压等于 150 V　　(c) 输入线电压等于 300 V

图 4.48　12 脉波整流器输入线电压变化对输入电流 THD 值的影响

(a) 输入线电压等于 30 V　　(b) 输入线电压等于 150 V　　(c) 输入线电压等于 300 V

图 4.49　使用抽头变换器的 24 脉波整流器输入线电压变化对输入电流 THD 值影响

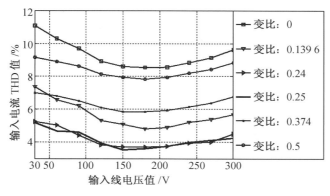

图 4.50　不同输入电压下抽头变换器变比与输入电流 THD 值关系

表 4.1 给出了不同输入电压下抽头变换器变比与系统效率之间的关系。由表 4.1 可知,当输入电压为 30 V 时系统效率较低,为 89% ~ 93%;随着输入电压的升高,效率也随

之升高,当输入电压超过 150 V 之后,系统效率基本维持在 96% 以上,此时整个系统具有较高的能量变换效率。

表 4.1　不同输入电压下抽头变换器变比与系统效率之间的关系

电压/V	变比					
	0	0.139	0.24	0.25	0.374	0.5
30	0.901	0.920	0.926	0.932	0.922	0.921
60	0.949	0.948	0.947	0.948	0.944	0.945
90	0.968	0.954	0.960	0.960	0.964	0.941
120	0.960	0.964	0.963	0.963	0.957	0.959
150	0.965	0.968	0.967	0.969	0.963	0.960
180	0.963	0.967	0.965	0.963	0.971	0.961
210	0.967	0.972	0.971	0.970	0.961	0.966
240	0.969	0.960	0.966	0.967	0.967	0.961
270	0.969	0.972	0.969	0.967	0.971	0.965
300	0.972	0.976	0.976	0.970	0.973	0.966

4.4　本章小结

为提高多脉波整流器的功率密度,本章分析了绕组结构对三角形连接自耦变压器容量的影响,给出了等效容量最小时的绕组连接方式。实验结果表明,当自耦变压器的结构满足一定条件时,其等效容量仅为负载功率的 18%,每个芯柱包含 3 个绕组。与隔离式变压器相比,使用具有最优结构的自耦变压器作为移相变压器,可以显著提高多脉波整流器的功率密度。

针对使用抽头变换器的 24 脉波整流器,本章分析了整流桥换相和抽头变换器二极管换相对抽头变换器最优变比的影响。当抽头变换器二极管换相角大于整流桥换相角时,抽头变换器最优变比大于理论最优值;当抽头变换器二极管换相角小于整流桥换相角时,抽头变换器最优变比小于理论最优值。这表明抽头变换器二极管的换相作用使最优变比增大,而整流桥的换相作用使最优变比减小。

第 5 章　基于直流侧有源变换技术的多脉波线性整流器

由第 2 章的理论分析与仿真验证可知,若使用有源平衡电抗器代替平衡电抗器,并在有源平衡电抗器的副边绕组串联符合特定条件的 PWM 整流器,可有效抑制输入电流谐波,使其 THD 值减小到约 1%。本章将在第 2 章基础上通过实验分析谐波能量流向,给出 PWM 整流器输入电流所需满足的条件,并根据该条件设计主电路,通过实验验证系统的谐波抑制性能及环流对系统磁性器件容量的影响,并分析输入电压变化和输入侧断相对直流侧谐波抑制系统性能的影响。

5.1　谐波能量回收与利用

5.1.1　谐波能量回收原理与效能的验证

由图 2.10 可知,当环流能够有效抑制输入电流谐波时,有源平衡电抗器副边电压和电流方向为关联参考方向。因此,副边绕组对外表现为电源特性。若副边接电阻,那么该电阻将消耗能量。图 5.1(a)所示为副边串联电阻时的多脉波整流器直流侧结构示意图,图 5.1(b)所示为有源平衡电抗器副边电压与电流仿真波形。

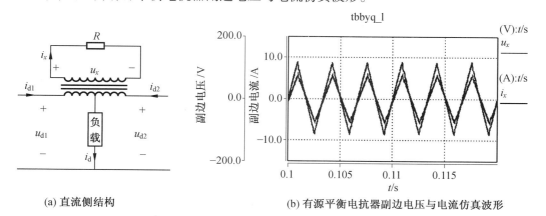

(a) 直流侧结构　　　　　　(b) 有源平衡电抗器副边电压与电流仿真波形

图 5.1　副边接电阻时多脉波整流器直流侧结构及副边电压与电流仿真波形

由图 5.1(b)可知,副边绕组电压与电流频率均为 300 Hz 且相位相同,因此有源平衡电抗器副边相当于电压与电流都是三角波、频率为 300 Hz 且发出功率的电源。同时仿真结果表明,有源平衡电抗器副边是否发出功率不受其原、副边匝数比的影响。

根据图 5.1 以及输出电压和输出电流之间的关系,副边电阻需满足

$$R_x = \frac{U_{x\_rms}}{I_{x\_rms}} = 0.070\ 5\left(\frac{N_x}{N_m}\right)^2 \frac{U_d}{I_d} \tag{5.1}$$

由于副边绕组电压 u_x 与输出电压 U_d 均由整流器的输入电压决定,不受负载变化影响,因此,副边电阻 R_x 和输出电流 I_d 必须满足式(5.1)所示匹配条件。当副边电阻满足该条件时,输入电流及其频谱分析如图 5.2 所示,此时输入电流 THD 值为 0.4%。

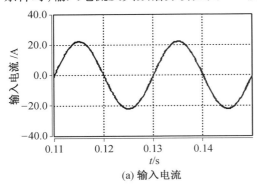

(a) 输入电流

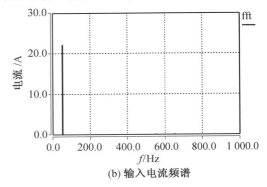

(b) 输入电流频谱

图 5.2　输入电流及其频谱

当负载变化时,副边串联电阻 R_x 的值也要进行相应改变以满足式(5.1),否则谐波抑制效果将变差。图 5.3 所示为负载变化而副边电阻 R_x 没有变化时输入电流波形及其负载变化后输入电流频谱特性。0 ~ 0.1 s 期间,负载没有变化,电网输入电流 i_a 接近正弦波;0.1 s 时,负载变化,副边电阻没有相应改变,输入电流谐波含量增大,此时输入电流 THD 值为 6.67%。

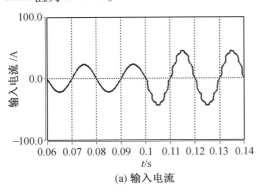

(a) 输入电流

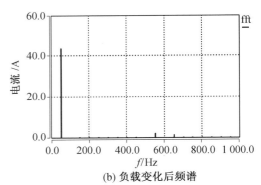

(b) 负载变化后频谱

图 5.3　仿真时负载变化对输入电流影响

当负载保持不变,副边串联电阻发生变化而使 R_x 和 I_x 不再满足式(5.1)时,同样会使输入电流中谐波含量增大。图 5.4 中,0 ~ 0.12 s 期间,R_x 和 I_x 满足式(5.1),电网输入电流 i_a 接近正弦波;而 0.12 s 时,副边电阻发生变化,输入电流谐波含量增大,此时输入电流 THD 值为 4.7%。

图 5.5 所示为输出电压为 241.8 V、电流为 6.131 A、副边电阻为 11.2 Ω 时的输入电流及其频谱。由该图可知,只要副边电阻阻值满足式(5.1),系统就能有效抑制输入电流谐波。

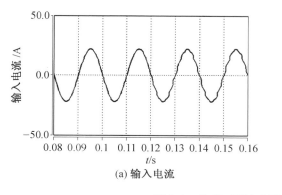

(a) 输入电流

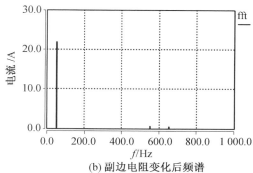

(b) 副边电阻变化后频谱

图 5.4　仿真时副边电阻变化对输入电流影响

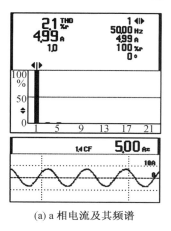

(a) a 相电流及其频谱

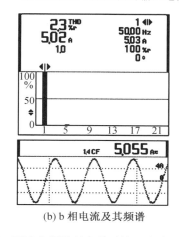

(b) b 相电流及其频谱

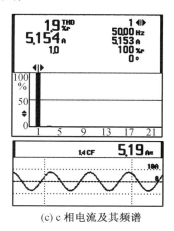

(c) c 相电流及其频谱

图 5.5　副边电阻满足条件时输入电流及其频谱

图 5.6 所示为副边电阻阻值满足条件时原、副边绕组电流。将图 2.26 和图 5.6 进行对比可知,当有源平衡电抗器副边电阻阻值满足式(5.1)时,各处电流波形与使用副边电流注入法时的波形相同。

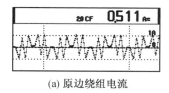

(a) 原边绕组电流

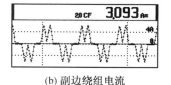

(b) 副边绕组电流

图 5.6　自耦变压器绕组电流

图 5.7 所示为副边电阻阻值满足式(5.1)时平衡电抗器副边绕组电压与电流,根据该图所示的电压和电流有效值,可得副边电阻阻值为 10.3 Ω。考虑到测量误差以及实际系统的非理想状态,可以认为该电阻值与理论分析值相符合。

由图 5.5 ~ 图 5.7 可知,当有源平衡电抗器副边所接电阻阻值合适时,系统能够有效抑制输入电流谐波。由于所接电阻是无源耗能器件,因此,通过该实验可以确定谐波能量被电阻从系统中提取并消耗掉。

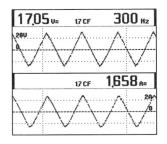

图 5.7　副边电阻满足条件时有源平衡电抗器副边绕组电压与电流

图 5.8(a)所示为输出电压为 241.8 V、电流为 6.131 A、副边电阻变为 20 Ω 时的输入电流及其频谱,图 5.8(b)所示为输出电压为 241.8 V、电流为 6.131 A、副边电阻变为 5 Ω时的输入电流及其频谱。将图 5.5 和图 5.8 进行对比可知,当输出电流固定时,无论副边串联电阻变大或变小,整流器输入电流 THD 值均变大。

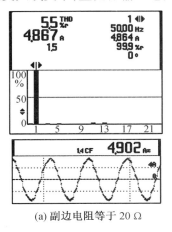

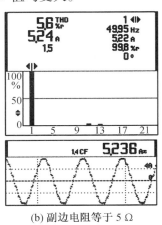

(a) 副边电阻等于 20 Ω　　　　　　　(b) 副边电阻等于 5 Ω

图 5.8　副边电阻变化对输入电流 THD 值的影响

图 5.9(a)所示为副边电阻保持不变、输出电流变小时的输入电流及其频谱,图 5.9(b)所示为副边电阻保持不变、输出电流变大时的输入电流及其频谱。

将图 5.5 与图 5.9 进行对比可知,当输出电压和副边电阻保持不变时,无论负载变大或变小,输入电流 THD 值均变大。

由图 5.2~图 5.9 和式(5.1)可知,当平衡电抗器副边串联电阻来抑制谐波时,系统的谐波抑制性能取决于所串联电阻阻值和输出电流之间的匹配关系,且二者关系必须满足匹配关系式(5.1)。若二者关系不满足该式,则输入电流的电能质量将变差。

图 5.10 所示为以上 4 种非正常状态下有源平衡电抗器的副边电压与电流。由该图可知,非正常状态下的副边电压与电流均不再是标准三角波,而是发生了畸变,正是由于这种畸变使得输入电流 THD 值变大。

当平衡电抗器副边电压与电流发生畸变时,整流器输入电流 THD 值将变大,意味着副边电压与电流的幅值与形状之间必须满足一定条件才能有效抑制输入电流谐波。事实上,当副边电压与电流之间存在相位差时,输入电流 THD 值也会变大,即平衡电抗器副边

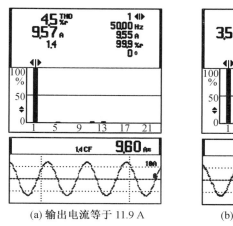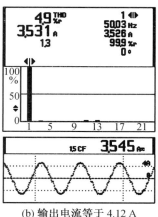

(a) 输出电流等于 11.9 A　　　　　(b) 输出电流等于 4.12 A

图 5.9　负载变化对输入电流 THD 值的影响

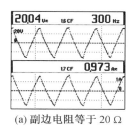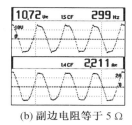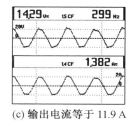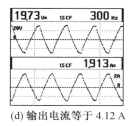

(a) 副边电阻等于 20 Ω　(b) 副边电阻等于 5 Ω　(c) 输出电流等于 11.9 A　(d) 输出电流等于 4.12 A

图 5.10　非正常状态下有源平衡电抗器副边绕组电压与电流

串联阻感负载也会使输入电流质量变差,此时平衡电抗器副边电阻和电感连接形式如图 5.11 所示。

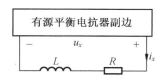

图 5.11　有源平衡电抗器副边串联阻感负载示意图

　　图 5.12 所示为有源平衡电抗器副边串联电阻和电感时的输入电流及其频谱。其中,输出电压等于 241.8 V,电流等于 6.131 A,副边电阻等于 11.2 Ω,图 5.12(a)中电感等于 4 mH,图 5.12(b)中电感等于 8 mH,图 5.12(c)中电感等于 12 mH。

　　由图 5.12 可知,随着副边电感的增大,输入电流 THD 值越来越大。这是由于随着电感的增大,其对副边电流中高频成分的滤除作用越来越强,使得副边电流变得较为平滑,环流中含有的高次谐波成分越来越少,谐波抑制作用降低。另外,电感也使副边电压和电流之间产生相位差,从而导致谐波抑制作用降低,如图 5.13 所示。

　　图 5.7 中电压与电流相位基本相同,而图 5.13 中电压与电流之间存在一定的相位差。由图 5.12 和图 5.13 可知,平衡电抗器副边电压和电流间不能存在相位差,因此副边只能串联电阻,否则谐波能量将不能被完全提取。

　　由上述仿真分析和实验结果,可得如下结论:

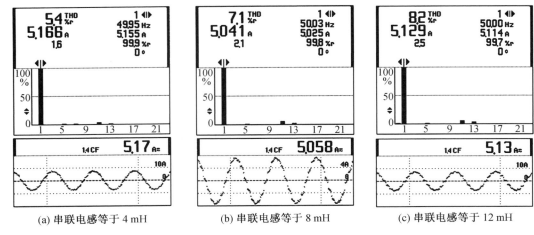

(a) 串联电感等于 4 mH　　　　(b) 串联电感等于 8 mH　　　　(c) 串联电感等于 12 mH

图 5.12　副边串联电感变化对输入电流 THD 值的影响

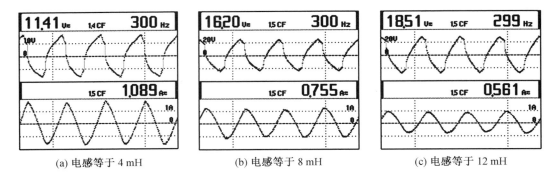

(a) 电感等于 4 mH　　　　　　(b) 电感等于 8 mH　　　　　　(c) 电感等于 12 mH

图 5.13　副边串联电阻和电感时有源平衡电抗器副边绕组电压与电流

（1）当副边接入电阻时,该电阻通过消耗谐波能量产生环流来抵消输入电流谐波,即副边串联电阻为谐波能量提供"逃逸"通道。因此,在有源平衡电抗器副边串联 PWM 整流器,其作用并不是如文献［55］所描述:将谐波电流注入系统来消除谐波,而是通过 PWM 整流器为输入电流谐波能量从直流侧提取提供一个通道。

（2）副边所串联电阻必须与输出电流和输入电压满足一定关系才能有效抑制输入电流谐波,若不满足该关系则会造成电能质量进一步恶化;当副边串联 PWM 整流器时,该整流器输入电流的频率、幅值和相位与系统输入电压相位和输出电流幅值必须满足某一关系,并在负载或输入电压发生变化时,PWM 整流器输入电流幅值也要发生相应变化。

虽然有源平衡电抗器副边串联电阻消耗功率相对较小,但大功率场合中,若在整流器直流侧串联电阻抑制输入电流谐波仍会浪费大量能源。而若在有源平衡电抗器副边串联满足一定关系的整流电路,则可以实现谐波能量的回收再利用,这就是"谐波能量回收系统"名称的由来。将谐波抑制电路称为谐波能量回收系统而非谐波能量回馈系统,是由于谐波是由整流器件的非线性产生的而不是来源于负载,回收系统将其回收送给负载。谐波能量回收系统实际上是由一个小容量单相高频 PWM 整流器加辅助电路构成,该系统按照一定的控制策略调制 PWM 整流器输入电流波形为满足要求的三角波,并在输出端将能量送给直流负载。

5.1.2　谐波能量回收电路的容量

辅助电路的输入电压和输入电流满足式(2.71),使用 Matlab 软件计算有效值,可以得到辅助电路输入电压 u_s 有效值满足

$$U_{s-rms} = 0.081\ 4 \frac{N_s}{2N_p} U_d \tag{5.2}$$

输入电流有效值 i_s 满足

$$I_{s-rms} = 0.288\ 7 \frac{2N_p}{N_s} I_d \tag{5.3}$$

因此辅助电路容量为

$$S_{au-rec} = U_{s-rms} I_{s-rms} = 0.081\ 4 \frac{N_s}{2N_p} U_d \cdot 0.288\ 7 \frac{2N_p}{N_s} I_d = 2.35\% P_o \tag{5.4}$$

其中, P_o 为整流器的负载功率, $P_o = U_d I_d$ 。

可见,所加辅助电路的容量仅为系统总负载功率的 2.35% ,另外,辅助电路吸收的有功功率还能够回收至整流系统负载重新利用,因此辅助电路不消耗额外的功率,即系统仅需附加容量非常小的辅助电路,就能够显著抑制输入电流谐波。

5.2　PWM 有源平衡变换器的设计与实现

若要在直流侧抑制交流侧谐波并回收谐波能量,PWM 整流器需满足以下条件:

(1)输入电流必须为周期性对称三角波,且控制系统能实时检测输出电流和电网电压变化,调整三角波幅值,使系统输入电流 THD 值基本保持不变,即系统鲁棒性较强。

(2)输入电流幅值与输出电流有关,当输出电流发生变化时,输入电流应该能够迅速调整幅值大小,从而快速跟踪负载变化,即系统具有较好的动态特性。

(3)输入电流相位必须与电网电压保持同步,且频率为电网电压频率的 6 倍,同时三角波的峰-峰值时刻必须严格对应系统其中一组整流桥的换相时刻,即要求系统具有较好的同步性能。

本书中,将平衡电抗器副边和能量回收电路的组合统称为有源平衡变换器。根据能量回收电路结构的不同,平衡变换器又分为单级结构和两级结构。

5.2.1　单级结构的平衡变换器

使用单级能量回收系统的有源平衡变换器如图 5.14 所示。谐波能量回收主电路使用电压型半桥拓扑,其主电路结构如图 5.15 所示。

系统工作过程描述如下:

(1)电网对移相变压器供电,移相变压器产生两组存在 30° 相位差的三相电压,同步电路采集线电压过零点并通过积分电路生成同步单位三角波信号。

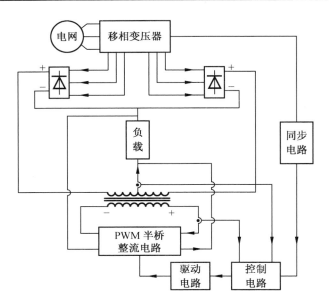

图 5.14　带谐波能量回收电路的多脉波整流器示意图

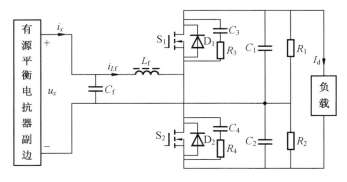

图 5.15　单级谐波能量回收主电路

（2）模拟乘法器将输出电流信号和同步单位三角波信号相乘生成同步三角波信号，并将该信号作为 PWM 信号生成电路的参考信号。

（3）同步三角波信号和平衡电抗器副边电流信号经 PI 调节器进行调节后，送入 UC3637 生成两路带死区时间的互补 PWM 信号；两路 PWM 信号送入 IR2113 生成两路互补驱动信号，用以驱动半桥电路生成三角波电流。

（4）当负载变化时，模拟乘法器输出的同步三角波信号将发生相应变化，同时驱动信号也将发生相应变化以生成满足一定条件的三角波电流。

由图 5.15 可得，PWM 整流器的输入侧接有源平衡电抗器的副边绕组，为了实现能量再利用，其输出直接并到整流系统负载侧，输出电压不需要通过自身进行控制，由主整流器直流侧输出电压决定。因此针对 PWM 整流器，需要控制的对象只有输入电流量，即控制环路只包含电流环。单环系统控制电路简单，稳定性好，精度高，动态响应快。因此使用单级式 PWM 整流电路能够控制直流侧环流失真度低、精度高，从而保证系统的谐波抑制效果。

多脉波整流技术在大功率整流场合应用广泛,典型的有高压小电流场合或者低压大电流场合。然而,上述单级结构平衡变换器在这些场合应用受限。在高压场合,若直接将辅助 PWM 整流电路输出并到主电路直流侧,会导致开关管电压应力加大,当电压等级更高时,甚至不能选到合适的开关管;在低压大电流场合,如重要工业应用中的电解电镀,工艺决定其需要几十伏、几千安甚至几万安的电源,由于 PWM 整流电路只能升压,因此电路也将工作在低压大电流场合,开关管选型困难,且输入侧电感电流太大,设计困难,PWM 整流器不能工作在较理想的状态。另外,整流器电网电压波动会引起直流侧输出电压变化,负载功率变化还会导致输出电流在较大范围内变化,由于 PWM 整流器的输入电流跟踪效果与其输出电压具有较强的关系,因此这种场合下,输出电压的不可调特性导致其很难保证输入电流一直具有较好的跟踪效果。

5.2.2　两级结构的平衡变换器

辅助电路使用单级结构的单相桥式 PWM 整流电路,结构简单,单环控制方便,但是只能针对特定系统以及系统参数变化不大的场合,通用性不强。本节提出了一种使用两级结构 PWM 整流器作为辅助电路的方法,电路结构如图 5.16 所示,其由前级单相桥式 PWM 整流器和后级 DC/DC 变换器组成。前级电路只实现电流跟踪,保证对有源平衡电抗器输出电流的控制精度,后级 DC/DC 变换器将其从前级吸收的功率回馈至系统负载,并通过输入电压控制环调节前级 PWM 整流电路的输出电压。

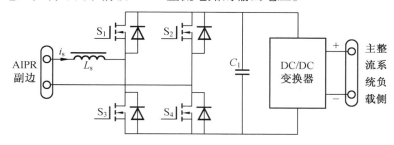

图 5.16　两级结构辅助电路

辅助电路使用两级结构,具有以下特点:

(1)后级 DC/DC 变换器输出电压固定,因此可以通过电压环控制其输入电压,即前级电路输出电压可调节,克服了单级电路输出电压不可调的缺点。当主整流电路应用在高压场合时,通过 DC/DC 变换器控制前级电压为合适值,保证前级电路的跟踪效果和开关管具有较小的电压应力,后级 DC/DC 变换器可以设计成升压电路,当电压等级相差较大时,可以通过带变压器的 DC/DC 变换器。低压场合,先通过设置有源平衡电抗器原副边匝比进行升压,使前级电路工作在较为理想的场合,后级 DC/DC 电路设计成降压电路,同时控制其输入电压。

(2)由于前级 PWM 整流器输出电压可调,因此当主整流系统电网电压波动或者输出电流在大范围内变化时,都可以通过调整辅助电路前级输出电压,从而尽可能地保证环流控制效果,保持系统的谐波抑制效果。

(3)由于前级 PWM 整流电路的电压通过后级 DC/DC 电路控制,因此前级电路依然只包含电流环,其控制简单,稳定性和跟踪效果好。

(4)两级电路降低了辅助电路的变换效率,但是辅助电路的总容量仅为负载功率的 2% 左右,因此两级结构引起的损耗对整流器的变换效率影响很小。

两级结构的辅助电路能够使得系统具有更好的通用性和适应性,本节设计了一种将单相桥式 PWM 整流电路和 Boost 型 DC/DC 变换电路相结合作为辅助电路的 12 脉波整流器,整流器电路结构图如图 5.17 所示。

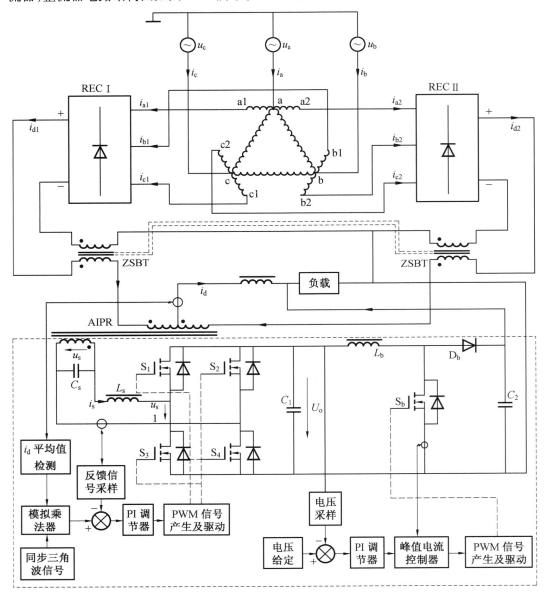

图 5.17　整流器电路结构图

主整流电路中包含自耦变压器、整流桥、ZSBT 和有源平衡电抗器四种器件,均工作在低频状态。

辅助电路由前级单相桥式 PWM 整流电路和后级 Boost 电路组成,两级电路合理有效地工作是保证系统谐波抑制效果的关键。前级电路主要完成对辅助电路输入电流的调制,是系统谐波抑制的关键。根据前述分析,可以得出前级电路需要调制其输入电流满足:(1)电流为正负对称三角波,频率为电网频率 6 倍,三角波过零时刻与输入相电压过零时刻相同;(2)根据负载特性不同,电流幅值等于或略小于 $N_p I_d / N_s$,即电流应当能够适应输出电流变化。

后级电路用于调节前级电路的输出电压,并将前级电路吸收的能量回收至整流器负载。因此设计了如图 5.17 所示的辅助电路结构。

辅助电路的控制系统由前级 PWM 整流电路控制电路和后级 DC/DC 变换电路控制电路组成。前级控制电路的指令信号是同步的 6 倍频三角波基准信号和整流器输出电流平均值 I_{dav} 采样信号的乘积,即指令信号能够随着 I_{dav} 的变化而变化,从而保证系统适应负载功率的变化;指令信号与反馈信号做差产生的误差信号通过 PI 调节器,调节器输出与高频三角波载波比较产生 PWM 信号,经过驱动电路驱动桥式 PWM 整流器开关管动作。

后级控制电路中,根据整流器电压和电流等级及有源平衡电抗器副边绕组输出电压峰值,计算其输入电压 U_c 的给定信号,电压调节器输出与开关管电流采样信号进行峰值比较产生 PWM 控制信号,驱动电路驱动开关管动作。

5.3　谐波抑制性能的实验验证

5.3.1　有源平衡变换器谐波抑制性能

为了进一步验证系统的应用价值,根据图 5.17 所示系统电路结构图,研制了一台额定负载功率为 6.4 kW 的基于有源平衡变换器的 12 脉波整流器。实验系统主要参数见表 5.1。

表 5.1　实验系统主要参数

主整流电路		辅助电路	
额定输出电压	400 V	前级输入电感	1 mH
额定输出电流	16 A	前级开关频率	50 kHz
额定负载功率	6.4 kW	后级输入电感	350 μH
有源平衡电抗器原副边匝比	1∶1	后级开关频率	50 kHz

图 5.18 为前级 PWM 整流器控制电路中主要波形。其中,图 5.18(a)中波形分别为滞环比较器输出,锁相环输出和幅值固定的三角波基准信号,滞环比较器输出的 50 Hz 方波信号与锁相环输出的 300 Hz 方波信号上升沿保持同步,均对应 300 Hz 三角波基准信

号的峰值点。图 5.18(b)所示为三角波基准信号、整流器负载平均电流采样信号和最终
生成的指令信号。图 5.18(c)所示为指令信号与同步变压器输出信号比较图,由于同步
变压器的输入信号为 RECI 的输入线电压 u_{ab1},因此三角波指令信号峰值时刻与整流桥输
入线电压过零点对应,满足指令信号过零时刻应与输入相电压过零时刻对应的要求。

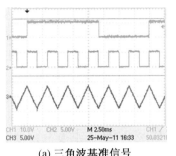 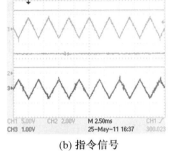 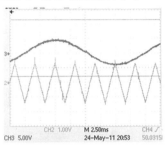

(a) 三角波基准信号　　　　　　(b) 指令信号　　　　　　(c) 指令信号相位对比波形

图 5.18　控制电路波形

额定工作状态下,负载为 RL 型负载,其中 $L = 12$ mH,$R = 25$ Ω,直流侧输出电流平均
值为 16 A,需要控制有源平衡电抗器副边输出三角波电流幅值约为 8 A,图 5.19 所示为
辅助电路工作时,前级 PWM 整流电路输入电流,其基波频率为 300 Hz,并含有高频的纹
波成分,由于有源平衡电抗器副边漏感 L_{sm} 和并联的电容 C_s 的滤波作用,副边输出电流中
的高频成分能够得到一定程度抑制,辅助电路达到了较好的电流调制效果。

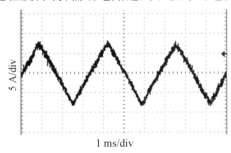

图 5.19　PWM 整流电路输入电流

有源平衡电抗器副边的电流调制使其原边产生了相应的环流,从而改变了整流器两
组整流桥的输出电流,整流桥输出电流如图 5.20 所示。图 5.20 表明两组整流桥均工作
在临界连续状态,由于系统中磁芯器件的不对称特性,使得两组整流桥输出电流有一定的
差别,这也间接在一定程度上降低了该系统的谐波抑制效果,因此在磁性器件制作时,一
定要尽量保证其对称性。

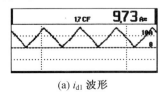

(a) i_{d1} 波形　　　　　　　　　　(b) i_{d2} 波形

图 5.20　两组整流桥输出电流

　　图 5.21 为整流桥输入电流及其频谱分析图,由频谱分析结果可得整流桥输入电流中谐波成分主要为 5、7、17 和 19 次谐波,11、13 次谐波基本消除,而 5、7、17 和 19 次谐波可以通过自耦变压器的移相叠加作用消除,该结果符合直流侧三角波环流抑制输入侧电流谐波的原理。

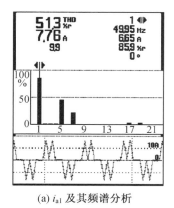
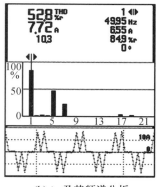

(a) i_{a1} 及其频谱分析　　　　　　(b) i_{a2} 及其频谱分析

图 5.21　整流桥输入电流及其频谱分析

　　图 5.22 所示为整流器三相输入电流及其频谱分析图,结果表明三相输入电流谐波能够同时得到抑制,其波形已经非常接近标准正弦波,THD 降低到约为 1.4% 左右,谐波抑制效果显著。图 5.23 所示为整流器的功率因数分析结果,表明整流器功率因数接近于 1。

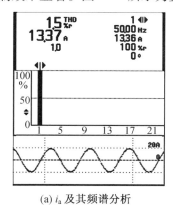
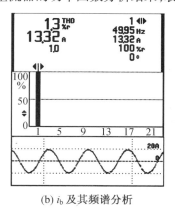
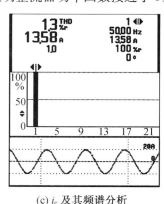

(a) i_a 及其频谱分析　　　　(b) i_b 及其频谱分析　　　　(c) i_c 及其频谱分析

图 5.22　输入电流及其频谱分析

　　由电路结构图 5.17 可知,当辅助电路不工作时,该整流器工作在常规 12 脉波整流状态,图 5.24 所示为常规 12 脉波整流器的网侧输入电流及其频谱分析,可以看出输入电流中 $12k \pm 1$ 次谐波为主要谐波成分,THD 值约为 10.6% 左右。对比图 5.22 和 5.24 可以得到,相比常规 12 脉波整流器,本节所研究整流器能够显著抑制输入电流中主要的 $12k \pm 1$ 次谐波,从而有效降低电流 THD 值。

　　三相交流电压通过自耦变压器输出两路幅值相等、相位相差 30° 的对称三相电压,分别通过三相桥式整流电路得到两路相位相差 30° 的 6 脉波直流电压,如图 5.25(a) 和图 5.25(b) 所示,该两路电压通过平衡电抗器并联得到图 5.25(c) 所示的输出电压。图 5.25

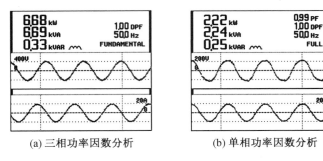

(a) 三相功率因数分析   (b) 单相功率因数分析

图 5.23   功率因数分析图

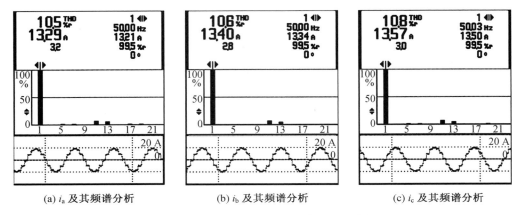

(a) i_a 及其频谱分析   (b) i_b 及其频谱分析   (c) i_c 及其频谱分析

图 5.24   常规 12 脉波整流器输入电流分析

(c)表明输出电压为 12 脉波直流电压,其纹波幅值较 6 脉波明显减小,该结果也进一步证明了辅助电路的加入,不改变 12 脉波整流器的输出电压特性。

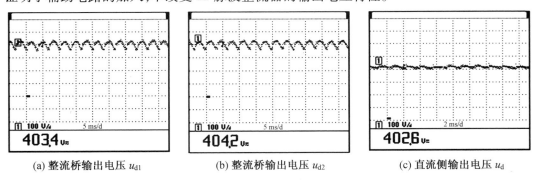

(a) 整流桥输出电压 u_{d1} (b) 整流桥输出电压 u_{d2} (c) 直流侧输出电压 u_d

图 5.25   整流器直流侧电压特性

5.3.2   三角波电流源与系统匹配特性分析

上述实验结果的基础均是控制有源平衡电抗器输出三角波电流幅值为 8 A,且其峰值时刻与整流桥输入线电压过零点重合。由于有源平衡电抗器匝比为 1∶1,因此其原边环流与副边输出电流特性相同。为了更进一步验证环流幅值和相位对整流器谐波抑制效果的影响,图 5.26 所示为额定功率条件下,当控制有源平衡电抗器副边输出电流幅值小于 8 A 时的输入电流频谱。结果表明环流幅值未达到要求值时,辅助电路抽取的有功功率不够,输入电流中的 11、13 次谐波将不能得到最大限度抑制,输入电流 THD 值增大。

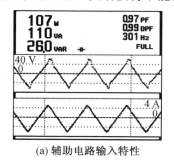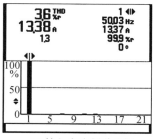

(a) 辅助电路输入特性　　　　　　(b) 输入电流频谱分析

图 5.26　环流幅值降低时输入电流分析

以线电压过零点为相位零点,图 5.27 和图 5.28 所示分别为在保证环流幅值为 8 A 条件时,环流相位超前和滞后情况下的输入电流频谱,结果表明不论环流相位超前或者滞后,均会导致输入电流中存在一定量的 11、13 次谐波,输入电流谐波不能得到最大程度的抑制。

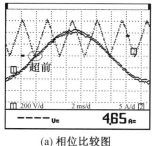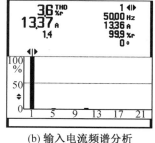

(a) 相位比较图　　　　　　　(b) 输入电流频谱分析

图 5.27　相位超前时输入电流分析

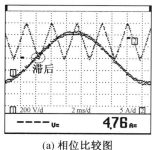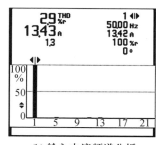

(a) 相位比较图　　　　　　　(b) 输入电流频谱分析

图 5.28　相位滞后时输入电流分析

由上述实验结果可以得到,控制有源平衡电抗器副边绕组输出电流的幅值和相位严格满足特定条件是输入电流谐波能够得到抑制的关键,即只有辅助 PWM 整流电路能够快速准确地跟踪输入电流指令信号,保证其输入电流能够严格满足条件,才能确保系统最大限度地抑制输入电流谐波。

5.4　环流对系统磁性器件容量的影响

5.4.1　环流对系统磁性器件容量影响的理论分析

由式(2.70)可得有源平衡电抗器原边电压有效值满足

$$U_{\text{p-rms}} = 0.081\,4U_{\text{d}} \tag{5.5}$$

有源平衡电抗器原边绕组电流有效值满足

$$I_{\text{d1-rms}} = I_{\text{d2-rms}} = \sqrt{(0.5I_{\text{d}})^2 + (I_{\text{p-rms}})^2} = 0.577\,4I_{\text{d}} \tag{5.6}$$

因此,有源平衡电抗器的等效容量为

$$S_{\text{aipr}} = \frac{1}{2}\left[\frac{U_{\text{p-rms}}(I_{\text{d1-rms}} + I_{\text{d2-rms}})}{2} + U_{\text{s-rms}}I_{\text{s-rms}}\right] = 3.52\% P_{\text{o}} \tag{5.7}$$

即有源平衡电抗器等效容量约占负载功率的3.52%。

定义 ZSBT 电压为变压器一次侧的电压,根据式(2.66)和图2.19可以得到,ZSBT 两端电压满足

$$u_{\text{zsbt}} = v_{\text{m2n}} - v_{\text{m4n}} = -U_{\text{d}}\sum_{n=1}^{\infty}\frac{2}{9n^2-1}\sin\frac{n\pi}{4}\cos n\pi\sin\left(3n\omega t - \frac{n\pi}{2}\right) \tag{5.8}$$

ZSBT 电压波形如图5.29所示。可以发现 ZSBT 电压只包含3、9等倍基波频率成分,该结果进一步证明了 ZSBT 能够使得3、9等次谐波电流自成回路,从而抑制其流通,保证两组整流桥能够独立工作。

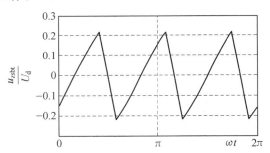

图5.29　ZSBT 两端电压

由式(5.8)可得 ZSBT 两端电压有效值满足

$$U_{\text{zsbt-rms}} = 0.132\,2U_{\text{d}} \tag{5.9}$$

根据式(5.7)和(5.9)可得,ZSBT 的等效容量为

$$S_{\text{zsbt}} = \frac{1}{2}\left[U_{\text{zsbt-rms}}(I_{\text{d1-rms}} + I_{\text{d2-rms}})\right] = 7.63\% P_{\text{o}} \tag{5.10}$$

由自耦变压器的结构图4.12可知,自耦变压器由3个主绕组和6个抽头小绕组组成,因此为了计算变压器容量,需要计算每个绕组的电流和电压有效值。对 a 相进行分析,a 相主绕组的电压为输入线电压,其有效值满足

$$U_{ab-rms} = U_m \sqrt{3} / \sqrt{2} = 1.183 \, 3U_n = 0.715 \, 1U_d \tag{5.11}$$

由电压矢量图可知,自耦变压器 a 相小绕组 aa1 的相电压有效值满足

$$U_{aa1-rms} = U_n \sin 15° / \sqrt{2} = 0.183 U_n = 0.110 \, 6U_d \tag{5.12}$$

a 相主绕组电流 i_1 满足

$$i_1 = \frac{(2 - \sqrt{3})(i_{c2} - i_{c1})}{\sqrt{3}}$$

$$= -\frac{k_1 I_d}{\sqrt{3}} \sum_{n=1}^{\infty} \frac{48}{(n\pi)^2} \sin \frac{n\pi}{2} \sin \frac{n\pi}{12} \left(2\cos \frac{n\pi}{6} - \cos \frac{n\pi}{3} - 1\right) \sin n\left(\omega t + \frac{2\pi}{3}\right) \tag{5.13}$$

其有效值为

$$I_{1-rms} = 0.081 \, 5I_d \tag{5.14}$$

i_{a1} 有效值满足

$$I_{a1-rms} = 0.471 \, 4I_d \tag{5.15}$$

结合式(5.11)~式(5.15),可得自耦变压器的等效容量满足

$$S_{tran} = \frac{1}{2}(6U_{aa1-rms}I_{a1-rms} + 3U_{ab-rms}I_{1-rms}) = 24.4\% P_o \tag{5.16}$$

前述章节对基于有源平衡电抗器的 12 脉波整流器的输入电流、输出电压和各个部分容量进行了详细的分析,为了确定该整流器的特点,现将其与图 2.1 所示常规 12 脉波整流器进行对比分析,结果见表 5.2。

表 5.2　与常规系统特性对比分析结果

		常规系统	有源平衡电抗器系统	对比
输出电压特性		12 脉波	12 脉波	相同
输入电流 THD		15.2%	1.1%	显著减小
容量特性	自耦变压器	18.4% P_o	24.4% P_o	略微增加
	ZSBT	6.61% P_o	7.63% P_o	略微增加
	有源平衡电抗器或 IPR	2.04% P_o	3.52% P_o	略微增加
	辅助电路	0	2.35% P_o	增加

分析表 5.2 中数据可以得出,相比常规 12 脉波整流器,本章所研究整流器的输入电流谐波抑制效果显著,附加辅助电路容量非常小;直流侧的电流调制导致整流桥交、直流侧的磁性器件容量均增大,但是增大的量相对来说较小,且最终磁性器件的容量相对于系统功率等级均较低。因此在对谐波要求较严格的大功率整流场合,基于有源平衡电抗器的 12 脉波整流器具有更好的应用价值。

5.4.2　环流对系统磁性器件容量影响的实验验证

图 5.30 为有源平衡电抗器副边绕组输出电压和输出电流波形,也即辅助电路的输入特性,其均是频率为 300 Hz 的正负对称三角波,且两者相位相同,容量分析结果表明了辅助整流电路工作在单位功率因数状态,且其容量为 130 V·A,仅为整流器总负载功率的

2% 左右。

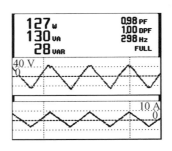

图 5.30　辅助电路输入特性

　　图 5.31 为自耦变压器电压和电流特性,其中图 5.31(a)为原边绕组的电压和电流及其容量测量结果,图 5.31(b)为副边绕组测量结果,假设自耦变压器结构完全对称,可以得到自耦变压器的等效容量满足

$$S_{\text{tran}} = 0.5 \times (3 \times 374 + 6 \times 340) = 1\,581(\text{V} \cdot \text{A}) \approx 24.7\% P_\circ \quad (5.17)$$

自耦变压器容量仅为负载功率的 24.7% 左右,与理论分析结果相符。

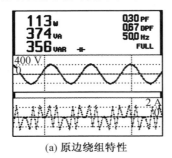 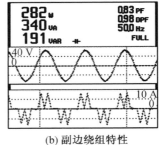

(a) 原边绕组特性　　　　　　　　(b) 副边绕组特性

图 5.31　自耦变压器绕组电压和电流特性

　　图 5.32 为 ZSBT 的电压和电流特性,ZSBT 容量为 480 V · A,仅为负载功率的 7.5% 左右,容量较低,实验结果与理论分析值相符。

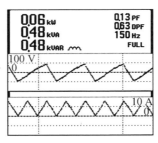

图 5.32　ZSBT 的电压和电流特性

　　图 5.33 为有源平衡电抗器原边的电压和电流特性,结合图 5.30 和图 5.33 可以得到有源平衡电抗器的容量为

$$S_{\text{AIPR}} = 0.5 \times (144 + 126 + 130) = 200(\text{V} \cdot \text{A}) \approx 3.1\% P_\circ \quad (5.18)$$

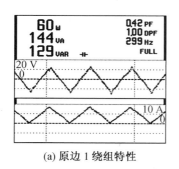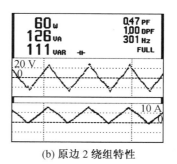

(a) 原边 1 绕组特性　　　　　　　(b) 原边 2 绕组特性

图 5.33　有源平衡电抗器原边电压和电流特性

5.5　整流器的负载适应能力

5.5.1　不同类型负载的适应能力

针对输出电流恒定不变的大电感负载,本章详细分析了基于有源平衡电抗器的 12 脉波整流器的电流、电压和容量特性,验证了该系统相对于常规 12 脉波整流器的优越性。但是大功率整流电路广泛应用于实际工业过程中,对应的负载类型各种各样,鉴于成本和体积要求,会限制直流侧平波电感的大小,此时输出电流纹波不能完全被滤除。由式(2.49)可得,输入电流由输出电流和环流共同决定,输出电流纹波会影响输入电流,因此有必要分析负载类型对谐波抑制效果的影响。

对于常用的一些电感应加热系统,其负载可直接等效为电感 L 串联电阻 R,负载等效电路如图 5.34 所示,由于电感值选取有限,输出电流纹波不能完全被消除。输出电流由输出电压和负载共同决定,前述分析表明只要两组整流桥均工作在连续状态,系统的输出电压将保持为 12 脉波状态,即输出电压满足式(2.68),结合图 5.34 可得,输出电流满足

$$\begin{cases} i_{\mathrm{d}} = I_{\mathrm{dav}}\left[1 - \sum_{n=1}^{\infty} \dfrac{2\cos(n\pi)\cos(12n\omega t - \varphi)}{(144n^2 - 1)\sqrt{1 + (12n\omega L/R)^2}} \right] \\ \varphi = \arctan(12n\omega L/R) \end{cases} \tag{5.19}$$

其中,负载平均电流 I_{dav} 只与输出平均电压和等效电阻 R 有关,满足

$$I_{\mathrm{dav}} = U_{\mathrm{d}}/R \tag{5.20}$$

图 5.34　RL 型负载等效电路

若控制直流侧环流满足式(2.60),则由式(2.62)可得整流桥输出电流满足

$$\begin{cases} i_{d1} = I_{dav}\left[0.5 + \sum_{n=1}^{\infty} \dfrac{4}{n^2\pi^2}\sin\dfrac{3n\pi}{2}\sin 6n\omega t - \sum_{n=1}^{\infty} \dfrac{\cos(n\pi)\cos(12n\omega t - \varphi)}{(144n^2-1)\sqrt{1+(12n\omega L/R)^2}}\right] \\ i_{d2} = I_{dav}\left[0.5 - \sum_{n=1}^{\infty} \dfrac{4}{n^2\pi^2}\sin\dfrac{3n\pi}{2}\sin 6n\omega t - \sum_{n=1}^{\infty} \dfrac{\cos(n\pi)\cos(12n\omega t - \varphi)}{(144n^2-1)\sqrt{1+(12n\omega L/R)^2}}\right] \end{cases}$$

$$(5.21)$$

分析式(5.21)可得,$\omega L/R$ 在一定范围内变化时,整流桥输出电流在非常短时刻内均会出现负值,这是由输出电流纹波造成的。当 $\omega L/R = 0$ 时,输出电流纹波应该最大,图 5.35 为此时环流 i_p 与 $0.5i_d$ 的波形,可以发现环流的峰值在很短的时间内会超过输出纹波电流最小值,通过式(5.21)运算可得到在这段时刻,整流桥输出电流出现负值。但是对于实际系统,由于二极管整流桥的电流不能双向流动,因此此时若不进行改进,整流桥将工作在断续状态,虽然断续的时间非常短,但仍然会影响整流器的输出,输出电压将会出现畸变,可能会引起系统故障。

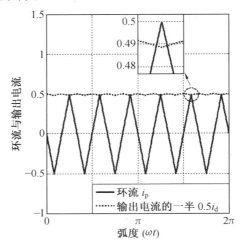

图 5.35　RL 型负载下,环流与 $0.5i_d$ 对比分析图

因此,针对该类型负载,若仍然控制环流满足式(2.60),输出电压将出现畸变。由图 5.35 可知,控制环流幅值小于或等于 $0.5i_d$ 的最小值,能够保证整流桥输出工作在连续或临界连续状态,即不改变整流器的输出电压特性。而对于 RL 型负载,当 $L = 0$ 时,输出电流纹波最大,此时输出电流具有最小值 i_{d-min},因此若控制环流幅值满足 $i_{pm} = 0.5i_{d-min}$,即可保证 L 从 0 变化到 ∞ 时,整流桥输出均不出现断续情况。

$L = 0$ 时,输出电压与电流波形相同,即输出电流满足

$$i_d = I_{dav}\left[1 - \sum_{n=1}^{\infty} \frac{2\cos(n\pi)\cos(12n\omega t)}{(144n^2-1)}\right] \tag{5.22}$$

分析可得 $i_{d-min} = 0.977I_{dav}$,因此需要控制环流幅值满足

$$I_{pm} = 0.5 \times 0.977I_{dav} = 0.489I_{dav} \tag{5.23}$$

此时环流表达式为

$$i_p = 0.977I_{dav}\sum_{n=1}^{\infty} \frac{4}{n^2\pi^2}\sin\frac{3n\pi}{2}\sin 6n\omega t \tag{5.24}$$

因此针对 RL 型负载,只需控制环流满足式(5.24),即可保证整流桥一直工作在连续或者临界连续状态,不改变输出电压。环流幅值的改变和输出电流纹波均会影响输入电流,图5.36(a)所示为此时网侧输入电流 THD 值和负载参数的关系,图5.36(b)所示为对应的输出电流纹波系数与负载参数的关系,其中输出电流纹波系数 k_d 定义为

$$k_d = \frac{I_{dmax} - I_{dmin}}{2I_{dav}} \tag{5.25}$$

由图5.36可得,对于 RL 型负载,随着 $\omega L/R$ 的增大,输出电流纹波减小,但是输入电流 THD 值增大,即此时输出电流纹波对输入电流谐波抑制具有积极的效果,$\omega L/R = 0$ 时,输出电流纹波最大,输入电流 THD 值达到最低。$\omega L/R$ 达到一定值后,THD 值稳定在 1% 左右。

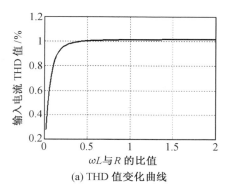

(a) THD 值变化曲线

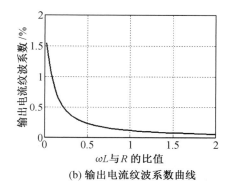

(b) 输出电流纹波系数曲线

图 5.36　RL 型负载,电流特性与负载参数关系

因此,对于 RL 型负载,只需略微降低所控制环流的幅值,即可保证系统仍然具有显著的谐波抑制效果,输出电流的 12 倍频纹波对输入电流的谐波抑制具有积极的效果,系统能够完全适用于 RL 型负载。

很多场合输出侧通过大电容并联负载,此时负载可以等效为 RC 型,等效电路如图5.37所示。对于该类型负载,可以得出输出电流表达式满足

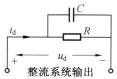

图 5.37　RC 型负载等效电路

$$\begin{cases} i_d = I_{dav}\left[1 - \sum_{n=1}^{\infty} \dfrac{2\sqrt{1 + (12n\omega RC)^2}}{144n^2 - 1}\cos(n\pi)\cos(12n\omega t - \varphi)\right] \\ \varphi = -\arctan(12n\omega RC) \end{cases} \tag{5.26}$$

取 $\omega RC = 0.1$ 这种特定情况进行分析,若控制环流满足式(2.60),此时环流与 $0.5i_d$ 的波形如图5.38所示。可以发现,整流桥工作的断续区间较大,且随着 C 值的增大,$0.5i_d$ 的纹波幅值增大,断续区间也将增大,此时将不能通过降低环流幅值来保证整流桥工作在连续状态,且幅值降低太多电流谐波抑制效果也不明显。因此所研究谐波抑制方法不适用于 RC 型负载。

但是实际系统中,纯粹的 RC 型负载是不存在的,因为电路中包含多个磁性元器件,交流侧有自耦变压器,直流侧有 ZSBT 和有源平衡电抗器,这些磁性器件制作时均包含一

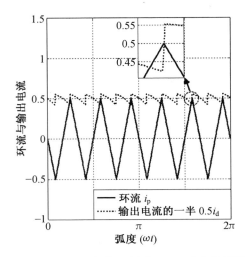

图 5.38　RC 型负载,环流与 0.5i_d对比分析图

定的漏感,这些漏感均有一定的抑制电流谐波作用,且电感参数可以等效到输出侧,因此该整流器所带的绝大多数负载均可等效为如图 5.39 所示的 RLC 型负载,如大功率 DC/DC 或 DC/AC 变换器做负载时,12 脉波整流器输出一般通过 LC 滤波电路后才接变换器,或者当直接通过电容 C 并联变换器时,整流器中的漏感参数可以等效为 L。因此图 5.39 所示的等效负载类型,是工业中最常用的,分析该类型负载下,系统的谐波抑制特性具有非常重要的意义。

针对该类型负载,若能保证整流桥工作在连续状态,即输出电压满足式(2.68),则直流侧输出电流满足

$$\begin{cases} i_d = I_{dav}\Big[1 - \sum_{n=1}^{\infty} \dfrac{\sqrt{1 + (12n\omega RC)^2}}{\sqrt{[(1 - (12n\omega)^2 LC)]^2 + (12n\omega L/R)^2}} \dfrac{2}{144n^2 - 1}\cos(n\pi)\cos(12n\omega t - \varphi)\Big] \\ \varphi = \arctan\Big[\dfrac{12n\omega L/R}{1 - (12n\omega)^2 LC}\Big] - \arctan(12n\omega RC) \end{cases}$$

$$(5.27)$$

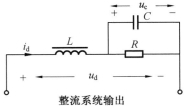

图 5.39　RLC 型负载等效电路

(1)适应性分析。

分析式(5.27)可得,直流侧电流纹波与负载参数 ωRC 和 $\omega L/R$ 直接相关。图 5.40 所示为 $\omega RC = 6$,$\omega L/R = 0.01$ 时,环流与 0.5i_d 的波形,可以看出,此时由于负载侧等效电感较小,输出电流纹波较大,但是由于 LC 滤波电路对电流纹波的移相作用,环流峰值并未与

0.5$i_{\rm d}$ 相交,即此时若控制环流满足式(2.60),整流桥能够工作在连续状态。针对 $\omega RC =$
6 的情况,分析网侧输入电流 THD 值与负载侧 $\omega L/R$(从 0.01 到 0.5 变化)的关系,如图
5.41(a)所示,图 5.41(b)所示为对应的输出电流纹波系数对应曲线。对比图 5.41(a)
和(b)可以得出,当 $\omega L/R$ 较小时,输出电流纹波较大,纹波使得输入电流谐波增加,系统
的谐波抑制效果不明显,随着 $\omega L/R$ 的增大,输出电流纹波降低,对应输入电流 THD 值迅
速降低,$\omega L/R$ 增大到一定值后,输出电流纹波系数能够继续减小,但是 THD 值基本稳定
在 1% 左右。图 5.41(c)和图 5.41(d)所示分别为 $\omega RC = 0.6$,$\omega L/R$ 从 0.02 到 1 变化时,
输入电流 THD 和输出电流纹波系数曲线,进一步表明了该类型负载下,输出电流的纹波
会增加输入电流谐波,但是只需通过合理选取 LC 滤波器参数,系统依然具有较好的谐波
抑制效果。

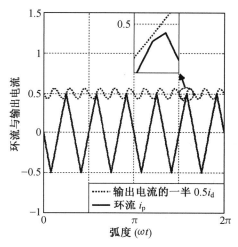

图 5.40　RLC 型负载,环流与 0.5$i_{\rm d}$ 对比分析图

上述分析表明,该整流器能够用于 RLC 型负载,LC 滤波电路对输出电流纹波的移相
作用能够保证环流满足式(2.60)时,整流桥依然工作在连续状态。系统的谐波抑制效果
与 LC 滤波电路参数的选取具有很大的关系,LC 值越大,输出侧的滤波效果越明显,输出
电流纹波越小,对应输入电流谐波也越小,但是会使系统的成本和体积增加。因此选择合
适的 LC 滤波参数,是系统应用于该类型负载的关键,本节将给出一种针对该类型负载的
LC 滤波电路参数选取方法。

(2)LC 滤波电路参数选取方法。

整流器输出电压 $u_{\rm d}$ 为 12 脉波直流电压,LC 滤波电路首先应该能够保证滤波电容 C
两端电压 $u_{\rm c}$ 不包含 12 倍频的低频纹波,即需要

$$\frac{1}{2\pi\sqrt{LC}} \ll 600 \text{ Hz} \tag{5.28}$$

又因为 LC 电路输出一般接大功率的高频 DC/DC 或 DC/AC 变换器,因此电容 C 值
一般足够大以抑制 $u_{\rm c}$ 可能产生的高频纹波。假设电容 C 上的低频电压纹波为零,则有输
出电压中的 12 倍频交流成分全部加在滤波电感 L 两端,即此时电感两端电压满足

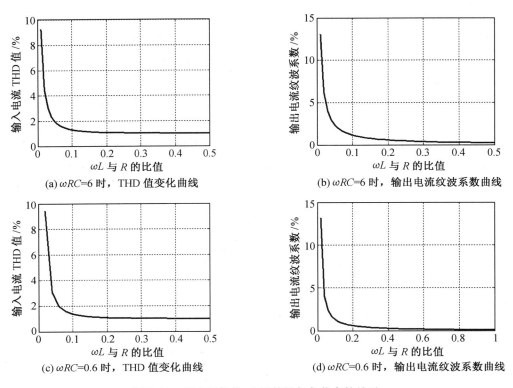

图 5.41　RLC 型负载,电流特性与负载参数关系

$$u_{\mathrm{L}} = L\frac{\mathrm{d}i_{\mathrm{d}}}{\mathrm{d}t} = -U_{\mathrm{d}}\sum_{n=1}^{\infty}\frac{2}{144n^2-1}\cos n\pi\cos 12n\omega t \qquad (5.29)$$

故输出电流 i_{d} 满足

$$i_{\mathrm{d}} = \frac{U_{\mathrm{d}}}{R} - \frac{U_{\mathrm{d}}}{\omega L}\sum_{n=1}^{\infty}\frac{1}{6n(144n^2-1)}\cos n\pi\sin 12n\omega t$$

$$= I_{\mathrm{dav}}\Big[1 - \frac{R}{\omega L}\sum_{n=1}^{\infty}\frac{1}{6n(144n^2-1)}\cos n\pi\sin 12n\omega t\Big] \qquad (5.30)$$

　　由式(5.30)可以得到,此时输出电流 i_{d} 只与负载侧 L 和 R 参数有关。结合式(2.60)和(5.30),可以得到该情况下,输入电流 THD 值与负载侧 $\omega L/R$ 的关系如图 5.42(a)所示,图 5.42(b)所示为对应的输出电流纹波系数曲线。可以得出 $\omega L/R$ 小于 0.1 时,由于输出电流纹波系数较大,输入电流谐波也较高,当 $\omega L/R$ 达到 0.1 左右时,电流 THD 值降到 1% 左右,达到了较为显著的谐波抑制效果,继续增大 $\omega L/R$ 能够降低输出电流纹波系数,但是对 THD 值影响不大。

　　由于电流 THD 值与 L 和 R 同时相关,因此滤波电感的选取和系统的功率等级,即等效电阻 R 有关。对于固定功率等级的负载,根据图 5.42 设计合适的滤波电感 L 限制输出电流纹波系数,系统能够具有较好的谐波抑制效果。但是由于整流器的负载功率变化范围较大,当负载等效电阻增大时,$\omega L/R$ 将对应减小,输出电流的纹波幅值虽然不会变,但是纹波系数会增大,由图 5.42 可以得到此时输入电流的 THD 值对应增大。因此针对

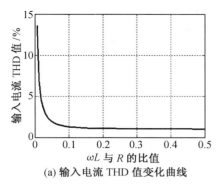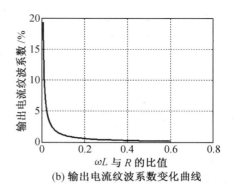

(a) 输入电流 THD 值变化曲线　　　　　(b) 输出电流纹波系数变化曲线

图 5.42　电流特性与 $\omega L/R$ 关系曲线

RLC 型负载,通过合适的滤波电感能够保证在额定负载条件下系统具有较好的谐波抑制效果,但随着输出电流的降低,谐波抑制效果变差。若要保证负载功率在大范围内变化时,系统均具有较好的谐波抑制效果,可以根据图 5.42 选取较大的滤波电感 L,此时会增加系统的体积和成本。

　　总结针对 RLC 型负载,LC 滤波参数可按如下方法选择:首先根据电容 C 上的高频纹波要求,选取电容 C;然后根据式(5.28)确定电感 L 的范围,再由负载等效电阻 R 和图 5.42选取合适的电感值 L,L 的选取还应当考虑负载功率的波动范围,以及系统功率变化时的输入电流 THD 值要求,最终参照图 5.42 选取。

　　为了验证上述对系统负载适应性的理论研究,在第 2 章所建立的仿真系统中,继续给出相应的仿真结果进行验证。

　　在输出平均电压为 400 V 的基础上,图 5.43 所示为在 RL 型负载条件下,系统的输入电流特性仿真结果,其中 $R=25\ \Omega$ 保持不变。

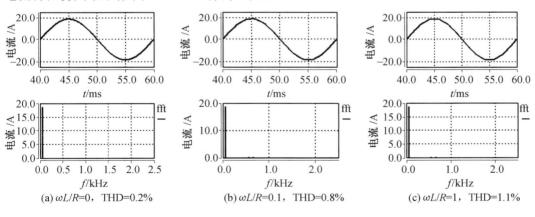

(a) $\omega L/R=0$,THD=0.2%　　(b) $\omega L/R=0.1$,THD=0.8%　　(c) $\omega L/R=1$,THD=1.1%

图 5.43　RL 型负载,输入电流特性

　　图 5.43 所示结果均是在控制环流幅值稍低于 $0.5I_{\mathrm{dav}}$ 情况得到,仿真结果表明随着负载侧电感 L 的增大,输入电流谐波含量也对应增大,但是电流 THD 值一直能保持在较低值;另外也间接说明了 RL 型负载条件下,输出电流纹波对输入电流谐波抑制具有积极的作用。仿真结果与理论分析相符,验证了系统适用于 RL 型负载。

同样在输出平均电压为 400 V 的基础上,对 RLC 型负载进行仿真验证。额定情况下负载等效电阻 $R = 25\ \Omega$,根据额定要求,设计 LC 滤波电路参数为 $L = 8$ mH,$C = 1\ 000\ \mu F$,有 $1/2\pi\sqrt{LC} \approx 56$ Hz $\ll 600$ Hz,$\omega L/R = 0.1$,图 5.44 为电容 C 两端电压,可见 12 倍频纹波成分被完全滤除;图 5.45 所示为系统输入电流特性,其中图 5.45(a) 为额定负载条件下输入电流分析结果,表明所设计的 LC 滤

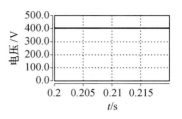

图 5.44　滤波电容 C 两端电压

波电路能够保证在额定负载条件下,系统具有较好的谐波抑制效果。图 5.45(b) 和图 5.45(c) 分别为半载和 1/4 载情况下,输入电流分析结果,表明随着负载功率的降低,输出电流的纹波系数增大,对应输入电流 THD 值增大。

仿真结果进一步表明了对于 RLC 型负载,设计合理的 LC 滤波器能够使得系统依然具有较好的谐波抑制效果,L 取得越大,系统对负载功率变化的适应性越好,但是会增加系统成本,应当根据系统对负载功率范围内的 THD 值要求,设计最小的电感 L。

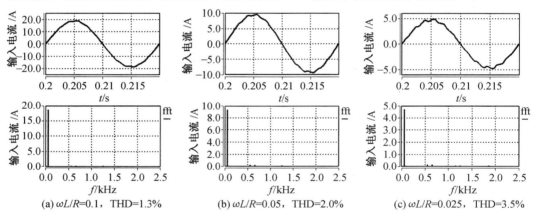

(a) $\omega L/R = 0.1$,THD = 1.3%　　(b) $\omega L/R = 0.05$,THD = 2.0%　　(c) $\omega L/R = 0.025$,THD = 3.5%

图 5.45　RLC 型负载,输入电流特性

当输出电流发生变化时,辅助 PWM 整流电路能够根据输出电流大小调节其输入三角波电流的幅值,从而确保整流器能够保持较好的谐波抑制效果。在 $RL(L = 12$ mH) 型负载条件下,图 5.46 所示为在半载情况下,辅助电路的输入特性和输入电流频谱分析,相比满载情况,THD 值略微增大,但是仍然相对较低。图 5.47 所示为输出电流从 4 A 变化到 16 A 时,输入电流 THD 值变化曲线,该范围内 THD 值均保持在较低值,结果表明所研究系统对负载功率变化具有较好的适应性。

针对 RLC 型负载,额定条件下,等效电阻 $R = 25\ \Omega$,首先设计 LC 滤波电路,$L = 12$ mH,$C = 1\ 120\ \mu F$,满足电压截止频率 $1/2\pi\sqrt{LC} = 43$ Hz,能够完全滤除 C 两端电压纹波;$\omega L/R = 0.15$,由图 5.42 可得该值能够保证额定负载条件下的输出电流纹波系数及输入电流 THD 均较低。

图 5.48 所示为当负载等效电阻从 100 Ω 依次变化到 25 Ω 时,输入电流 THD 值变化曲线,分析可以发现,额定负载条件下,系统能够达到显著的谐波抑制效果,电流 THD 值

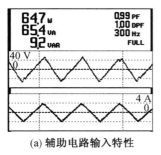
(a) 辅助电路输入特性

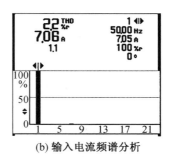
(b) 输入电流频谱分析

图 5.46　半载条件下,输入电流分析

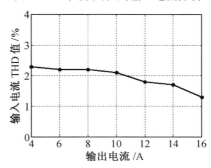

图 5.47　负载大范围变化时,THD 值变化曲线

为 1.3% 左右,但是随着负载等效电阻的增大,输出电流降低,对应其纹波系数增大,降低了谐波抑制效果,输入电流 THD 值对应增大。对比图 5.38 可以发现,对于 RLC 型负载,当负载功率变化时,系统不能一直保持较好的谐波抑制效果,若要使系统适应较大的负载功率变化范围,应当根据图 5.42 设计更大的滤波电感 L。

5.5.2　负载突变的适应能力

图 5.49 所示为输出电流突变情况(I_d 从 5 A 突变到 10 A)下,系统的动态响应特性。图 5.49 中分别为输出平均电流采样信号、输入电流波形以及有源平衡电抗器副边输出电流波形,可以看出输出电流的突变能够很快反映到控制电路,控制电路通过乘法器的自适应作用,改变指令信号的幅值,辅助电路根据指令信号调节直流侧环流幅值,从而保证输入电流谐波保持在较低水平。图 5.49 表明系统具有较好的动态响应特性。

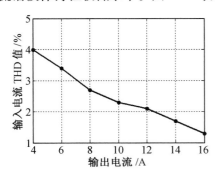

图 5.48　RLC 型负载下,THD 值随输出电流变化曲线　　　图 5.49　输出电流突变时的系统动态波形

5.6　整流器对供电电源的负载适应能力

5.6.1　供电电源变化对谐波抑制性能的影响

为考察外界条件变化对有源谐波抑制系统谐波抑制性能的影响,本节将通过实验来分析输入电压变化对系统性能的影响,实验条件与分析无源谐波抑制时相同。

图 5.50 所示为使用谐波能量回收系统的多脉波整流器在输入线电压为 30 V、150 V 和 300 V 时的输入电流及其频谱。由于本章所设计的谐波能量回收系统能够实时检测输出电流变化,并根据输出电流的变化改变所提取的谐波能量值,因此,当输入电压变化使输出电流变化时,输入电流 THD 值基本保持不变。同时,与对比未使用谐波能量回收电路相比,系统效率约提高 1.3% 。

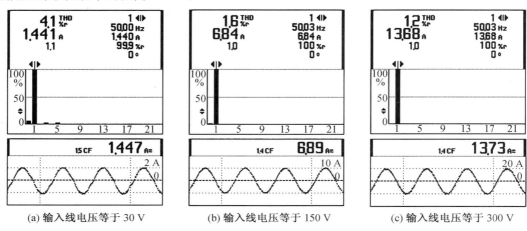

(a) 输入线电压等于 30 V　　　(b) 输入线电压等于 150 V　　　(c) 输入线电压等于 300 V

图 5.50　基于谐波能量回收原理的多脉波整流器线电压变化对输入电流 THD 值影响

图 5.51 所示为不同输入电压下的输入电流 THD 值和系统能量变换效率。由图 5.51 (a)可知,当输入电压为 30 V 时,输入电压小于系统的最小工作电压,因此输入电流 THD 值较大;当系统正常工作时,输入电流 THD 值保持在 1.1% ~ 1.5% 。图 5.51(b)描述了整流器效率与输出电压之间的关系,由该图可知,整流器效率保持在 97% 左右,具有较高的能量变换效率。

5.6.2　供电电压断相对直流侧谐波抑制系统的影响

输入侧断相是多脉波整流器的常见故障。本节将分析输入侧断相对使用自耦变压器的多脉波整流器的影响。

假设 a 相输入端断相,由图 4.12 所示的自耦变压器结构图及基尔霍夫电压定律可得

$$u_{ab} = u_{ca} = -\frac{1}{2}u_{bc} \qquad (5.31)$$

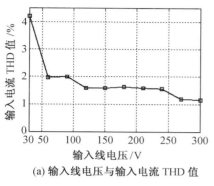

(a) 输入线电压与输入电流 THD 值

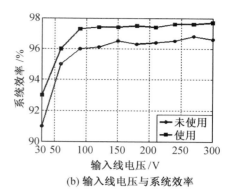

(b) 输入线电压与系统效率

图 5.51　直流侧有源谐波抑制系统输入线电压与输入电流 THD 值和系统效率关系

图 5.52(a) 和图 5.52(b) 分别给出了断相前后自耦变压器的相量图。

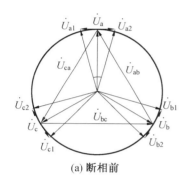

(a) 断相前

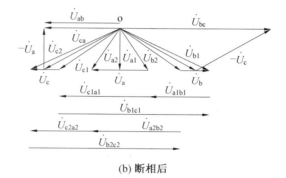

(b) 断相后

图 5.52　断相前后自耦变压器的相量图

根据断相后的相量图可得自耦变压器输入线电压满足

$$u_{ab} = u_{ca} = -\frac{1}{2}u_{bc} = -\frac{\sqrt{6}}{2}U_{m}\sin \omega t \tag{5.32}$$

同样,根据断相后的相量图可得自耦变压器输出相电压满足

$$\begin{cases} U_{b1} > U_{c1} > U_{a1} \\ U_{c2} > U_{b2} > U_{a2} \end{cases} \tag{5.33}$$

两个整流桥的二极管 D_1、D_3 和 D_5 为共阴极连接,只有阳极电位高的二极管导通;两个整流桥的二极管 D_4、D_6 和 D_2 为共阳极连接,只有阴极电位低的二极管导通。由式 (5.33) 可知,在两个整流桥中,二极管 D_1 与 D_4 都不导通。因此,六相 12 脉波整流器在输入侧断相后转化为并联的两个单相桥式整流电路。

通过图 5.52(b) 所示相量图可知,单相桥式整流电路输入电压为

$$u_{b1c1} = u_{b2c2} = \sqrt{6}U_{m}\sin \omega t \tag{5.34}$$

因此,两个单相桥式整流电路的输入电压同相且大小相等,这会使两个整流桥输出电压相位相同,大小相等。

当两个整流桥输出电压相位相同、大小相等时,平衡电抗器端电压等于零。而当平衡电抗器端电压等于零时,抽头变换器的两个二极管由于端电压相同会同时导通;有源平衡

电抗器原边电压等于零会强制副边电流等于零,导致谐波能量回收系统不工作。因此,当输入侧断相时,无论是直流侧无源谐波抑制系统还是有源谐波抑制系统均工作于 2 脉波整流状态。

假设在 $t=0$ 时系统由正常工作状态转为自耦变压器输入侧 a 相断相状态。图 5.53 和图 5.54 分别给出了仿真和实验时正常工作状态和故障状态下绕组电压。在故障状态下,芯柱 1 和芯柱 3 的原边和副边绕组电压变为正常工作状态的一半,而芯柱 2 的原边和副边绕组电压与正常状态相同。

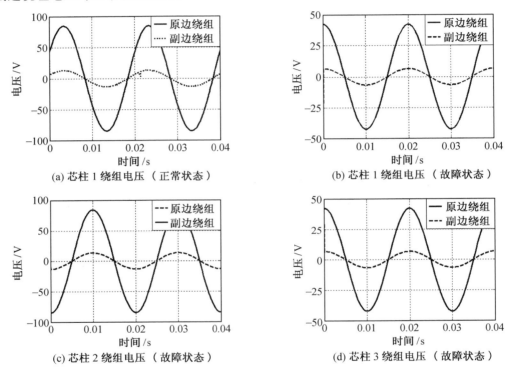

图 5.53　仿真时自耦变压器绕组电压

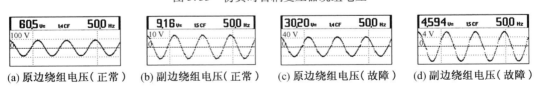

(a) 原边绕组电压(正常)　(b) 副边绕组电压(正常)　(c) 原边绕组电压(故障)　(d) 副边绕组电压(故障)

图 5.54　实验时自耦变压器绕组电压

图 5.55 所示为实验时整流桥与输出电压。由该图可知,正常工作时,整流桥输出电压频率为 300 Hz,输出电压频率为 600 Hz,即整流器可以形成 12 脉波整流;a 相断相时,两个整流桥输出电压频率皆为 100 Hz,并且同相,这就导致输出电压与整流桥输出电压同频。通过上述分析可知,当发生断相时,输出电压会由正常工作时的 12 脉波变为 2 脉波,直流纹波系数显著变大,直流供电品质急剧下降。

图 5.56 所示为实验时输入电流及其 THD 值。由该图可知,在阻性负载下,当 a 相断相时,由于整流器变为两个单相全波整流电路并联工作,b 相和 c 相输入电流为正弦波。

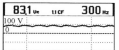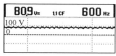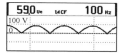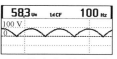

(a) 整流桥输出电压(正常)　　(b) 输出电压(正常)　　(c) 整流桥输出电压(故障)　　(d) 输出电压(故障)

图 5.55　实验时整流桥与输出电压

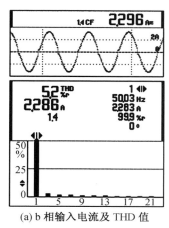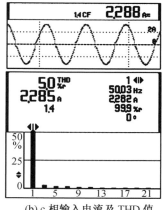

(a) b 相输入电流及 THD 值　　　　　　(b) c 相输入电流及 THD 值

图 5.56　断相时输入电流 THD 值

5.7　本章小结

　　针对 12 脉波整流器,本章研究了使用有源平衡电抗器的直流侧有源谐波抑制方法。利用第 2 章所建立的 12 脉波整流器交、直流侧的定量关系,设计了直流侧谐波能量回收电路,该电路可将谐波能量通过有源平衡电抗器的副边绕组所接 PWM 变换器提取出来,并送至负载,实现谐波能量的回收再利用。同时,本章进一步分析了直流侧谐波能量回收电路的特性及其对整流器中磁性器件容量的影响,研究了直流侧有源谐波抑制方法对不同类型负载和输入电压变化的适应能力。

第6章 升压型多脉波整流器

当移相角为 π/6 时,图 4.12 所示的三角形连接自耦变压器的容量仅为负载功率的 18%,这有利于降低系统的体积和成本。分析图 4.12 所示变压器可知,该变压器输入与输出电压基本相等,因此,该自耦变压器适合于输入与输出电压相差不大的场合,但不适合应用于升压场合。当设计移相角为 π/6 的三角形连接自耦变压器应用于升压场合时,每个芯柱上含有 5 个绕组,各绕组交互连接,结构复杂,给设计和制造带来一定困难,并可能导致变压器结构不对称。因此,移相角为 π/6 的三角形连接自耦变压器不适合应用于升压场合。

为寻找容量小,且绕组最少的升压型变压器,本章将分析多相整流器对变压器结构的要求,给出适用于多相整流器的变压器移相角,并据此设计升压型三角形连接自耦变压器。

6.1 升压型多脉波整流变压器结构分析

6.1.1 移相角扩展

对于使用三角形连接自耦变压器的 12 脉波整流器而言,若两组整流桥输入电压相位差为 π/6,则整流器输入电流含有 12 个阶梯。在文献[3]中,作者从抑制 5 次和 7 次谐波角度出发,分析了六相整流器输入电压最小相位差,得到最小相位差为 π/6。若将该方法推广到 N(N 为 3 的倍数)相全桥整流器,可得整流桥输入电压最小相位差 φ 满足式 (2.1)。

由于阻感负载下三相全桥整流器输出电压的周期为 π/3,若两组整流桥输出电压相位差为 π/6,那么这两组整流桥输出电压会产生波峰-波谷相对应的情形;若这两组输出电压相叠加,得到的电压周期为 π/6,即形成 12 脉波整流,如图 6.1 所示。

根据图 6.1 可以得到,若要使两组整流桥输出电压相位差为 π/6,两组整流桥输入电压相位差应为 π/6、π/2、5π/6、7π/6、3π/2、11π/6,即相位差可以被 π/6 整除,但不能被 π/3 整除。当两组整流桥输入电压相位差满足该条件时,六相全桥整流器可以形成 12 脉波整流。

6.1.2 新型升压自耦变压器结构分析

根据 6.1.1 节的分析,可以设计输出电压相位差为不同角度的 12 脉波整流变压器。图 6.2 所示为输出电压相位差等于 π/2 时的变压器相量图。图中,$\alpha = \pi/4$。

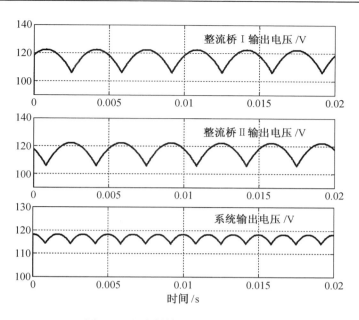

图 6.1　整流桥输出电压和输出电压

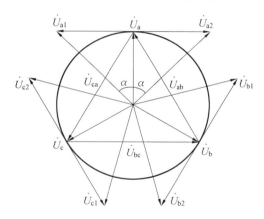

图 6.2　移相角为 π/2 时自耦变压器相量图

　　根据文献[12]的分析,对于三角形连接自耦变压器而言,当相量 U_a 与相量 U_{a1} U_{a2} 垂直时,每个芯柱的绕组个数最少,最少个数为 3 个。此时,变压器绕组结构如图 6.3 所示。

　　结合图 6.2 和图 6.3,可以得到原、副边绕组匝数满足

$$k = \frac{N_p}{N_q} = \sqrt{3} \tag{6.1}$$

　　根据图 6.2 和式(6.1)可以设计移相角为 π/2 的三角形连接自耦变压器。虽然图 6.3 所示变压器与文献[12]中变压器结构类似,但是二者变比不同。文献[12]中,变压器移相角为 π/6,变压器输出与输入线电压的比值满足

$$k_{T1} = \sqrt{6} - \sqrt{2} \tag{6.2}$$

图 6.3 所示变压器输出与输入线电压比值满足

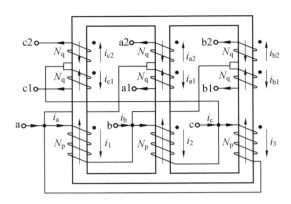

图6.3　移相角为 π/2 时自耦变压器绕组结构图

$$k_{T2} = \sqrt{2} \tag{6.3}$$

因此,图 6.3 所示变压器具有更大的升压比。

6.2　基于新型升压自耦变压器的多相整流器研究

图 6.4 所示为使用图 6.3 所示变压器的六相全桥整流器。由于本章的变压器结构与文献[12]中的变压器结构类似,且在文献[12]中,作者给出了输入电流的详细计算过程,因此,本章仅简要分析大电感负载下输入电流和输出电压与变压器结构的关系,并计算磁性器件容量。

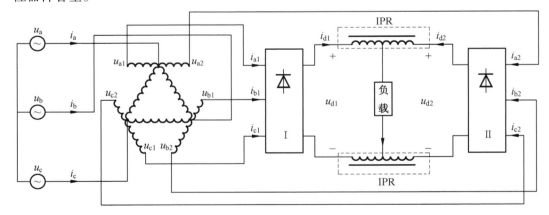

图6.4　使用图6.3 所示变压器和双 IPR 的六相全桥整流器

6.2.1　输出电压分析

图 6.4 中,整流桥 Ⅰ 和整流桥 Ⅱ 的输出电压 u_{d1} 和 u_{d2} 可以表示为

$$\begin{cases} u_{d1} = s_{a1}(t)u_{a1}(t) + s_{b1}(t)u_{b1}(t) + s_{c1}(t)u_{c1}(t) \\ u_{d2} = s_{a2}(t)u_{a2}(t) + s_{b2}(t)u_{b2}(t) + s_{c2}(t)u_{c2}(t) \end{cases} \tag{6.4}$$

其中, $s_{a1}(t)$ 、$s_{a2}(t)$ 、$s_{b1}(t)$ 、$s_{b2}(t)$ 、$s_{c1}(t)$ 、$s_{c2}(t)$ 分别表示 a1、a2、b1、b2、c1、c2 相的映射函数。

图 6.5 所示为映射函数 $s_{a1}(t)$ 的时域定义。因此, $s_{a1}(t)$ 可以表示为

$$s_{a1}(t) = \frac{1}{2}\{\mathrm{sgn}[u_{a1}(t) - u_{c1}(t)] - \mathrm{sgn}[u_{b1}(t) - u_{a1}(t)]\} \tag{6.5}$$

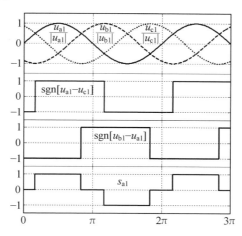

图 6.5　映射函数 $s_{a1}(t)$ 的时域定义

类似地,其他各相的映射函数可以表示为

$$\begin{cases} s_{b1}(t) = \dfrac{1}{2}\{\mathrm{sgn}[u_{b1}(t) - u_{a1}(t)] - \mathrm{sgn}[u_{c1}(t) - u_{b1}(t)]\} \\[2mm] s_{c1}(t) = \dfrac{1}{2}\{\mathrm{sgn}[u_{c1}(t) - u_{b1}(t)] - \mathrm{sgn}[u_{a1}(t) - u_{c1}(t)]\} \\[2mm] s_{a2}(t) = \dfrac{1}{2}\{\mathrm{sgn}[u_{a2}(t) - u_{c2}(t)] - \mathrm{sgn}[u_{b2}(t) - u_{a2}(t)]\} \\[2mm] s_{b2}(t) = \dfrac{1}{2}\{\mathrm{sgn}[u_{b2}(t) - u_{a2}(t)] - \mathrm{sgn}[u_{c2}(t) - u_{b2}(t)]\} \\[2mm] s_{c2}(t) = \dfrac{1}{2}\{\mathrm{sgn}[u_{c2}(t) - u_{b2}(t)] - \mathrm{sgn}[u_{a2}(t) - u_{c2}(t)]\} \end{cases} \tag{6.6}$$

式(6.5)和式(6.6)所示映射函数可以进一步整理为

$$\begin{cases} s_{a1}(t) = \dfrac{1}{2}\{\mathrm{sgn}[u_{a1b1}(t)] - \mathrm{sgn}[u_{c1a1}(t)]\} \\[2mm] s_{b1}(t) = \dfrac{1}{2}\{\mathrm{sgn}[u_{b1c1}(t)] - \mathrm{sgn}[u_{a1b1}(t)]\} \\[2mm] s_{c1}(t) = \dfrac{1}{2}\{\mathrm{sgn}[u_{c1a1}(t)] - \mathrm{sgn}[u_{b1c1}(t)]\} \\[2mm] s_{a2}(t) = \dfrac{1}{2}\{\mathrm{sgn}[u_{a2b2}(t)] - \mathrm{sgn}[u_{c2a2}(t)]\} \\[2mm] s_{b2}(t) = \dfrac{1}{2}\{\mathrm{sgn}[u_{b2c2}(t)] - \mathrm{sgn}[u_{a2b2}(t)]\} \\[2mm] s_{c2}(t) = \dfrac{1}{2}\{\mathrm{sgn}[u_{c2a2}(t)] - \mathrm{sgn}[u_{b2c2}(t)]\} \end{cases} \tag{6.7}$$

将式(6.7)代入式(6.4),可以得到整流桥Ⅰ和整流桥Ⅱ的输出电压为

$$
\begin{cases}
u_{d1} = \dfrac{1}{2}\{u_{c1a1}(t)\,\mathrm{sgn}[u_{c1a1}(t)] + u_{a1b1}(t)\,\mathrm{sgn}[u_{a1b1}(t)] + u_{b1c1}(t)\,\mathrm{sgn}[u_{b1c1}(t)]\}\\[2mm]
u_{d2} = \dfrac{1}{2}\{u_{c2a2}(t)\,\mathrm{sgn}[u_{c2a2}(t)] + u_{a2b2}(t)\,\mathrm{sgn}[u_{a2b2}(t)] + u_{b2c2}(t)\,\mathrm{sgn}[u_{b2c2}(t)]\}
\end{cases}
$$

$$(6.8)$$

根据图 6.2 所示的自耦变压器电压相量图,可以假设两组整流桥输入线电压满足

$$
\begin{cases}
u_{a1b1} = 2U_{LL}\sin\left(\omega t + \dfrac{1}{4}\pi\right)\\[2mm]
u_{b1c1} = 2U_{LL}\sin\left(\omega t - \dfrac{2}{3}\pi + \dfrac{1}{4}\pi\right)\\[2mm]
u_{c1a1} = 2U_{LL}\sin\left(\omega t + \dfrac{2}{3}\pi + \dfrac{1}{4}\pi\right)
\end{cases}
\quad
\begin{cases}
u_{a2b2} = 2U_{LL}\sin\left(\omega t - \dfrac{1}{4}\pi\right)\\[2mm]
u_{b2c2} = 2U_{LL}\sin\left(\omega t - \dfrac{2}{3}\pi - \dfrac{1}{4}\pi\right)\\[2mm]
u_{c2a2} = 2U_{LL}\sin\left(\omega t + \dfrac{2}{3}\pi - \dfrac{1}{4}\pi\right)
\end{cases}
\quad (6.9)
$$

其中,U_{LL} 为输入线电压有效值。

将式(6.9)代入式(6.8),可以得到

$$
\begin{cases}
u_{d1} = U_{LL}\left\{\left|\sin\left(\omega t + \dfrac{2}{3}\pi + \dfrac{1}{4}\pi\right)\right| + \left|\sin\left(\omega t + \dfrac{1}{4}\pi\right)\right| + \left|\sin\left(\omega t - \dfrac{2}{3}\pi + \dfrac{1}{4}\pi\right)\right|\right\}\\[2mm]
u_{d2} = U_{LL}\left\{\left|\sin\left(\omega t + \dfrac{2}{3}\pi - \dfrac{1}{4}\pi\right)\right| + \left|\sin\left(\omega t - \dfrac{1}{4}\pi\right)\right| + \left|\sin\left(\omega t - \dfrac{2}{3}\pi - \dfrac{1}{4}\pi\right)\right|\right\}
\end{cases}
$$

$$(6.10)$$

根据式(6.10)可以得到输出电压分段表达式为

$$
u_d = \begin{cases}
\dfrac{\sqrt{6}+\sqrt{2}}{2}U_{LL}\cos\left(\omega t - k\dfrac{\pi}{6}\right) & \left[\dfrac{k\pi}{6},\dfrac{k\pi}{6}+\dfrac{\pi}{12}\right]\\[3mm]
\dfrac{\sqrt{6}+\sqrt{2}}{2}U_{LL}\cos\left(\omega t - \dfrac{\pi}{6} - k\dfrac{\pi}{6}\right) & \left[\dfrac{k\pi}{6}+\dfrac{\pi}{12},\dfrac{k\pi}{6}+\dfrac{2\pi}{12}\right]
\end{cases}
$$

$$(6.11)$$

其中,k 为自然数。

由式(6.11)可得六相整流器输出电压理论波形,如图 6.6 所示。由图 6.6 可知,移相角为 $\pi/2$ 时,输出电压一个周期内含有 12 个波头,且各波头周期相等。

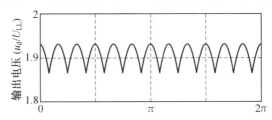

图 6.6　移相角为 $\pi/2$ 时的输出电压理论波形

6.2.2　输入电流分析

图 6.3 中,根据基尔霍夫电流定律,可以得到

$$\begin{cases} i_\mathrm{a} + i_3 = i_\mathrm{a1} + i_\mathrm{a2} + i_1 \\ i_\mathrm{b} + i_1 = i_\mathrm{b1} + i_\mathrm{b2} + i_2 \\ i_\mathrm{c} + i_2 = i_\mathrm{c1} + i_\mathrm{c2} + i_3 \end{cases} \tag{6.12}$$

根据安匝平衡可以得到

$$\begin{cases} \sqrt{3}\, i_3 = i_\mathrm{b2} - i_\mathrm{b1} \\ \sqrt{3}\, i_2 = i_\mathrm{a2} - i_\mathrm{a1} \\ \sqrt{3}\, i_1 = i_\mathrm{c2} - i_\mathrm{c1} \end{cases} \tag{6.13}$$

将式(6.13)代入式(6.12)可以得到

$$\begin{cases} i_\mathrm{a} = i_\mathrm{a1} + i_\mathrm{a2} + \dfrac{1}{\sqrt{3}}(i_\mathrm{c2} + i_\mathrm{b1} - i_\mathrm{c1} - i_\mathrm{b2}) \\[2mm] i_\mathrm{b} = i_\mathrm{b1} + i_\mathrm{b2} + \dfrac{1}{\sqrt{3}}(i_\mathrm{a2} + i_\mathrm{c1} - i_\mathrm{a1} - i_\mathrm{c2}) \\[2mm] i_\mathrm{c} = i_\mathrm{c1} + i_\mathrm{c2} + \dfrac{1}{\sqrt{3}}(i_\mathrm{b2} + i_\mathrm{a1} - i_\mathrm{b1} - i_\mathrm{a2}) \end{cases} \tag{6.14}$$

式(6.14)给出了输入电流的表达式。在大电感负载下,假设输出电流无纹波,可以认为输出电流为恒值 I_d,输入电流可以表示为

$$\begin{cases} i_\mathrm{a} = \dfrac{1}{2} I_\mathrm{d} \left[s_\mathrm{a1} + s_\mathrm{a2} + \dfrac{1}{\sqrt{3}}(s_\mathrm{c2} + s_\mathrm{b1} - s_\mathrm{c1} - s_\mathrm{b2}) \right] \\[2mm] i_\mathrm{b} = \dfrac{1}{2} I_\mathrm{d} \left[s_\mathrm{b1} + s_\mathrm{b2} + \dfrac{1}{\sqrt{3}}(s_\mathrm{a2} + s_\mathrm{c1} - s_\mathrm{a1} - s_\mathrm{c2}) \right] \\[2mm] i_\mathrm{c} = \dfrac{1}{2} I_\mathrm{d} \left[s_\mathrm{c1} + s_\mathrm{c2} + \dfrac{1}{\sqrt{3}}(s_\mathrm{b2} + s_\mathrm{a1} - s_\mathrm{b1} - s_\mathrm{a2}) \right] \end{cases} \tag{6.15}$$

根据式(6.7)和式(6.9)可以得到各相映射函数及其相位关系,如图 6.7 所示。

根据式(6.15)和图 6.7 可得 a 相输入电流理论波形,如图 6.8 所示。

根据图 6.6 和图 6.8 可知,输出电压含有 12 个波头,输入电流为 12 阶等宽度阶梯波,这表明自耦变压器移相角为 $\pi/2$ 时,六相全桥整流器可以形成 12 脉波整流。

6.2.3　磁性器件容量分析

由图 6.4 可知,整流器含有两种磁性器件,分别为自耦变压器和 IPR。下面分别计算这两种磁性器件的容量。

1. 自耦变压器容量计算

根据式(6.11),可以得到输出电压有效值为

$$U_\mathrm{d} = \frac{\sqrt{3} + 1}{2} \sqrt{\frac{\pi + 3}{\pi}} U_\mathrm{LL} \tag{6.16}$$

根据自耦变压器结构图,可以得到原边绕组电压有效值为 U_LL,副边电压有效值为 $U_\mathrm{LL}/\sqrt{3}$ 。

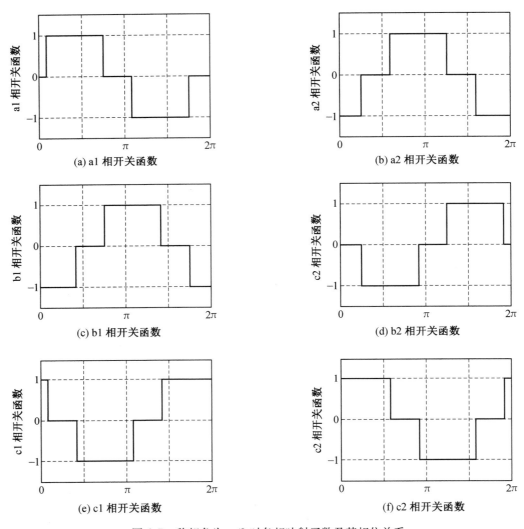

图 6.7　移相角为 π/2 时各相映射函数及其相位关系

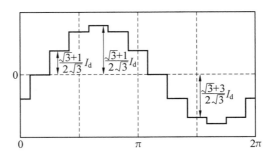

图 6.8　移相角为 π/2 时 a 相输入电流理论波形

根据映射函数的定义,副边绕组电流可以表示为

$$i_{a1} = \frac{1}{2} I_d s_{a1} \tag{6.17}$$

因此,副边电流有效值为

$$I_{a1} = \frac{\sqrt{6}}{6} I_d \tag{6.18}$$

根据式(6.13),可以得到原边绕组电流表达式为

$$i_1 = \frac{s_{c2} - s_{c1}}{2\sqrt{3}} I_d \tag{6.19}$$

因此,原边绕组电流有效值为

$$I_1 = \frac{1}{3} I_d \tag{6.20}$$

经计算,自耦变压器的容量为

$$S_{kVA1} = \frac{1 + \sqrt{2}}{2} U_{LL} I_d \tag{6.21}$$

将式(6.16)代入式(6.21),可以得到

$$S_{kVA1} = \frac{(1 + \sqrt{2})\sqrt{\pi}}{(1 + \sqrt{3})\sqrt{\pi + 3}} U_d I_d \tag{6.22}$$

定义负载功率 P_o 为

$$P_o = U_d I_d \tag{6.23}$$

移相角为 π/2 时,自耦变压器的等效容量为

$$S_{eq1} = \frac{S_{kVA1}}{P_o} = \frac{(1 + \sqrt{2})\sqrt{\pi}}{(1 + \sqrt{3})\sqrt{\pi + 3}} \approx 0.632\,0 \tag{6.24}$$

因此,自耦变压器容量占负载功率的63.2%。

2. IPR 容量计算

根据式(6.10)可得一个周期内 IPR 的端电压为

$$u_m = \begin{cases} (\sqrt{6} - \sqrt{2}) U_{LL}\sin(\omega t + \pi) & [0, \frac{\pi}{12}] \\ (\sqrt{6} - \sqrt{2}) U_{LL}\sin(\omega t - \frac{\pi}{6}) & [\frac{\pi}{12}, \frac{3\pi}{12}] \\ (\sqrt{6} - \sqrt{2}) U_{LL}\sin(\omega t + \frac{2\pi}{3}) & [\frac{3\pi}{12}, \frac{4\pi}{12}] \end{cases} \tag{6.25}$$

因此,IPR 端电压有效值为

$$U_m = (\sqrt{3} - 1) U_{LL} \tag{6.26}$$

流过 IPR 的电流的有效值为 $I_d/2$。

经计算,IPR 容量为

$$S_{kVA2} = \frac{\sqrt{\pi}(2 - \sqrt{3})}{2\sqrt{\pi + 3}} U_d I_d \tag{6.27}$$

IPR 等效容量为

$$S_{eq2} = \frac{S_{kVA2}}{P_o} = \frac{\sqrt{\pi}(2-\sqrt{3})}{2\sqrt{\pi+3}} \approx 0.095\,8 \tag{6.28}$$

由于图 6.4 所示的整流器中使用了两个 IPR,因此,IPR 容量占负载功率的 19.16% 。

6.2.4 新型升压变压器与其他整流变压器的对比分析

1. 与移相角为 π/6 的三角形连接自耦变压器的对比

当移相角为 π/6 时,三角形连接自耦变压器若要实现与图 6.3 所示变压器相同的升压效果,其结构应如图 6.9 所示。

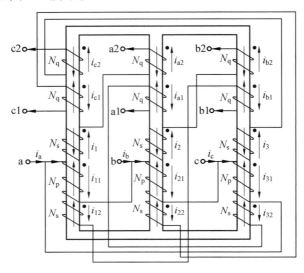

图 6.9 移相角为 π/6 时的三角形连接自耦变压器绕组结构

在大电感负载下,经计算,得到各绕组电流有效值为

$$\begin{cases} I_1 = I_{12} = I_{c1} = I_{c2} = \dfrac{\sqrt{6}}{6}I_d \\ I_{11} = \dfrac{\sqrt{5-2\sqrt{3}}\,I_d}{6} \end{cases} \tag{6.29}$$

各绕组端电压有效值为

$$U_1 = U_{12} = \frac{\sqrt{3}-1}{3}U_{LL}, \quad U_{11} = U_{LL}, \quad U_{c1} = U_{c2} = \frac{1}{3}U_{LL} \tag{6.30}$$

因此变压器容量为

$$S_1 = \frac{\sqrt{\pi}(2\sqrt{2}+\sqrt{5-2\sqrt{3}})P_o}{2(\sqrt{3}+1)\sqrt{3+\pi}} \approx 0.532\,4P_o \tag{6.31}$$

因此,若使用图 6.9 所示的变压器实现相同的升压效果,其等效容量为 53.24% ,该值小于 63.2% 。但分析图 6.9 所示变压器结构可知:

(1)变压器绕组之间交互连接,一个芯柱上含有 5 个绕组,设计和制造难度较大,且

制造时难以保证变压器结构的对称性。

（2）变压器每相 5 个绕组，且各绕组交互连接，材料利用率明显降低，设计容量显著增大。

2. 与隔离式整流变压器的对比

在文献［21］中，Sewan. Choi 等经计算得到隔离式变压器应用于六相整流器时，变压器等效容量约为 105%，该值大于 63.2%。对比图 2.4 所示的 △/Y/△ 整流变压器和图 6.3 所示的三角形连接自耦变压器可知，若要实现相同的升压效果，图 2.4 所示变压器原、副边变比为 $\sqrt{3}:\sqrt{2}:\sqrt{6}$，而图 6.3 所示变压器原、副边变比为 $\sqrt{3}:1:1$。因此，图 6.3 所示变压器具有更好的对称性和更小的等效容量。

因此，综合上述分析，在升压场合应优先考虑图 6.3 所示的变压器结构。

6.3　升压型多脉波整流器的性能验证

为验证新型升压型多相整流器的性能，设计了移相角为 π/2 的三角形连接自耦变压器，为便于对比分析，同时设计了移相角为 π/6 的三角形连接自耦变压器，并进行了相关的仿真和实验。其中，移相角为 π/2 的变压器容量为 6 kV·A，移相角为 π/6 的变压器容量为 1 kV·A。仿真和实验条件为：

（1）输入线电压为 250 V。

（2）负载电阻为 25.7 Ω，负载电感为 6 mH。

6.3.1　输入电流的仿真和实验分析

当六相全桥整流器使用移相角为 π/2 的三角形连接自耦变压器时，图 6.10 和图 6.11 所示分别为输入电流及其 THD 值的仿真和实验结果。

当六相全桥整流器使用移相角为 π/6 的三角形连接自耦变压器时，图 6.12 和图 6.13 所示分别为输入电流及其 THD 值的仿真和实验结果。

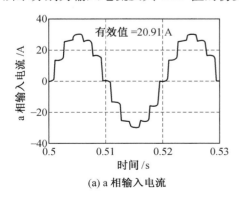
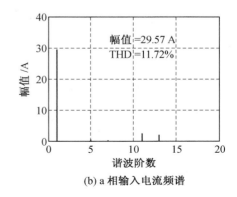

(a) a 相输入电流　　　　　　　　　　(b) a 相输入电流频谱

图 6.10　移相角为 π/2 时六相全桥整流器输入电流及其 THD 值（仿真结果）

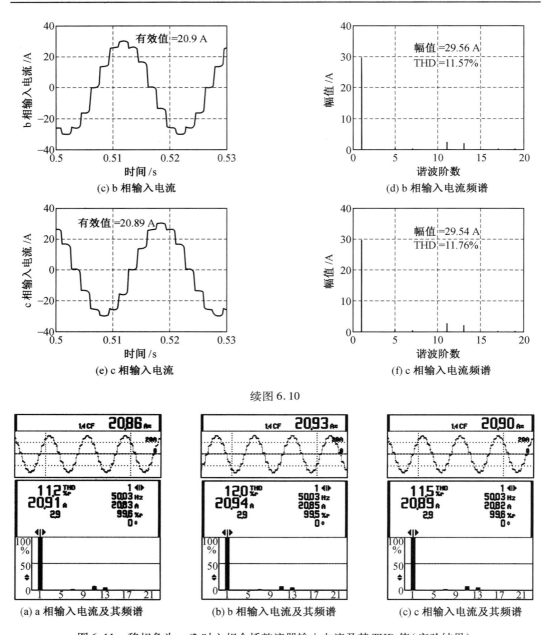

续图 6.10

图 6.11　移相角为 π/2 时六相全桥整流器输入电流及其 THD 值(实验结果)

对比分析图 6.10 ~ 图 6.13 可知,当自耦变压器移相角为 π/2 时,六相全桥整流器输入电流 THD 值与变压器移相角等于 π/6 时相同,这表明自耦变压器相角为 π/2 时,六相全桥整流器可以实现 12 脉波整流。由于移相角为 π/2 时变压器为升压变压器,而移相角为 π/6 时变压器输入与输出电压近似相等,因此,移相角为 π/2 时输入电流要显著大于移相角为 π/6 时的输入电流。

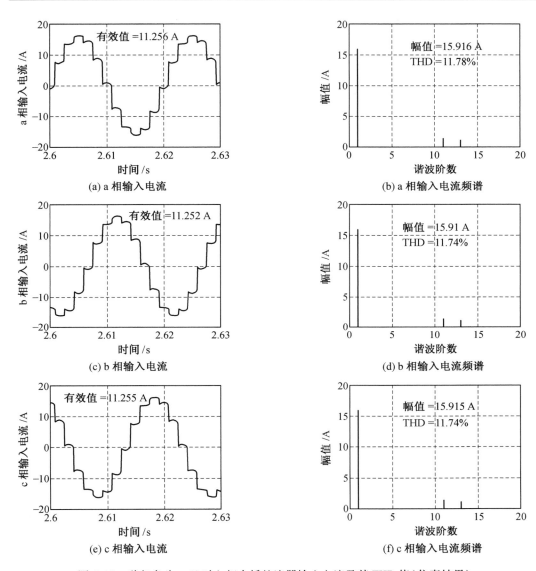

图 6.12　移相角为 π/6 时六相全桥整流器输入电流及其 THD 值(仿真结果)

6.3.2　自耦变压器容量的仿真和实验验证

图 6.14 和图 6.15 所示分别为移相角为 π/2 的自耦变压器原边绕组电流的仿真结果和实验结果。

经计算,移相角为 π/2 时原边绕组容量仿真值为 2 318.3 V·A,实验值为 2 309.4 V·A。

图 6.16 和图 6.17 所示分别为移相角为 π/6 的自耦变压器原边绕组电流的仿真结果和实验结果。

经计算,移相角为 π/6 时原边绕组容量仿真值为 249.2 V·A,实验值为 249.2 V·A。

图 6.18 和图 6.19 所示分别为移相角为 π/2 的自耦变压器副边绕组电压和电流的仿

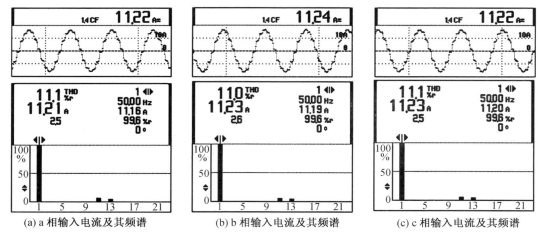

(a) a 相输入电流及其频谱　　　　(b) b 相输入电流及其频谱　　　　(c) c 相输入电流及其频谱

图 6.13　移相角为 $\pi/6$ 时六相全桥整流器输入电流及其 THD 值(实验结果)

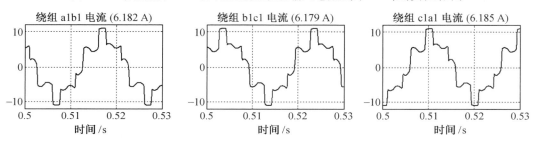

图 6.14　移相角为 $\pi/2$ 的三角形连接自耦变压器原边绕组电流(仿真结果)

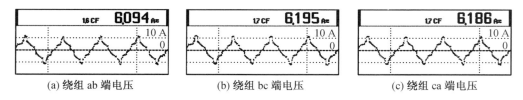

(a) 绕组 ab 端电压　　　　(b) 绕组 bc 端电压　　　　(c) 绕组 ca 端电压

图 6.15　移相角为 $\pi/2$ 的三角形连接自耦变压器原边绕组电流(实验结果)

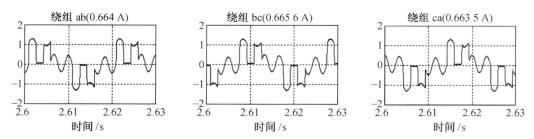

图 6.16　移相角为 $\pi/6$ 的三角形连接自耦变压器原边绕组电流(仿真结果)

真结果和实验结果。

　　经计算,移相角为 $\pi/2$ 时副边绕组容量仿真值为 3 330.1 V·A,实验值为 3 346.6 V·A。

　　图 6.20 和图 6.21 所示分别为移相角为 $\pi/6$ 的自耦变压器副边绕组电压和电流的仿

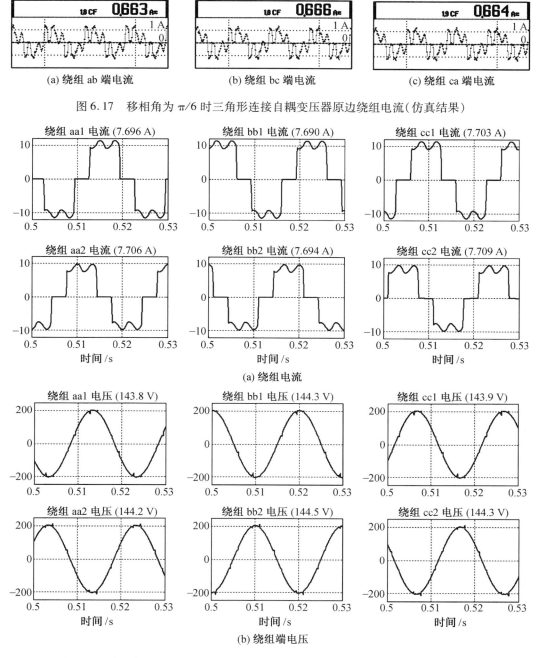

(a) 绕组 ab 端电流　　　(b) 绕组 bc 端电流　　　(c) 绕组 ca 端电流

图 6.17　移相角为 $\pi/6$ 时三角形连接自耦变压器原边绕组电流(仿真结果)

(a) 绕组电流

(b) 绕组端电压

图 6.18　移相角为 $\pi/2$ 时三角形连接自耦变压器副边绕组电压和电流(仿真结果)

真结果和实验结果。

　　当六相全桥整流器使用移相角为 $\pi/2$ 的三角形连接自耦变压器时,图 6.22 和图 6.23 所示分别为输出电压和电流的仿真和实验结果。

　　经计算,移相角为 $\pi/2$ 时负载功率仿真值为 9 141.4 W,实验值为 9 123.9 V·A。

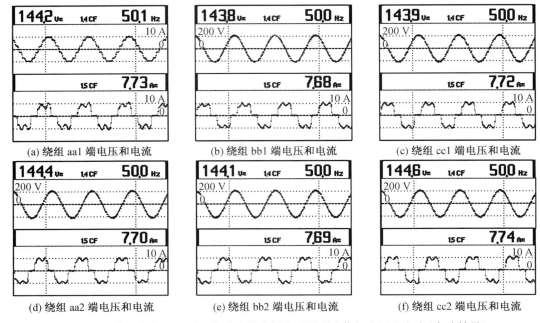

　　　(a) 绕组 aa1 端电压和电流　　　(b) 绕组 bb1 端电压和电流　　　(c) 绕组 cc1 端电压和电流

　　　(d) 绕组 aa2 端电压和电流　　　(e) 绕组 bb2 端电压和电流　　　(f) 绕组 cc2 端电压和电流

图 6.19　移相角为 π/2 时三角形连接自耦变压器副边绕组电压和电流(实验结果)

　　当六相全桥整流器使用移相角为 π/6 的三角形连接自耦变压器时,图 6.24 和图 6.25 所示分别为输出电压和电流的仿真和实验结果。

　　经计算,移相角为 π/6 时副边绕组容量仿真值为 625.4 V·A,实验值为 623.8 V·A。

　　经计算,移相角为 π/6 时负载功率仿真值为 4 893.5 W,实验值为 4 914.4 W。

　　根据上述计算,可得到移相角为 π/2 时,自耦变压器等效容量仿真值为 61.8%,实验值为 62%;移相角为 π/6 时,自耦变压器等效容量仿真值为 17.87%,实验值为 17.76%。上述结果与理论分析相一致,这表明了变压器设计的正确性。

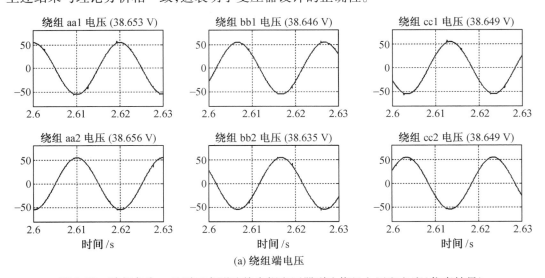

(a) 绕组端电压

图 6.20　移相角为 π/6 时三角形连接自耦变压器副边绕组电压和电流(仿真结果)

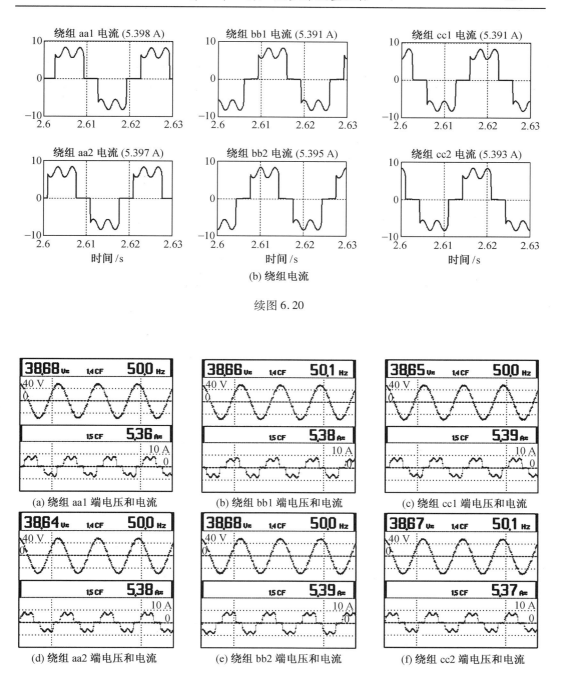

(b) 绕组电流

续图 6.20

(a) 绕组 aa1 端电压和电流　(b) 绕组 bb1 端电压和电流　(c) 绕组 cc1 端电压和电流

(d) 绕组 aa2 端电压和电流　(e) 绕组 bb2 端电压和电流　(f) 绕组 cc2 端电压和电流

图 6.21　移相角为 π/6 时三角形连接自耦变压器副边绕组电压和电流(实验结果)

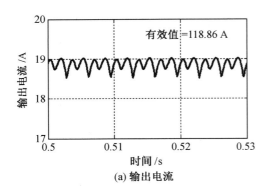
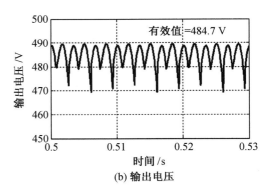

(a) 输出电流　　　　　　　　　　　　　　(b) 输出电压

图 6.22　移相角为 π/2 时六相整流器输出电压和电流(仿真结果)

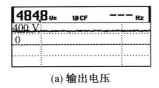
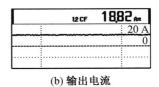

(a) 输出电压　　　　　　　　　　　　　　(b) 输出电流

图 6.23　移相角为 π/2 时六相整流器输出电压和电流(实验结果)

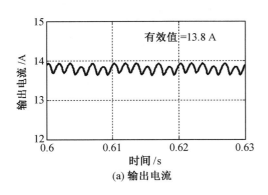
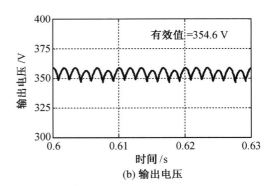

(a) 输出电流　　　　　　　　　　　　　　(b) 输出电压

图 6.24　移相角为 π/6 时六相整流器输出电压和电流(仿真结果)

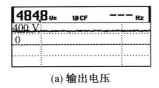
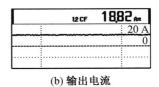

(a) 输出电压　　　　　　　　　　　　　　(b) 输出电流

图 6.25　移相角为 π/6 时六相整流器输出电压和电流(实验结果)

6.4 本章小结

针对移相角为 $\pi/6$ 的三角形连接自耦变压器输入、输出电压近似相等、不能升压的问题,本章扩展了自耦变压器的移相角,提出了移相角为 $\pi/2$ 的三角形连接自耦变压器的绕组结构,该绕组结构可实现自耦变压器的升压功能。同时,本章进一步分析了自耦变压器移相角为 $\pi/2$ 时的输出电压、输入电流以及磁性器件容量,并与其他具有相同升压比的变压器进行了对比。

第7章 基于非常规平衡电抗器的直流侧谐波抑制方法

常规平衡电抗器用于并联连接的整流电路中,吸收两组整流电路输出电压的瞬时差,以保证并联的两组整流电路能够同时导电,每组承担一半负载电流。非常规平衡电抗器具有原边绕组和副边绕组,原边绕组按照抽头式平衡电抗器的方式工作,作为第一级谐波抑制方法;副边绕组与副边整流电路相连可增加整流系统的输出模式,从而增加整流器输入线电流的台阶数和输出负载电压的脉波数,作为第二级谐波抑制方法。

非常规平衡电抗器的原边抽头数量,直接影响其工作模式和控制方式,这使得整流器直流侧谐波抑制方法也不相同。本章根据非常规平衡电抗器的原边抽头数量,分别介绍非常规平衡电抗器的基本结构、工作模式、最优设计以及直流侧混合谐波抑制方法。

7.1 非常规平衡电抗器的基本结构

具有非常规平衡电抗器的并联型整流系统如图 7.1 所示,由移相变压器、整流单元、非常规平衡电抗器和副边整流电路组成。非常规平衡电抗器副边绕组连接的整流电路并联在负载两端,当副边整流电路正常工作时,能够增加整流系统输出电压的脉波数,同时增加输入电流的脉波数,并降低输入电流的 THD 值,属于直流侧谐波抑制方法。

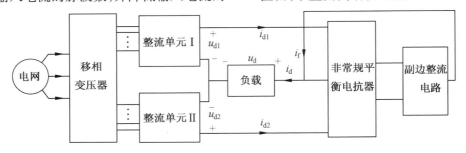

图 7.1 具有非常规平衡电抗器的并联型整流系统

非常规平衡电抗器的主要作用如下:

(1)当副边整流电路不工作时,非常规平衡电抗器吸收两组整流单元输出电压的瞬时值之差,保证两组并联整流单元独立工作,平均分配负载电流。

(2)当副边整流电路工作时,非常规平衡电抗器与其中一个整流单元共同为负载供电,并对该整流单元的输出电流和输出电压进行调节,增加其输出模式,为整流器的脉波倍增提供条件。

　　根据原边抽头数量,非常规平衡电抗器的基本结构可分为单抽头、两抽头和多抽头等形式。根据结构最优的原则,副边整流电路可采用单相全波整流电路或单相全桥整流电路。

　　非常规平衡电抗器的原边抽头位置与原副边绕组匝数定义如图 7.2 所示,其中 N_1 为原边绕组匝数,N_2 为副边绕组匝数。非常规平衡电抗器的原边抽头位置仅为中心抽头 O 时,为单抽头形式;原边抽头位置为 3 和 4 或 1 和 2 时,为两抽头形式;原边抽头位置为 3、O、4 或 1、O、2 时,为三抽头形式,依此类推。非常规平衡电抗器的副边绕组是否引出中心抽头取决于副边整流电路的结构,当副边连接单相全波整流电路时,需要引出中心抽头,当副边连接单相全桥整流电路时,则不需要引出中心抽头。

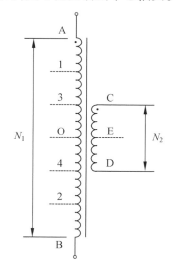

图 7.2　非常规平衡电抗器原边抽头位置与原副边绕组匝数定义示意图

7.2　直流侧脉波倍增电路

　　非常规平衡电抗器的副边绕组和副边整流电路构成直流侧脉波倍增电路,是基于非常规平衡电抗器的直流侧混合谐波抑制方法的关键和基础,参见我国发明专利“应用于并联型二极管整流器的直流侧脉波增倍电路”[62]。具有直流侧脉波倍增电路的 24 脉波整流系统如图 7.3 所示,由非常规平衡电抗器和单相全波整流器(Single-phase Full-wave Rectifier,SFR)组成的直流侧脉波倍增电路[63]。非常规平衡电抗器的原边绕组按照传统平衡电抗器的方式工作,副边绕组与单相全波整流电路相连,组成无源谐波抑制方法[64,65]。移相变压器和 ZSBT 的原理及设计过程与前述内容一致。为了明确该系统直流侧无源谐波抑制机理,下面分析直流侧脉波倍增电路的原理和工作模式。

7.2.1　直流侧脉波倍增电路工作原理

　　直流侧脉波倍增电路如图 7.4 所示。假设带中心抽头和副边绕组的非常规平衡电抗

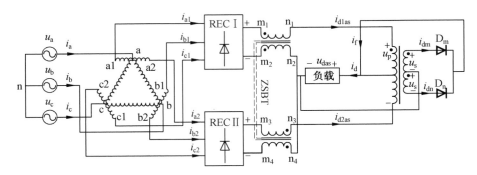

图 7.3　具有直流侧脉波倍增电路的 24 脉波整流系统

器负载侧的绕组总匝数为 N_p,二极管侧绕组匝数分别为 N_{s1} 和 N_{s2},且二者相等,定义为 N_s,二极管侧的输出电压为 u_s,二极管分别为 D_m 和 D_n。假设在大电感负载条件下,整流系统输出电流为 I_{das},负载电压为 u_d,流经二极管 D_m 和 D_n 的电流分别是 i_{dm} 和 i_{dn}。

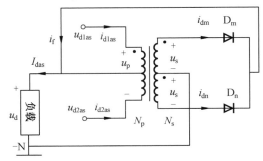

图 7.4　直流侧脉波倍增电路

　　直流侧脉波倍增电路在整流系统中主要起到两个作用:

　　(1)当 SFR 处于截止状态时,非常规平衡电抗器按照传统的常规平衡电抗器方式工作,吸收两组整流单元输出电压的瞬时值之差,使它们的输出电压瞬时值相等,保证两组并联整流单元独立工作,平均分配负载电流,实现整流单元并联工作的目的。

　　(2)当 SFR 处于导通状态时,非常规平衡电抗器与其中一个整流单元共同为负载供电,并对该整流单元的输出电流和输出电压进行调节,增加其输出模式,为实现整流电路的脉波倍增提供条件。最终会在全桥并联整流器交流侧产生特定电流来抵消网侧输入电流中的特征次谐波,从而实现抑制网侧输入电流谐波的功能。

　　SFR 能够正常导通是实现脉波数倍增的前提条件,而 SFR 能否正常导通由其输入电压与整流电路输出电压的关系决定。为了确保 SFR 能够正常导通,SFR 输入电压的最大值应该不小于整流系统输出电压的最小值。SFR 的输入电压由非常规平衡电抗器原副边匝比决定,为了保证 SFR 能正常导通,非常规平衡电抗器的原副边匝比应该足够大。

　　(1)非常规平衡电抗器的基本方程。

　　图 7.5 所示为非常规平衡电抗器的原理图和结构图。

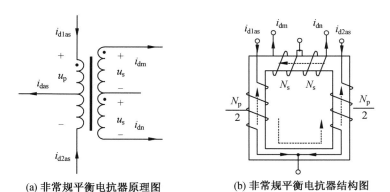

(a) 非常规平衡电抗器原理图　　　　(b) 非常规平衡电抗器结构图

图 7.5　非常规平衡电抗器的原理图和结构图

由于非常规平衡电抗器副边绕组中点处两端的电位相同,互相没有电流差,所以可以将副边绕组中点处断开,形成图 7.6 所示的两个等效副边绕组。非常规平衡电抗器副边绕组所连接的整流电路可用阻抗 Z_{Ls1} 和 Z_{Ls2} 来等效,图 7.6 给出了非常规平衡电抗器的磁路图。

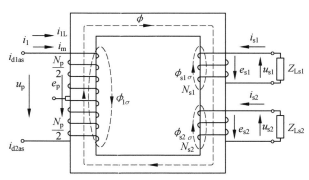

图 7.6　非常规平衡电抗器的磁路图

在图 7.6 中,电流 i_1 的正方向与电压 u_p 的正方向一致,主磁通 ϕ 的正方向与电流 i_1 的正方向符合右手螺旋关系。$\phi_{1\sigma}$、$\phi_{s1\sigma}$ 和 $\phi_{s2\sigma}$ 分别为非常规平衡电抗器原边绕组和副边绕组的漏磁通。

结合图 7.5 可知,副边绕组 N_{s1} 和 N_{s2} 满足

$$N_{s1} = N_{s2} = N_s \tag{7.1}$$

副边绕组 N_{s1} 和 N_{s2} 中的电流 i_{s1} 和 i_{s2} 满足

$$\begin{cases} i_{s1} = -i_{dm} \\ i_{s2} = i_{dn} \end{cases} \tag{7.2}$$

根据电磁感应定律,主磁通 ϕ 在原边和副边绕组内感生的电动势 e_p、e_{s1} 和 e_{s2} 满足

$$\begin{cases} e_{\mathrm{p}} = - N_{\mathrm{p}} \dfrac{\mathrm{d}\phi}{\mathrm{d}t} \\[2mm] e_{\mathrm{s1}} = - N_{\mathrm{s1}} \dfrac{\mathrm{d}\phi}{\mathrm{d}t} \\[2mm] e_{\mathrm{s2}} = - N_{\mathrm{s2}} \dfrac{\mathrm{d}\phi}{\mathrm{d}t} \end{cases} \tag{7.3}$$

由上式可得,原副边绕组的电动势之比为

$$\frac{e_{\mathrm{p}}}{e_{\mathrm{s1}}} = \frac{e_{\mathrm{p}}}{e_{\mathrm{s2}}} = \frac{N_{\mathrm{p}}}{N_{\mathrm{s1}}} = \frac{N_{\mathrm{p}}}{N_{\mathrm{s2}}} = \frac{N_{\mathrm{p}}}{N_{\mathrm{s}}} \tag{7.4}$$

漏磁通 $\phi_{1\sigma}$、$\phi_{\mathrm{s1}\sigma}$ 和 $\phi_{\mathrm{s2}\sigma}$ 在原边绕组和副边绕组产生的电动势 $e_{\mathrm{p}\sigma}$、$e_{\mathrm{s1}\sigma}$ 和 $e_{\mathrm{s2}\sigma}$ 满足

$$\begin{cases} e_{\mathrm{p}\sigma} = - N_{\mathrm{p}} \dfrac{\mathrm{d}\phi_{1\sigma}}{\mathrm{d}t} = - L_{\mathrm{p}\sigma} \dfrac{\mathrm{d}i_1}{\mathrm{d}t} \\[2mm] e_{\mathrm{s1}\sigma} = - N_{\mathrm{s1}} \dfrac{\mathrm{d}\phi_{\mathrm{s1}\sigma}}{\mathrm{d}t} = - L_{\mathrm{s1}\sigma} \dfrac{\mathrm{d}i_{\mathrm{s1}}}{\mathrm{d}t} \\[2mm] e_{\mathrm{s2}\sigma} = - N_{\mathrm{s2}} \dfrac{\mathrm{d}\phi_{\mathrm{s2}\sigma}}{\mathrm{d}t} = - L_{\mathrm{s2}\sigma} \dfrac{\mathrm{d}i_{\mathrm{s2}}}{\mathrm{d}t} \end{cases} \tag{7.5}$$

上式中,$L_{\mathrm{p}\sigma}$、$L_{\mathrm{s1}\sigma}$ 和 $L_{\mathrm{s2}\sigma}$ 分别为原边和副边绕组的漏感。

根据基尔霍夫电压定律和图 7.6 中所示的正方向,可得非常规平衡电抗器原边和副边绕组的电压方程为

$$\begin{cases} u_{\mathrm{p}} = i_1 R_{\mathrm{p}} + L_{\mathrm{p}\sigma} \dfrac{\mathrm{d}i_1}{\mathrm{d}t} - e_{\mathrm{p}} \\[2mm] e_{\mathrm{s1}\sigma} = i_{\mathrm{s1}} R_{\mathrm{s1}} + L_{\mathrm{s1}\sigma} \dfrac{\mathrm{d}i_{\mathrm{s1}}}{\mathrm{d}t} + u_{\mathrm{s1}} \\[2mm] e_{\mathrm{s2}\sigma} = i_{\mathrm{s2}} R_{\mathrm{s2}} + L_{\mathrm{s2}\sigma} \dfrac{\mathrm{d}i_{\mathrm{s2}}}{\mathrm{d}t} + u_{\mathrm{s2}} \end{cases} \tag{7.6}$$

由于线圈绕组的阻抗压降通常很小,因而可以近似忽略,由上式可得

$$\left| \frac{u_{\mathrm{p}}}{u_{\mathrm{s1}}} \right| = \left| \frac{u_{\mathrm{p}}}{u_{\mathrm{s2}}} \right| \approx \frac{e_{\mathrm{p}}}{e_{\mathrm{s2}}} = \frac{e_{\mathrm{p}}}{e_{\mathrm{s1}}} = \frac{N_{\mathrm{p}}}{N_{\mathrm{s}}} = \frac{1}{\alpha_{\mathrm{n}}} \tag{7.7}$$

其中,α_{n} 为非常规平衡电抗器的副边绕组与原边绕组的匝数比。由上式可知,非常规平衡电抗器工作时,原副边绕组两端电压成正比,它们具有一致的波形。

如图 7.6 所示,当两组三相桥式整流器的输出电压差 u_{p} 作用到非常规平衡电抗器的原边绕组后,原边绕组中将流过电流 i_1,由非常规平衡电抗器的工作特点可知

$$i_1 = i_{\mathrm{d1as}} - i_{\mathrm{d2as}} = i_{\mathrm{m}} + i_{\mathrm{1L}} \tag{7.8}$$

由上式可知,i_1 中除用以产生主磁通 ϕ 的励磁电流 i_{m} 外,还包括一个负载分量 i_{1L} 用以抵消 i_{s1} 和 i_{s2} 的作用,即 i_{1L} 产生的磁动势与 i_{s1} 和 i_{s2} 产生的磁动势大小相等,符号相反。因此,可得下列磁动势平衡方程:

$$N_{\mathrm{p}} i_{\mathrm{1L}} + N_{\mathrm{s1}} i_{\mathrm{s1}} + N_{\mathrm{s2}} i_{\mathrm{s2}} = 0 \tag{7.9}$$

将式(7.8)两边乘以 N_{p} 可得

$$N_{\mathrm{p}} i_1 = N_{\mathrm{p}} (i_{\mathrm{d1as}} - i_{\mathrm{d2as}}) = N_{\mathrm{p}} (i_{\mathrm{m}} + i_{\mathrm{1L}}) \tag{7.10}$$

结合图 7.5,将式(7.9)代入上式可得

$$N_p i_1 + N_{s_1} i_{s_1} + N_{s_2} i_{s_2} = N_p(i_{d1as} - i_{d2as}) + N_s(i_{dn} - i_{dm}) = N_p i_m \tag{7.11}$$

通常由于产生主磁通 ϕ 的励磁电流 i_m 很小,可以忽略励磁电流 i_m 的影响,因此可得

$$\frac{i_{d1as} - i_{d2as}}{i_m - i_n} = \frac{N_s}{N_p} = \alpha_n \tag{7.12}$$

由上式可知,流过非常规平衡电抗器原副边绕组的电流成正比。

(2)非常规平衡电抗器的临界匝比。

当非常规平衡电抗器原副边绕组匝比小于临界匝比时,SFR 反偏且输入电流为零,整流系统按照常规 12 脉波整流电路工作,根据传统全桥并联整流电路理论可知,此时非常规平衡电抗器原边绕组两端电压 u_p 的周期为输入线电压的 1/6,因而在其一个工作周期 $\omega t \in [0, \pi/3]$ 内,分析该电压与输出电压 u_d 关系即可。非常规平衡电抗器原边绕组两端电压 u_p 和输出电压 u_d 的表达式分别为

$$u_p = \begin{cases} -\sqrt{6-3\sqrt{3}}(\sqrt{6}-\sqrt{2})U_m \sin\left(\omega t - \frac{\pi}{3}k\right), & \omega t \in \left[\frac{\pi}{3}k, \frac{\pi}{3}k + \frac{\pi}{12}\right) \\ \sqrt{6-3\sqrt{3}}(\sqrt{6}-\sqrt{2})U_m \sin\left(\omega t - \frac{\pi}{3}k - \frac{\pi}{6}\right), & \omega t \in \left[\frac{\pi}{3}k + \frac{\pi}{12}, \frac{\pi}{3}k + \frac{\pi}{4}\right) \\ -\sqrt{6-3\sqrt{3}}(\sqrt{6}-\sqrt{2})U_m \sin\left(\omega t - \frac{\pi}{3}k - \frac{\pi}{3}\right), & \omega t \in \left[\frac{\pi}{3}k + \frac{\pi}{4}, \frac{\pi}{3}k + \frac{\pi}{3}\right] \end{cases} \tag{7.13}$$

其中,$k = 0, 1, 2, 3, 4, 5$。

$$u_d = \begin{cases} \sqrt{3}\,U_m \cos\left(\omega t - \frac{\pi}{3}k\right), & \omega t \in \left[\frac{\pi}{3}k, \frac{\pi}{3}k + \frac{\pi}{12}\right) \\ \sqrt{3}\,U_m \cos\left(\omega t - \frac{\pi}{3}k - \frac{\pi}{6}\right), & \omega t \in \left[\frac{\pi}{3}k + \frac{\pi}{12}, \frac{\pi}{3}k + \frac{\pi}{4}\right) \\ \sqrt{3}\,U_m \cos\left(\omega t - \frac{\pi}{3}k - \frac{\pi}{3}\right), & \omega t \in \left[\frac{\pi}{3}k + \frac{\pi}{4}, \frac{\pi}{3}k + \frac{\pi}{3}\right] \end{cases} \tag{7.14}$$

其中,$k = 0, 1, 2, 3, 4, 5$。

当变比 α_n 的值是 1 时,直流侧脉波倍增电路的副边全波整流输出电压满足

$$|u_{AB}| = \begin{cases} \sqrt{6-3\sqrt{3}}(\sqrt{6}-\sqrt{2})U_m \sin\left(\omega t - \frac{\pi}{3}k\right), & \omega t \in \left[\frac{\pi}{3}k, \frac{\pi}{3}k + \frac{\pi}{12}\right) \\ \sqrt{6-3\sqrt{3}}(\sqrt{2}-\sqrt{6})U_m \sin\left(\omega t - \frac{\pi}{3}k - \frac{\pi}{6}\right), & \omega t \in \left[\frac{\pi}{3}k + \frac{\pi}{12}, \frac{\pi}{3}k + \frac{\pi}{4}\right) \\ \sqrt{6-3\sqrt{3}}(\sqrt{6}-\sqrt{2})U_m \sin\left(\omega t - \frac{\pi}{3}k - \frac{\pi}{6}\right), & \omega t \in \left[\frac{\pi}{3}k + \frac{\pi}{12}, \frac{\pi}{3}k + \frac{\pi}{4}\right) \\ \sqrt{6-3\sqrt{3}}(\sqrt{2}-\sqrt{6})U_m \sin\left(\omega t - \frac{\pi}{3}k - \frac{\pi}{3}\right), & \omega t \in \left[\frac{\pi}{3}k + \frac{\pi}{4}, \frac{\pi}{3}k + \frac{\pi}{3}\right] \end{cases} \tag{7.15}$$

其中,$u_{AB} = u_p$;$k = 0, 1, 2, 3, 4, 5$。

为便于分析 u_d 和 u_{AB} 的关系,图 7.7 给出其在一个工频周期内的波形。从图中可得

知 u_{AB} 的周期是工频供电电压的 $1/6$，u_d 的周期是工频供电电压的 $1/12$。

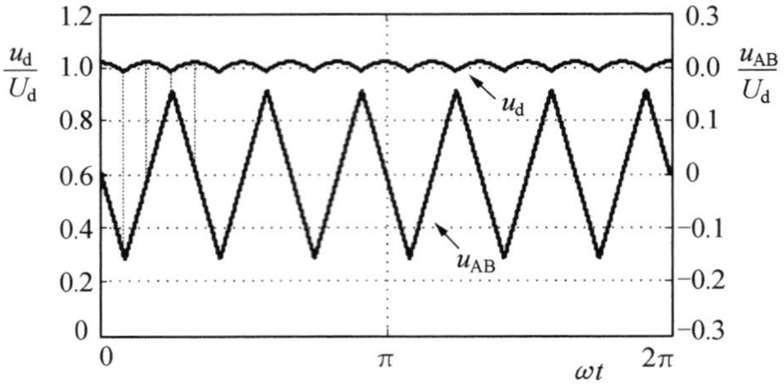

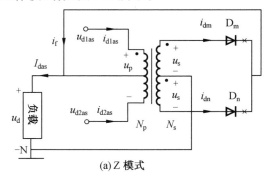

图 7.7　负载输出和非常规平衡电抗器原边绕组电压

通过观察图 7.7 可知，u_d 取得最小值时刻与 $|u_{AB}|$ 取得最大值时刻相对应。通过分析式（7.14）可知 u_d 的最小值是 $(2+\sqrt{3})\pi/12U_d$，同理通过分析式（7.15）也易知 $|u_{AB}|$ 的最大值是 $(2-\sqrt{3})\pi/6U_d$，u_d 的最小值与 $|u_{AB}|$ 的最大值比值是 $(7+4\sqrt{3})/2$，即 6.964 倍。此时，非常规平衡电抗器的副边绕组输出电压最大值 u_{max} 满足

$$u_{smax} = \alpha_n u_{AB-max} = \alpha_n \frac{(2-\sqrt{3})\pi}{6}U_d \tag{7.16}$$

通过上面的分析可知，非常规平衡电抗器的匝比 α_n 选取至关重要。如果 α_n 小于 6.964，SFR 中的二极管反偏而无法工作；如果 α_n 大于 6.964，SFR 则可以正常工作。因此，为了确保直流侧脉波倍增电路正常工作，非常规平衡电抗器的匝比 α_n 需要大于临界值6.964。

7.2.2　直流侧脉波倍增电路工作模式

为了便于分析，做如下假设：（1）忽略自耦变压器的漏感；（2）输入电压为对称的正弦波；（3）整流桥为理想器件；（4）忽略非常规平衡电抗器和自耦变压器的电阻。

当非常规平衡电抗器的匝比大于临界值时，整流系统的直流侧脉波倍增电路可以正常工作，并且具有三种工作模式，如图 7.8 所示。

（a）Z 模式

图 7.8　直流侧脉波倍增电路工作模式

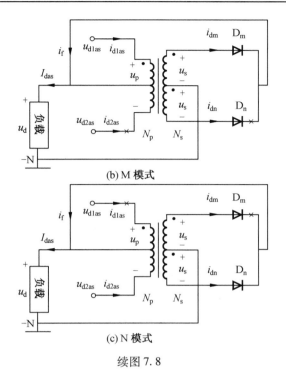

(b) M 模式

(c) N 模式

续图 7.8

1. Z 模式

当二极管 D_m 和 D_n 侧电压 $|u_s|$ 小于整流系统输出电压 u_d 时,二极管 D_m 和 D_n 都不导通,流经二极管 D_m 和 D_n 的电流 i_{dm} 和 i_{dn} 均为零。此时,整流系统的输出电压和输出电流满足

$$\begin{cases} i_{d1as} = i_{d2as} = I_{das}/2 \\ u_d = (u_{d1as} + u_{d2as})/2 \end{cases} \tag{7.17}$$

2. M 模式

当二极管 D_m 和 D_n 侧电压 u_s 大于整流系统输出电压 u_d 时,二极管 D_m 正偏且导通,输入电流 i_{dm} 大于零,二极管 D_n 反偏截止,输入电流 i_{dn} 等于零。此时,整流桥 REC Ⅰ 导通,其输出电流 i_{d1as} 大于零;整流桥 REC Ⅱ 反偏,其输出电流 i_{d2as} 为零。根据基尔霍夫电流定律和安匹平衡原理,得到关系式如下:

$$\begin{cases} I_{das} = i_{d1as} + i_{dm} = i_{d1as} + i_f \\ 0.5N_p i_{d1as} = N_s i_{dm} \end{cases} \tag{7.18}$$

求解上式,得出

$$\begin{cases} i_{d1as} = \dfrac{2\alpha_n}{2\alpha_n + 1} I_{das} \\ i_{dm} = \dfrac{1}{2\alpha_n + 1} I_{das} \end{cases} \tag{7.19}$$

忽略二极管导通压降,根据基尔霍夫电压定律,可以得出

$$
\begin{cases}
u_{d1as} - \dfrac{N_p}{2N_s}u_d = u_d \\[3mm]
u_{d1as} - \dfrac{N_p}{N_s}u_d = u_{d2as}
\end{cases}
\tag{7.20}
$$

求解上式,可得

$$
\begin{cases}
u_{d1as} = \dfrac{2\alpha_n + 1}{2\alpha_n}u_d \\[3mm]
u_{d2as} = \dfrac{\alpha_n}{\alpha_n + 1}u_{d1as}
\end{cases}
\tag{7.21}
$$

3. N 模式

当二极管 D_m 和 D_n 侧电压负值 $-u_s$ 大于整流系统输出电压 u_d 时,二极管 D_n 正偏且导通,输入电流 i_{dn} 大于零,二极管 D_m 反偏截止,输入电流 i_{dm} 等于零。此时,整流桥 REC Ⅱ 导通,其输出电流 i_{d2as} 大于零;整流桥 REC Ⅰ 反偏,其输出电流 i_{d1as} 为零。同理可以得出该模式下,整流系统输出电流和电压满足

$$
\begin{cases}
i_{d2as} = \dfrac{2\alpha_n}{2\alpha_n + 1}I_{das} \\[3mm]
i_{dn} = \dfrac{1}{2\alpha_n + 1}I_{das}
\end{cases}
\tag{7.22}
$$

$$
\begin{cases}
u_{d2as} = \dfrac{2\alpha_n + 1}{2\alpha_n}u_d \\[3mm]
u_{d1as} = \dfrac{\alpha_n}{\alpha_n + 1}u_{d2as}
\end{cases}
\tag{7.23}
$$

假设二极管 D_m 和 D_n 的开关函数分别为 S_m 和 S_n,根据图 7.4 可以得到 S_m 和 S_n,如图 7.9 所示。开关函数 S_m 和 S_n 与前述章节两抽头变换器的二极管开关函数不同,不是互补导通。

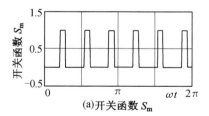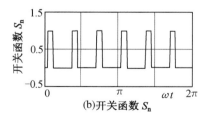

(a)开关函数 S_m　　　　　　(b)开关函数 S_n

图 7.9　二极管 D_m 和 D_n 的开关函数

根据上述三种工作模式,可以得出 i_{d1as} 和 i_{d2as} 的开关函数表达式为

$$
\begin{cases}
i_{d1as} = (1 - S_n)\,I_{das}\left[\dfrac{2\alpha_n S_m}{2\alpha_n + 1} + \dfrac{1}{2}(1 - S_m - S_n)\right] \\[3mm]
i_{d2as} = (1 - S_m)\,I_{das}\left[\dfrac{2\alpha_n S_n}{2\alpha_n + 1} + \dfrac{1}{2}(1 - S_m - S_n)\right]
\end{cases}
\tag{7.24}
$$

7.2.3　直流侧脉波倍增电路的最优匝比

由图7.7以及式(7.13)和式(7.15)可知，电压u_{AB}的周期是$\pi/3$，电压$|u_{AB}|$的周期是$\pi/6$，即电压$|u_s|$的周期也是$\pi/6$。由式(7.14)可知，电压u_d的周期是$\pi/6$。定义图7.7中u_d的第一个周期$[0,\pi/6]$内存在θ首次满足直流侧脉波倍增电路工作模式转换的边界条件，即

$$u_d(\theta) = \alpha_n |u_{AB}(\theta)| \tag{7.25}$$

根据$|u_s|$的对称性可知θ必然位于区间$[0,\pi/12]$内。将式(7.14)和式(7.15)代入式(7.25)，可得方程

$$\frac{\sqrt{2+\sqrt{3}}\cdot\pi}{6}U_d\cos\theta = \alpha_n\cdot\frac{\sqrt{2-\sqrt{3}}\cdot\pi}{3}U_d\sin\theta \tag{7.26}$$

解此方程，可得θ满足

$$\theta = \arctan\frac{1}{2\alpha_n(2-\sqrt{3})} \tag{7.27}$$

利用u_d和$|u_s|$的周期性以及对称性，可知整流桥输出电流i_{d1as}与i_{d2as}的周期是$\pi/3$，并且满足

$$i_{d1as} = \begin{cases} \dfrac{I_{das}}{2}, & \omega t \in [\dfrac{\pi}{3}k, \dfrac{\pi}{3}k+\theta) \\[2mm] 0, & \omega t \in [\dfrac{\pi}{3}k+\theta, \dfrac{\pi}{3}k+\dfrac{\pi}{6}-\theta) \\[2mm] \dfrac{I_{das}}{2}, & \omega t \in [\dfrac{\pi}{3}k+\dfrac{\pi}{6}-\theta, \dfrac{\pi}{3}k+\dfrac{\pi}{6}+\theta) \\[2mm] \dfrac{2\alpha_n I_{das}}{2\alpha_n+1}, & \omega t \in [\dfrac{\pi}{3}k+\dfrac{\pi}{6}+\theta, \dfrac{\pi}{3}k+\dfrac{\pi}{3}-\theta) \\[2mm] \dfrac{I_{das}}{2}, & \omega t \in [\dfrac{\pi}{3}k+\dfrac{\pi}{3}-\theta, \dfrac{\pi}{3}k+\dfrac{\pi}{3}] \end{cases} \tag{7.28}$$

$$i_{d2as} = \begin{cases} \dfrac{I_{das}}{2}, & \omega t \in [\dfrac{\pi}{3}k, \dfrac{\pi}{3}k+\theta) \\[2mm] \dfrac{2\alpha_n I_{das}}{2\alpha_n+1}, & \omega t \in [\dfrac{\pi}{3}k+\theta, \dfrac{\pi}{3}k+\dfrac{\pi}{6}-\theta) \\[2mm] \dfrac{I_{das}}{2}, & \omega t \in [\dfrac{\pi}{3}k+\dfrac{\pi}{6}-\theta, \dfrac{\pi}{3}k+\dfrac{\pi}{6}+\theta) \\[2mm] 0, & \omega t \in [\dfrac{\pi}{3}k+\dfrac{\pi}{6}+\theta, \dfrac{\pi}{3}k+\dfrac{\pi}{3}-\theta) \\[2mm] \dfrac{I_{das}}{2}, & \omega t \in [\dfrac{\pi}{3}k+\dfrac{\pi}{3}-\theta, \dfrac{\pi}{3}k+\dfrac{\pi}{3}] \end{cases} \tag{7.29}$$

其中，$k=0,1,2,3,4,5$。整流桥输出电流i_{d1as}和i_{d2as}的波形如图7.10所示。

图7.3中自耦变压器绕组结构图和电压矢量图如图7.11所示，其延边绕组与主绕组

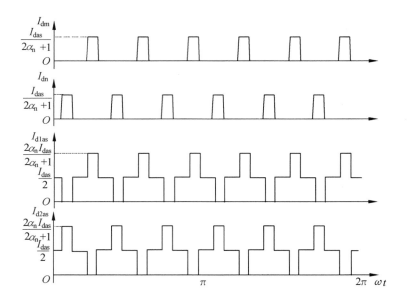

图 7.10　i_{d1as} 和 i_{d2as} 的电流波形

的匝比满足 $(2-\sqrt{3}):\sqrt{3}$，以保证自耦变压器的两组三相输出电压存在的最小相位差为 30°。

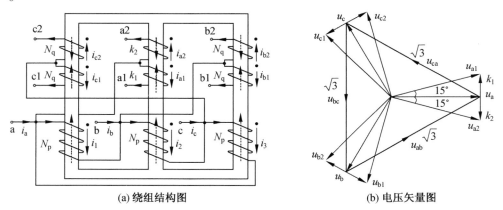

(a) 绕组结构图　　　　　　　　　　(b) 电压矢量图

图 7.11　自耦变压器绕组结构图及电压矢量图

根据三相整流电路理论以及整流桥各相开关函数之间的关系，可得 a 相输入电流满足

$$i_a = i_{d1as}\left[S_{a1} + \frac{2-\sqrt{3}}{\sqrt{3}}(S_{b1} - S_{c1})\right] + i_{d2as}\left[S_{a2} + \frac{2-\sqrt{3}}{\sqrt{3}}(S_{c2} - S_{b2})\right] \quad (7.30)$$

根据式(7.28)～(7.30)，可以得到整流器网侧电流 i_a 一个周期的具体表达式。为了表达式的简便起见，利用其对称性，仅给出其 1/4 周期(即 $[0,\pi/2]$)的分段函数表达式。

$$
i_\mathrm{a} = \begin{cases}
0, & \omega t \in [0, \theta) \\[2mm]
\dfrac{4I_\mathrm{das}\alpha_\mathrm{n}(2\sqrt{3}-3)}{3(2\alpha_\mathrm{n}+1)}, & \omega t \in \left[\theta, \dfrac{\pi}{6}-\theta\right) \\[2mm]
\dfrac{\sqrt{3}I_\mathrm{das}}{3}, & \omega t \in \left[\dfrac{\pi}{6}-\theta, \dfrac{\pi}{6}+\theta\right) \\[2mm]
\dfrac{4I_\mathrm{das}\alpha_\mathrm{n}(\sqrt{3}-3)}{3(2\alpha_\mathrm{n}+1)}, & \omega t \in \left[\dfrac{\pi}{6}+\theta, \dfrac{\pi}{3}-\theta\right) \\[2mm]
I_\mathrm{das}, & \omega t \in \left[\dfrac{\pi}{3}-\theta, \dfrac{\pi}{3}+\theta\right) \\[2mm]
\dfrac{4\sqrt{3}I_\mathrm{das}\alpha_\mathrm{n}}{3(2\alpha_\mathrm{n}+1)}, & \omega t \in \left[\dfrac{\pi}{3}+\theta, \dfrac{\pi}{2}-\theta\right) \\[2mm]
\dfrac{2\sqrt{3}I_\mathrm{das}}{3}, & \omega t \in \left[\dfrac{\pi}{2}-\theta, \dfrac{\pi}{2}\right]
\end{cases} \tag{7.31}
$$

通过观察上式可知,电流 i_a 的表达式与负载电流 I_das 和匝比 α_n 相关。图 7.12 给出了不同 α_n 值时,a 相输入电流波形。

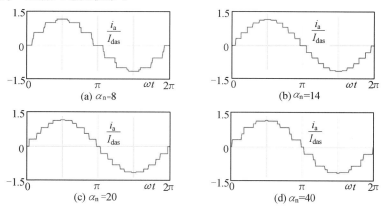

图 7.12　不同匝比情况下输入电流波形

根据式(7.31) 和图 7.12,可得整流系统 a 相输入电流傅立叶级数和 THD 表达式,由于表达式过于复杂,本节仅用简化形式表示。利用 Mathcad 软件,绘制基波、11 和 13 次谐波、23 和 25 次谐波的幅度曲线,如图 7.13 所示。

$$
\begin{aligned}
i_\mathrm{a} = & f_1(\alpha_\mathrm{n})I_\mathrm{d}\sin(\omega t) + f_{11}(\alpha_\mathrm{n})I_\mathrm{d}\sum_{n=1}^{\infty}\frac{\sin(24n-13)\omega t}{24n-13} + \\
& f_{13}(\alpha_\mathrm{n})I_\mathrm{d}\sum_{n=1}^{\infty}\frac{\sin(24n-11)\omega t}{24n-11} + \\
& f_{23}(\alpha_\mathrm{n})I_\mathrm{d}\sum_{n=1}^{\infty}\frac{\sin(24n-1)\omega t}{24n-1} + f_{25}(\alpha_\mathrm{n})I_\mathrm{d}\sum_{n=1}^{\infty}\frac{\sin(24n+1)\omega t}{24n+1}
\end{aligned} \tag{7.32}
$$

$$\text{THD} = \frac{\sqrt{[f_{11}(\alpha_n)]^2 \sum\limits_{n=1}^{\infty}\left(\dfrac{1}{24n-13}\right)^2 + [f_{13}(\alpha_n)]^2 \sum\limits_{n=1}^{\infty}\left(\dfrac{1}{24n-11}\right)^2 + [f_{23}(\alpha_n)]^2 \sum\limits_{n=1}^{\infty}\left(\dfrac{1}{24n-1}\right)^2 + [f_{25}(\alpha_n)]^2 \sum\limits_{n=1}^{\infty}\left(\dfrac{1}{24n+1}\right)^2}}{f_1(\alpha_n)}$$

$$(7.33)$$

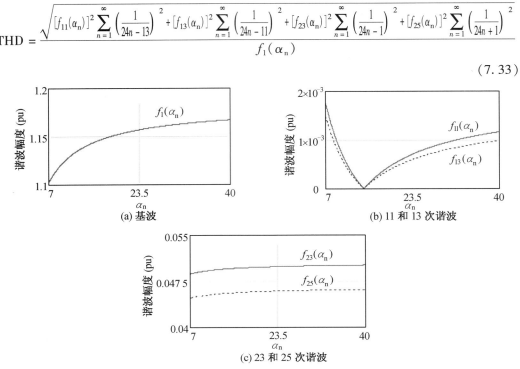

图 7.13　不同匝比情况下各次谐波波形

从式(7.33)和图7.13可以看出,如果$f_{11}(\alpha_n)$和$f_{13}(\alpha_n)$为零,可以消除($24n-12 \pm 1$)次谐波,可求得此时$\alpha_n = 14.174$。图7.14给出了网侧输入电流i_a的THD值与非常规平衡电抗器变比α_n的关系曲线图。

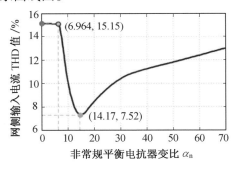

图 7.14　输入电流THD值与非常规平衡电抗器变比α_n的关系曲线图

当变比$0 \leqslant \alpha_n < 6.964$时,SFR因$D_m$和$D_n$一直反偏而不工作,整流系统以传统12脉波整流状态方式工作,此时THD = 15.15%;当变比$\alpha_n = 6.964$时,SFR处于临界工作状态;当变比$\alpha_n > 6.964$时,SFR正常工作,整流系统以24脉波整流状态方式工作。其中,当$6.964 < \alpha_n < 14.17$时,THD值随着α_n值的增大而迅速下降;当$\alpha_n = 14.17$时,THD取得最小值7.52%,称此时的α_n值为最优变比值;当匝比$\alpha_n > 14.17$时,THD值随着α_n值的增大而逐渐增大。

7.2.4　具有直流侧脉波倍增电路的整流系统

1. 整流系统输入电流和输出电压

在最优变比条件下,求解 $\alpha_n = 14.17$ 时式(7.27)中对应的 θ 值。即

$$\theta = \arctan \frac{1}{2\alpha_n(2 - \sqrt{3})} \bigg|_{\alpha_n = 14.17} = \frac{\pi}{24} \qquad (7.34)$$

将最优 m 值以及对应的 θ 值代入式(7.31),并对其应用傅立叶级数变换法则,同时再根据网侧三相输入电流的对称性可得

$$\begin{cases} i_a = I_d \sum_{n=1}^{\infty} B_n \sin(n\omega t) \\[2mm] i_b = I_d \sum_{n=1}^{\infty} B_n \sin[n(\omega t - 2\pi/3)] \\[2mm] i_c = I_d \sum_{n=1}^{\infty} B_n \sin[n(\omega t + 2\pi/3)] \end{cases} \qquad (7.35)$$

其中

$$B_n = -\frac{32\sqrt{3}}{3n\pi} \sin^2\left(\frac{n\pi}{24}\right) \cos\frac{n\pi}{8} \cos\frac{n\pi}{4} \cos n\pi \left(2\cos\frac{n\pi}{12} + 1\right) \left[\sqrt{2-\sqrt{3}} \cos\left(\frac{5n\pi}{12}\right) + \right.$$
$$\left. \sqrt{2+\sqrt{3}} \cos\left(\frac{n\pi}{12}\right) + \sqrt{3} \cos\left(\frac{n\pi}{6}\right) + \sqrt{2} \cos\left(\frac{n\pi}{4}\right) + \cos\left(\frac{n\pi}{3}\right) + 1\right]$$

通过分析 B_n 可知,只有当 $n = 24h \pm 1$(h 是正整数)时,B_n 不等于零。这表明在最优变比条件下,网侧输入电流仅包含($24h \pm 1$)次谐波,最低次谐波也是 23 次,并且 THD 值约为 7.6%。

根据前述章节可知,对于图 7.11,自耦移相变压器的输出电压满足

$$\begin{cases} u_{a1} = 2\sqrt{2-\sqrt{3}}\, U_m \sin(\omega t + \pi/12) \\[1mm] u_{b1} = 2\sqrt{2-\sqrt{3}}\, U_m \sin(\omega t + \pi/12 - 2\pi/3) \\[1mm] u_{c1} = 2\sqrt{2-\sqrt{3}}\, U_m \sin(\omega t + \pi/12 + 2\pi/3) \\[1mm] u_{a2} = 2\sqrt{2-\sqrt{3}}\, U_m \sin(\omega t - \pi/12) \\[1mm] u_{b2} = 2\sqrt{2-\sqrt{3}}\, U_m \sin(\omega t - \pi/12 - 2\pi/3) \\[1mm] u_{c2} = 2\sqrt{2-\sqrt{3}}\, U_m \sin(\omega t - \pi/12 + 2\pi/3) \end{cases} \qquad (7.36)$$

当 SFR 不工作时,整流桥 Rec I 和 Rec II 的输入电压和输出电压关系满足

$$\begin{cases} u_{d1} = u_{a1} S_{a1} + u_{b1} S_{b1} + u_{c1} S_{c1} \\[1mm] u_{d2} = u_{a2} S_{a2} + u_{b2} S_{b2} + u_{c2} S_{c2} \end{cases} \qquad (7.37)$$

根据式(7.36)和式(7.37),可得

$$
u_{d1} = \begin{cases} 2\sqrt{6-3\sqrt{3}}\,U_m\cos\left(\omega t - \dfrac{\pi}{3}k + \dfrac{\pi}{12}\right), & \omega t \in \left[\dfrac{\pi}{3}k, \dfrac{\pi}{3}k + \dfrac{\pi}{12}\right) \\[3mm] 2\sqrt{6-3\sqrt{3}}\,U_m\cos\left(\omega t - \dfrac{\pi}{3}k - \dfrac{\pi}{4}\right), & \omega t \in \left[\dfrac{\pi}{3}k + \dfrac{\pi}{12}, \dfrac{\pi}{3}k + \dfrac{\pi}{3}\right] \end{cases} \tag{7.38}
$$

$$
u_{d2} = \begin{cases} 2\sqrt{6-3\sqrt{3}}\,U_m\cos\left(\omega t - \dfrac{\pi}{3}k - \dfrac{\pi}{12}\right), & \omega t \in \left[\dfrac{\pi}{3}k, \dfrac{\pi}{3}k + \dfrac{\pi}{4}\right) \\[3mm] 2\sqrt{6-3\sqrt{3}}\,U_m\cos\left(\omega t - \dfrac{\pi}{3}k - \dfrac{5\pi}{12}\right), & \omega t \in \left[\dfrac{\pi}{3}k + \dfrac{\pi}{4}, \dfrac{\pi}{3}k + \dfrac{\pi}{3}\right] \end{cases} \tag{7.39}
$$

其中,$k = 0,1,2,3,4,5$。

根据脉波倍增电路的工作模式,将上式代入式(7.21)和式(7.23),可以得到当脉波倍增电路正常工作时,整流桥 Rec I 和 Rec II 的输出电压分别满足

$$
u_{d1as} = \begin{cases} 2\sqrt{6-3\sqrt{3}}\,U_m\cos\left(\omega t - \dfrac{\pi}{3}k + \dfrac{\pi}{12}\right), & \omega t \in \left[\dfrac{\pi}{3}k, \dfrac{\pi}{3}k + \theta\right) \\[3mm] \dfrac{2\alpha_n - 1}{2\alpha_n + 1}2\sqrt{6-3\sqrt{3}}\,U_m\cos\left(\omega t - \dfrac{\pi}{3}k - \dfrac{\pi}{12}\right), & \omega t \in \left[\dfrac{\pi}{3}k + \theta, \dfrac{\pi}{3}k + \dfrac{\pi}{6} - \theta\right) \\[3mm] 2\sqrt{6-3\sqrt{3}}\,U_m\cos\left(\omega t - \dfrac{\pi}{3}k - \dfrac{\pi}{4}\right), & \omega t \in \left[\dfrac{\pi}{3}k + \dfrac{\pi}{6} - \theta, \dfrac{\pi}{3}k + \dfrac{\pi}{3}\right] \end{cases} \tag{7.40}
$$

$$
u_{d2as} = \begin{cases} 2\sqrt{6-3\sqrt{3}}\,U_m\cos\left(\omega t - \dfrac{\pi}{3}k - \dfrac{\pi}{12}\right), & \omega t \in \left[\dfrac{\pi}{3}k, \dfrac{\pi}{3}k + \dfrac{\pi}{6} + \theta\right) \\[3mm] \dfrac{2\alpha_n - 1}{2\alpha_n + 1}2\sqrt{6-3\sqrt{3}}\,U_m\cos\left(\omega t - \dfrac{\pi}{3}k - \dfrac{\pi}{4}\right), & \omega t \in \left[\dfrac{\pi}{3}k + \dfrac{\pi}{6} + \theta, \dfrac{\pi}{3}k + \dfrac{\pi}{3} - \theta\right) \\[3mm] 2\sqrt{6-3\sqrt{3}}\,U_m\cos\left(\omega t - \dfrac{\pi}{3}k - \dfrac{5\pi}{12}\right), & \omega t \in \left[\dfrac{\pi}{3}k + \dfrac{\pi}{3} - \theta, \dfrac{\pi}{3}k + \dfrac{\pi}{3}\right] \end{cases} \tag{7.41}
$$

其中,$k = 0,1,2,3,4,5$。

进一步,可求得脉波倍增电路工作时,整流系统输出电压 u_d 满足

$$
u_d = \begin{cases} \dfrac{1}{2}\sqrt{6-3\sqrt{3}}\,(\sqrt{6} + \sqrt{2})U_m\cos\left(\omega t - \dfrac{\pi}{12}k\right), & \omega t \in \left[\dfrac{\pi}{12}k, \dfrac{\pi}{12}k + \theta\right) \\[3mm] \dfrac{2\alpha_n}{2\alpha_n + 1}2\sqrt{6-3\sqrt{3}}\,U_m\cos\left(\omega t - \dfrac{\pi}{12}k - \dfrac{\pi}{12}\right), & \omega t \in \left[\dfrac{\pi}{12}k + \theta, \dfrac{\pi}{12}k + \dfrac{\pi}{12}\right] \end{cases} \tag{7.42a}
$$

其中,$k = 0,1,2,3,4,5,\cdots,23$。

将最优变比对应的 θ 值代入上式,并对其应用傅立叶级数变换法则,可得

$$
u_d = U_d - \sum_{n=1}^{\infty} \frac{192\alpha_n\sqrt{6-3\sqrt{3}}}{(2\alpha_n + 1)(576n^2 - 1)\pi}\cos n\pi \sin\frac{\pi}{24}U_m\cos(24n\omega t - 2n\pi) \tag{7.42b}
$$

其中,U_d 对应直流输出电压平均值,满足

$$U_d = \frac{96\alpha_n \sqrt{6 - 3\sqrt{3}}\cos\dfrac{11\pi}{24}}{(2\alpha_n + 1)\pi}U_m \qquad (7.43)$$

将 α_n 的最优值代入上式,可得 U_d 与 U_m 的关系满足

$$U_d = 1.727\,1U_m \qquad (7.44)$$

通过分析上式可知,除了直流量以外,输出电压仅包含 $24n$(n 是正整数)次谐波。

在最优变比条件下,整流系统 u_{d1as}、u_{d2as} 和 u_d 的电压波形如图 7.15 所示。

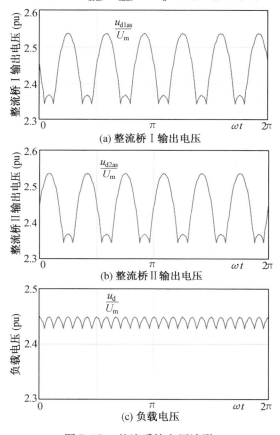

(a) 整流桥 I 输出电压

(b) 整流桥 II 输出电压

(c) 负载电压

图 7.15　整流系统电压波形

2. 脉波倍增电路二极管导通损耗分析

根据脉波倍增电路的工作模式,可以得到二极管输出电流 i_f 的表达式为

$$i_f = \begin{cases} 0, & \omega t \in \left[\dfrac{\pi}{6}k, \dfrac{\pi}{6}k + \dfrac{\pi}{24}\right) \\[3mm] \dfrac{I_{das}}{2\alpha_n + 1}, & \omega t \in \left[\dfrac{\pi}{6}k + \dfrac{\pi}{24}, \dfrac{\pi}{6}k + \dfrac{\pi}{8}\right) \\[3mm] 0, & \omega t \in \left[\dfrac{\pi}{6}k + \dfrac{\pi}{8}, \dfrac{\pi}{6}k + \dfrac{\pi}{6}\right] \end{cases} \qquad (7.45)$$

其中,$k = 0,1,2,3,4,5,6,7,8,9,10,11$。

将最优变比 α_n 代入上式,可得二极管输出电流 i_f 的最大值和平均值分别为

$$i_{f\text{-}max} = 3.4\% I_{das} \tag{7.46}$$

$$i_{f\text{-}ave} = \frac{1}{2\pi}\int_0^{2\pi} i_f\mathrm{d}\omega t = 1.7\% I_{das} \tag{7.47}$$

上式表明,流过脉波倍增电路中 D_m 和 D_n 总的平均电流仅占负载平均电流 I_{das} 的1.7%,显著地降低附加二极管的导通损耗。

3. 容量分析

（1）自耦变压器容量。

根据图 7.11 所示的自耦变压器绕组结构图可知,自耦变压器延边绕组 aa_1 电压的有效值满足

$$U_{aa1\text{-}rms} = U_m \tan 15°/\sqrt{2} = (2\sqrt{2} - \sqrt{6})U_m/2 = 0.109\ 7U_d \tag{7.48}$$

自耦变压器的主绕组 ab 电压有效值满足

$$U_{ab\text{-}rms} = \sqrt{3}\ U_m/\sqrt{2} = \sqrt{6}\ U_m/2 = 0.709\ 1U_d \tag{7.49}$$

根据整流桥 Rec I 和 Rec II 的输入电流和输出电流关系的开关函数表达式,以及式 (7.28),可以得到自耦变压器中 i_{a1} 的具体表达式为

$$i_{a1} = \begin{cases} 0, & \omega t \in \left[0, \dfrac{\pi}{8}\right) \\[2mm] \dfrac{I_{das}}{2}, & \omega t \in \left[\dfrac{\pi}{8}, \dfrac{5\pi}{24}\right) \\[2mm] \dfrac{2\alpha_n I_{das}}{2\alpha_n + 1}, & \omega t \in \left[\dfrac{5\pi}{24}, \dfrac{7\pi}{24}\right) \\[2mm] \dfrac{I_{das}}{2}, & \omega t \in \left[\dfrac{7\pi}{24}, \dfrac{3\pi}{8}\right) \\[2mm] 0, & \omega t \in \left[\dfrac{3\pi}{8}, \dfrac{11\pi}{24}\right) \\[2mm] \dfrac{I_{das}}{2}, & \omega t \in \left[\dfrac{11\pi}{24}, \dfrac{13\pi}{24}\right) \\[2mm] \dfrac{2\alpha_n I_{das}}{2\alpha_n + 1}, & \omega t \in \left[\dfrac{13\pi}{24}, \dfrac{5\pi}{8}\right) \\[2mm] \dfrac{I_{das}}{2}, & \omega t \in \left[\dfrac{5\pi}{8}, \dfrac{17\pi}{24}\right) \\[2mm] 0, & \omega t \in \left[\dfrac{17\pi}{24}, \pi\right] \end{cases} \tag{7.50}$$

根据上式以及有效值定义,可得 i_{a1} 的有效值满足 $I_{a1\text{-}rms} = 0.488\ 7I_{das}$。

根据图 7.11 和变压器的安匝平衡原理可知

$$\begin{cases} i_a = i_1 - i_3 + i_{a1} + i_{a2} \\ i_b = i_2 - i_1 + i_{b1} + i_{b2} \\ i_c = i_3 - i_2 + i_{c1} + i_{c2} \end{cases} \tag{7.51}$$

流过自耦变压器主绕组 ab 的电流 i_1 满足

$$i_1 = (2 - \sqrt{3})(i_{c2} - i_{c1})/\sqrt{3} \tag{7.52}$$

上式中的 i_{c1} 和 i_{c2} 可根据常规全桥并联整流电路理论和式(7.50)导出,因此电流 i_1 的有效值为 $I_{1-rms} = 0.0919I_{das}$。

根据磁性器件的等效容量计算公式,求得具有脉波倍增电路的 24 脉波全桥并联整流系统中自耦变压器的容量为

$$S_{ATPS} = (6U_{aa1-rms}I_{a1-rms} + 3U_{ab-rms}I_{1-rms})/2 = 25.86\% P_o \tag{7.53}$$

其中,P_o 为全桥并联整流系统的输出平均功率,$P_o = U_d I_{das}$。

(2)ZSBT 容量。

根据全桥并联整流电路理论以及前述章节内容,可得 ZSBT 端电压为

$$u_{ZSBT} = \begin{cases} \dfrac{(\sqrt{6} - \sqrt{2})^2}{2} U_m \cos\left(\omega t - \dfrac{2\pi}{3}k - \dfrac{2\pi}{3}\right), \\ \qquad \omega t \in \left[\dfrac{2\pi}{3}k, \dfrac{2\pi}{3}k + \dfrac{3\pi}{8}\right) \\ (\sqrt{6} - \sqrt{2})U_m\left[\dfrac{\sqrt{6} + \sqrt{2}}{2}\cos\left(\omega t - \dfrac{2\pi}{3}k - \dfrac{\pi}{3}\right) - \dfrac{2\alpha_n - 1}{2\alpha_n + 1}\sqrt{3}\cos\left(\omega t - \dfrac{2\pi}{3}k - \dfrac{5\pi}{12}\right)\right], \\ \qquad \omega t \in \left[\dfrac{2\pi}{3}k + \dfrac{3\pi}{8}, \dfrac{2\pi}{3}k + \dfrac{11\pi}{24}\right) \\ \sqrt{2}(\sqrt{6} - \sqrt{2})U_m\cos\left(\omega t - \dfrac{2\pi}{3}k\right), \\ \qquad \omega t \in \left[\dfrac{2\pi}{3}k + \dfrac{11\pi}{24}, \dfrac{2\pi}{3}k + \dfrac{13\pi}{24}\right) \\ (\sqrt{6} - \sqrt{2})U_m\left[\dfrac{\sqrt{6} + \sqrt{2}}{2}\cos\left(\omega t - \dfrac{2\pi}{3}k + \dfrac{\pi}{3}\right) + \dfrac{2\alpha_n - 1}{2\alpha_n + 1}\sqrt{3}\cos\left(\omega t - \dfrac{2\pi}{3}k - \dfrac{7\pi}{12}\right)\right], \\ \qquad \omega t \in \left[\dfrac{2\pi}{3}k + \dfrac{13\pi}{24}, \dfrac{2\pi}{3}k + \dfrac{5\pi}{8}\right) \\ \dfrac{(\sqrt{6} - \sqrt{2})^2}{2} U_m \cos\left(\omega t - \dfrac{2\pi}{3}k + \dfrac{2\pi}{3}\right), \\ \qquad \omega t \in \left[\dfrac{2\pi}{3}k + \dfrac{5\pi}{8}, \dfrac{2\pi}{3}k + \dfrac{2\pi}{3}\right] \end{cases} \tag{7.54}$$

其中,$k = 0,1,2$。

在最优参数条件下,ZSBT 电压的有效值为 $U_{ZSBT-rms} = 0.1192U_d$。根据式(7.28)和式(7.29)所示的三相整流桥输出电流表达式,可得流过 ZSBT 的电流有效值为 $I_{d1as-rms} = I_{d2as-rms} = 0.5985I_{das}$。因此,具有脉波倍增电路的 24 脉波全桥并联整流系统中 ZSBT 的容量为

$$S_{ZSBT} = \frac{1}{2}\left[U_{ZSBT-rms}(I_{d1as-rms} + I_{d2as-rms})\right] = 7.13\% P_o \tag{7.55}$$

（3）非常规平衡电抗器容量。

非常规平衡电抗器原边绕组电压的有效值为 $U_{\text{AB-rms}} = U_{\text{p-rms}} = 0.057\,5U_{\text{d}}$。在最优参数条件下，副边绕组电压的有效值为 $U_{\text{s-rms}} = \alpha_{\text{n}}U_{\text{AB-rms}} = 0.815\,5U_{\text{d}}$。

具有脉波倍增电路的 24 脉波全桥并联整流系统中非常规平衡电抗器的容量为

$$S_{\text{UIPR}} = \frac{1}{2}\left[\frac{U_{\text{AB-rms}}}{2}(I_{\text{d1as-rms}} + I_{\text{d2as-rms}}) + U_{\text{s-rms}}I_{\text{dm-rms}} + U_{\text{s-rms}}I_{\text{dn-rms}}\right] = 3.11\%P_{\text{o}} \tag{7.56}$$

（4）SFR 容量。

根据上式可知，整流系统中 SFR 容量满足

$$S_{\text{SFR}} = \sqrt{2}\,U_{\text{s-rms}}I_{\text{dm-rms}} = \sqrt{2}\,U_{\text{s-rms}}I_{\text{dn-rms}} = 1.96\%P_{\text{o}} \tag{7.57}$$

SFR 的容量仅占系统整个输出功率的 1.96%，即系统仅需附加容量非常小的 SFR 电路，就能使常规全桥并联整流电路实现脉波倍增效果，显著地抑制网侧电流谐波。

7.2.5　直流侧脉波倍增电路的实验

针对具有直流侧脉波倍增电路的 24 脉波整流系统进行实验。实验条件如下：（1）输入正弦三相电压有效值为 120 V；（2）负载电阻值为 30 Ω，负载电感值为 9 mH；（3）非常规平衡电抗器的变比 $\alpha_{\text{n}} = 616/42 = 14.67$。

图 7.16 所示为整流系统输入电流及其频谱。使用直流侧脉波倍增电路时，输入电流波形存在电流为零时刻，THD 值约为 4.1%。由于实际的自耦变压器存在漏感，具有滤除电流谐波的作用，因此输入电流的 THD 实测值小于理论值。

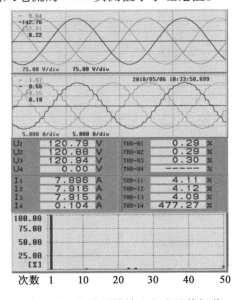

图 7.16　整流系统输入电流及其频谱

图 7.17 所示为两组三相整流桥输出电流波形。在感性负载下，使用直流侧脉波倍增电路时，SFR 中的两个二极管不是互补导通，整流桥输出电流有三种状态，并且存在零电

流时刻,因此不存在换相重叠现象。

实验结果表明,使用直流侧脉波倍增电路的 24 脉波整流系统在最优参数条件下,能够消除输入侧电流的$(12k \pm 1)$(k 为奇数)次谐波,输入电流的 THD 值显著降低。

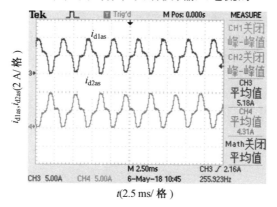

图 7.17　整流桥输出电流

7.3　直流侧双无源谐波抑制方法

将第 2 章的两抽头变换器与直流侧脉波倍增电路相结合,组成具有副边绕组整流功能的抽头式平衡电抗器,称之为非常规两抽头平衡电抗器(Unconventional Double-tapped Interphase Reactor,UDIPR),即为直流侧双无源谐波抑制方法,参见发明专利"具有副边绕组整流功能的抽头式平衡电抗器"[66]。UDIPR 的原边绕组和两个二极管组成传统的两抽头平衡电抗器,作为第一级无源谐波抑制方法;UDIPR 的副边绕组与副边整流电路相连,作为第二级无源谐波抑制方法[67,68]。下面以具有 UDIPR 的 36 脉波并联型整流系统为例,如图 7.18 所示,分别介绍双无源谐波抑制方法的工作原理、UDIPR 的工作模式、最优参数选择以及整流系统特性等内容。其中自耦变压器、三相桥式整流器和 ZSBT 在前述章节已经介绍,不再赘述。

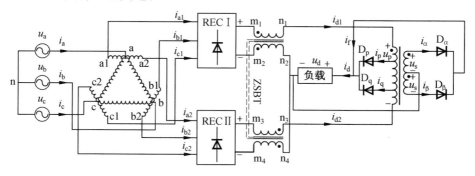

图 7.18　具有 UDIPR 的 36 脉波并联型整流系统

7.3.1 直流侧双无源谐波抑制电路工作原理

1. UDIPR 原副边匝比定义

UDIPR 原边抽头位置与原副边绕组匝数定义如图 7.19 所示,原边两抽头以绕组中点为中心上下对称分布。UDIPR 绕组结构图如图 7.20 所示。UDIPR 原边抽头位置变比 α_m 和原边绕组 AB 与副边绕组 CD 的变比 m 的定义如下:

$$\begin{cases} \alpha_m = \dfrac{N_{OT}}{N_{AB}} = \dfrac{N_{OT'}}{N_{AB}} = \dfrac{N_t}{N_p} \\[3mm] m = \dfrac{N_{O'C}}{N_{AB}} = \dfrac{N_{O'D}}{N_{AB}} = \dfrac{N_s}{N_p} \end{cases} \tag{7.58}$$

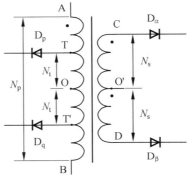

图 7.19 UDIPR 原边抽头位置与原副边绕组匝数定义

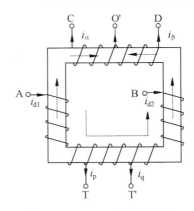

图 7.20 UDIPR 绕组结构图

2. 双无源谐波抑制电路工作模式

当单相全波整流电路的输入电压大于整流系统负载电压时,双无源谐波抑制电路的工作模式分为 4 种。为了便于分析,做如下假设:

① 电网输入电压为理想的三相对称电压。

② 负载滤波电感足够大,可认为负载电流为恒定值 I_d。

③ 忽略变压器和平衡电抗器的漏感与线路阻抗。

（1）p 工作模式。

当 $u_{AB} > 0$ 且 $u_{CO'} < u_d$ 时，双无源谐波抑制电路工作在 p 模式，如图 7.21 所示。该模式下，副边二极管 D_α 和 D_β 反向偏置阻断，电流 i_α 和 i_β 均等于零，因此输出电流 i_f 也为零。原边二极管 D_p 正向偏置导通而 D_q 反向偏置阻断，电流 i_p 大于零而 i_q 等于零。根据上述分析，以及基尔霍夫电流定律（KCL），可得

$$\begin{cases} i_p = i_{d1} + i_{d2} = I_d \\ i_\alpha = i_\beta = i_q = 0 \end{cases} \tag{7.59}$$

根据 p 工作模式电路图以及磁动势平衡方程，整流桥 Rec I 和 Rec II 的输出电流 i_{d1} 和 i_{d2} 满足

$$\left(\frac{1}{2} - \alpha_m\right) i_{d1} = \left(\frac{1}{2} + \alpha_m\right) i_{d2} \tag{7.60}$$

根据上述公式，可得

$$\begin{cases} i_{d1} = \left(\frac{1}{2} + \alpha_m\right) I_d \\ i_{d2} = \left(\frac{1}{2} - \alpha_m\right) I_d \end{cases} \tag{7.61}$$

整流桥 Rec I 和 Rec II 的输出电压 u_{d1} 和 u_{d2} 满足

$$u_{d1} - \left(\frac{1}{2} - \alpha_m\right)(u_{d1} - u_{d2}) = u_d \tag{7.62}$$

将其化简，可得

$$\frac{1}{2}(u_{d1} + u_{d2}) + \alpha_m(u_{d1} - u_{d2}) = u_d \tag{7.63}$$

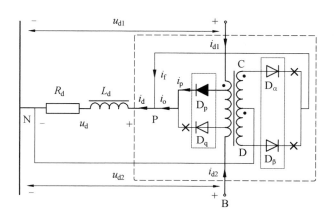

图 7.21　双无源谐波抑制电路 p 工作模式

（2）q 工作模式。

当 $u_{AB} < 0$ 且 $u_{DO'} < u_d$ 时，双无源谐波抑制电路工作在 q 模式，如图 7.22 所示。该模式下，副边二极管 D_α 和 D_β 反向偏置阻断，电流 i_α 和 i_β 均等于零，因此输出电流 i_f 也为

零。原边二极管 D_q 正向偏置导通而 D_p 反向偏置阻断,电流 i_q 大于零而 i_p 等于零。

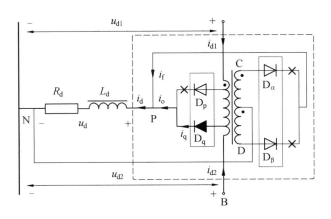

图 7.22　双无源谐波抑制电路 q 工作模式

根据上述分析,以及基尔霍夫电流定律(KCL),可得

$$\begin{cases} i_q = i_{d1} + i_{d2} = I_d \\ i_\alpha = i_\beta = i_p = 0 \end{cases} \tag{7.64}$$

根据 q 工作模式电路图以及磁动势平衡方程,整流桥 Rec I 和 Rec II 的输出电流 i_{d1} 和 i_{d2} 满足

$$\left(\frac{1}{2} + \alpha_m\right)i_{d1} = \left(\frac{1}{2} - \alpha_m\right)i_{d2} \tag{7.65}$$

根据上述公式,可得

$$\begin{cases} i_{d1} = \left(\frac{1}{2} - \alpha_m\right)I_d \\ i_{d2} = \left(\frac{1}{2} + \alpha_m\right)I_d \end{cases} \tag{7.66}$$

整流桥 Rec I 和 Rec II 的输出电压 u_{d1} 和 u_{d2} 满足

$$u_{d2} - \left(\frac{1}{2} - \alpha_m\right)(u_{d2} - u_{d1}) = u_d \tag{7.67}$$

将其化简,可得

$$\frac{1}{2}(u_{d1} + u_{d2}) + \alpha_m(u_{d2} - u_{d1}) = u_d \tag{7.68}$$

(3) α 工作模式。

当 $u_{AB} > 0$ 且 $u_{CO'} > u_d$ 时,双无源谐波抑制电路工作在 α 模式,如图7.23所示。该模式下,副边二极管 D_α 正向偏置导通而 D_β 反向偏置阻断,电流 i_α 大于零而 i_β 等于零,输出电流 i_f 等于 i_α。原边二极管 D_p 正向偏置导通而 D_q 反向偏置阻断,电流 i_p 大于零而 i_q 等于零。此时,整流桥 Rec I 输出电流 i_{d1} 等于 i_p,整流桥 Rec II 输出电流 i_{d2} 等于零。根据上述分析,以及基尔霍夫电流定律(KCL),可得

$$\begin{cases} i_{\mathrm{p}} = i_{\mathrm{d1}} \\ i_{\alpha} = i_{\mathrm{f}} \\ i_{\mathrm{p}} + i_{\alpha} = I_{\mathrm{d}} \\ i_{\beta} = i_{\mathrm{q}} = i_{\mathrm{d2}} = 0 \end{cases} \tag{7.69}$$

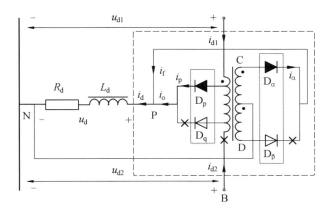

图 7.23　双无源谐波抑制电路 α 工作模式

根据 α 工作模式电路图以及磁动势平衡方程,二极管 D_{α} 的输出电流 i_{α} 和二极管 D_{p} 的输出电流 i_{p} 满足

$$\left(\frac{1}{2} - \alpha_{\mathrm{m}} \right) i_{\mathrm{p}} = m i_{\alpha} \tag{7.70}$$

根据上述公式,可得

$$\begin{cases} i_{\mathrm{d1}} = i_{\mathrm{p}} = \dfrac{2m}{1 - 2\alpha + 2m} I_{\mathrm{d}} \\ i_{\mathrm{f}} = i_{\alpha} = \dfrac{1 - 2\alpha}{1 - 2\alpha + 2m} I_{\mathrm{d}} \end{cases} \tag{7.71}$$

根据基尔霍夫电压定律(KVL),整流桥 Rec I 和 Rec II 的输出电压 u_{d1} 和 u_{d2} 满足

$$\begin{cases} u_{\mathrm{d1}} - \left(\dfrac{1}{2} - \alpha_{\mathrm{m}} \right) \dfrac{N_{\mathrm{p}}}{N_{\mathrm{s}}} u_{\mathrm{d}} = u_{\mathrm{d}} \\ u_{\mathrm{d1}} - \dfrac{N_{\mathrm{p}}}{N_{\mathrm{s}}} u_{\mathrm{d}} = u_{\mathrm{d2}} \end{cases} \tag{7.72}$$

对上式求解,可得

$$\begin{cases} u_{\mathrm{d}} = \dfrac{2m}{2m - 2\alpha_{\mathrm{m}} + 1} u_{\mathrm{d1}} \\ u_{\mathrm{d2}} = \dfrac{2m - 2\alpha_{\mathrm{m}} - 1}{2m - 2\alpha_{\mathrm{m}} + 1} u_{\mathrm{d1}} \end{cases} \tag{7.73}$$

(4) β 工作模式。

当 $u_{\mathrm{AB}} < 0$ 且 $u_{\mathrm{DO'}} > u_{\mathrm{d}}$ 时,双无源谐波抑制电路工作在 β 模式,如图 7.24 所示。该模式下,副边二极管 D_{β} 正向偏置导通而 D_{α} 反向偏置阻断,电流 i_{β} 大于零而 i_{α} 等于

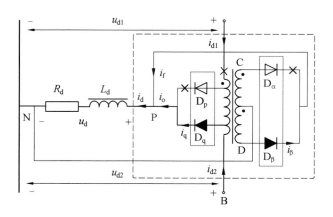

图 7.24　双无源谐波抑制电路 β 工作模式

零,输出电流 i_f 等于 i_β。原边二极管 D_q 正向偏置导通而 D_p 反向偏置阻断,电流 i_q 大于零而 i_p 等于零。此时,Rec Ⅱ 输出电流 i_{d2} 等于 i_q,Rec Ⅰ 输出电流 i_{d1} 等于零。根据上述分析,以及基尔霍夫电流定律(KCL),可得

$$\begin{cases} i_q = i_{d2} \\ i_\beta = i_f \\ i_q + i_\beta = I_d \\ i_\alpha = i_p = i_{d1} = 0 \end{cases} \tag{7.74}$$

根据 β 工作模式电路图以及磁动势平衡方程,二极管 D_β 的输出电流 i_β 和二极管 D_q 的输出电流 i_q 满足

$$\left(\frac{1}{2} - \alpha_m\right) i_q = m i_\beta \tag{7.75}$$

根据上述公式,可得

$$\begin{cases} i_{d2} = i_q = \dfrac{2m}{1 - 2\alpha_m + 2m} I_d \\ i_f = i_\beta = \dfrac{1 - 2\alpha_m}{1 - 2\alpha_m + 2m} I_d \end{cases} \tag{7.76}$$

根据基尔霍夫电压定律(KVL),整流桥 Rec Ⅰ 和 Rec Ⅱ 的输出电压 u_{d1} 和 u_{d2} 满足

$$\begin{cases} u_{d2} - \left(\dfrac{1}{2} - \alpha_m\right) \dfrac{N_p}{N_s} u_d = u_d \\ u_{d2} - \dfrac{N_p}{N_s} u_d = u_{d1} \end{cases} \tag{7.77}$$

对上式求解,可得

$$\begin{cases} u_d = \dfrac{2m}{2m - 2\alpha_m + 1} u_{d2} \\ u_{d1} = \dfrac{2m - 2\alpha_m - 1}{2m - 2\alpha_m + 1} u_{d2} \end{cases} \tag{7.78}$$

根据双无源谐波抑制电路的 4 种工作模式可知,平衡电抗器对整流桥 Rec Ⅰ 和 Rec Ⅱ 电流的调制作用取决于参数 α_m 和 m,通过合理选取参数 α_m 和 m 可有效改善交流输入电流波形的质量。

3. 双无源谐波抑制电路工作条件

当 UDIPR 副边全波整流电路输出电压小于负载电压 u_d 时,二极管 D_α 和 D_β 反向偏置,副边整流功能不起作用。此时 UDIPR 相当于传统两抽头平衡电抗器,整流系统工作于 24 脉波整流状态。因此,在供电电压一定时,若要使双无源谐波抑制电路正常工作,要求在副边全波整流电路输出电压取得最大值的时刻,单相全波整流电路输出电压的最大值大于此时整流系统的负载电压 u_d。由于副边全波整流电路的输出电压由变比 m 决定,整流系统的负载电压 u_d 与抽头位置变比 α_m 有关。因此,双无源谐波抑制电路若正常工作,则必须满足一定的条件,将此条件称为临界条件。

当 UDIPR 工作于传统两抽头平衡电感器条件时,根据前述章节分析,输出电压 u_d 如式(7.79)所示。原边绕组 AB 的端电压如式(7.13)所示,从而可以推算出 u_{AB} 的最大值是 $(2-\sqrt{3})\pi/6 U_d$。

$$u_d = \begin{cases} \sqrt{(84-48\sqrt{3})\alpha_m^2+3}\,U_m\sin\left(\omega t-\dfrac{\pi}{3}k+\arctan\dfrac{2+\sqrt{3}}{2\alpha_m}\right), \\ \qquad \omega t \in \left[\dfrac{\pi}{3}k,\dfrac{\pi}{3}k+\dfrac{\pi}{12}\right) \\ -\sqrt{(84-48\sqrt{3})\alpha_m^2+3}\,U_m\sin\left(\omega t-\dfrac{\pi}{3}k-\dfrac{\pi}{6}-\arctan\dfrac{2+\sqrt{3}}{2\alpha_m}\right), \\ \qquad \omega t \in \left[\dfrac{\pi}{3}k+\dfrac{\pi}{12},\dfrac{\pi}{3}k+\dfrac{\pi}{6}\right) \\ \sqrt{(84-48\sqrt{3})\alpha_m^2+3}\,U_m\sin\left(\omega t-\dfrac{\pi}{3}k-\dfrac{\pi}{6}+\arctan\dfrac{2+\sqrt{3}}{2\alpha_m}\right), \\ \qquad \omega t \in \left[\dfrac{\pi}{3}k+\dfrac{\pi}{6},\dfrac{\pi}{3}k+\dfrac{\pi}{4}\right) \\ -\sqrt{(84-48\sqrt{3})\alpha_m^2+3}\,U_m\sin\left(\omega t-\dfrac{\pi}{3}k-\dfrac{\pi}{3}-\arctan\dfrac{2+\sqrt{3}}{2\alpha_m}\right), \\ \qquad \omega t \in \left[\dfrac{\pi}{3}k+\dfrac{\pi}{4},\dfrac{\pi}{3}k+\dfrac{\pi}{3}\right] \end{cases} \tag{7.79}$$

由于 UDIPR 副边单相全波整流电路输出电压首次取得最大值的时刻是 $\pi/12$,因此双无源谐波抑制电路的临界条件可表示为

$$u_d\Big|_{\omega t=\frac{\pi}{12}} < m u_{AB-max} = m\frac{(2-\sqrt{3})\pi}{6}U_d \tag{7.80}$$

将输出电压 u_d 的公式代入上式,可求得双无源谐波抑制电路正常工作需要满足的临界条件为

$$m-\alpha_m > \frac{7+4\sqrt{3}}{2} = 6.964 \tag{7.81}$$

7.3.2　直流侧双无源谐波抑制电路最优设计

为了获得输入电流 i_a 的具体表达式,需要获得 i_{d1} 和 i_{d2} 的具体表达式,而 i_{d1} 和 i_{d2} 又与直流侧双无源谐波抑制电路的工作模式相关。

由前述章节可知,电压 u_{AB} 的周期是 $\pi/3$,电压 u_d 的周期是 $\pi/6$。因此电压 $\mid u_{AB} \mid$ 的周期是 $\pi/6$,电压 $\mid u_{CO'} \mid$ 或 $\mid u_{DO'} \mid$ 的周期也是 $\pi/6$。定义在 $[0, \pi/6]$ 内存在 θ 首次满足工作模式转换的边界条件,即

$$u_d(\theta) = m \mid u_{AB}(\theta) \mid \tag{7.82}$$

根据 $\mid u_{CO'} \mid$ 或 $\mid u_{DO'} \mid$ 的对称性可知 θ 必然位于区间 $[0, \pi/12]$ 内,将电压 u_{AB} 和 u_d 的表达式代入上式,可得

$$\sqrt{(84 - 48\sqrt{3})\alpha_m^2 + 3}\, U_m \sin\left(\theta + \arctan\frac{2 + \sqrt{3}}{2\alpha_m}\right) = m \cdot \frac{\sqrt{2 - \sqrt{3}} \cdot \pi}{3} U_d \sin\theta \tag{7.83}$$

解此方程,可得 θ 满足

$$\theta = \arctan\frac{\sqrt{3}}{(4\sqrt{3} - 6)(m - \alpha_m)} \tag{7.84}$$

利用 u_d 和 $\mid u_{CO'} \mid$ 或 $\mid u_{DO'} \mid$ 的周期性以及对称性,可得电流 i_{d1} 与 i_{d2} 的周期是 $\pi/3$,并且满足

$$i_{d1} = \begin{cases} \left(\dfrac{1}{2} - \alpha_m\right)I_d, & \omega t \in \left[\dfrac{\pi}{3}k, \dfrac{\pi}{3}k + \theta\right) \\[2mm] 0, & \omega t \in \left[\dfrac{\pi}{3}k + \theta, \dfrac{\pi}{3}k + \dfrac{\pi}{6} - \theta\right) \\[2mm] \left(\dfrac{1}{2} - \alpha_m\right)I_d, & \omega t \in \left[\dfrac{\pi}{3}k + \dfrac{\pi}{6} - \theta, \dfrac{\pi}{3}k + \dfrac{\pi}{6}\right) \\[2mm] \left(\dfrac{1}{2} + \alpha_m\right)I_d, & \omega t \in \left[\dfrac{\pi}{3}k + \dfrac{\pi}{6}, \dfrac{\pi}{3}k + \dfrac{\pi}{6} + \theta\right) \\[2mm] \dfrac{2mI_d}{1 - 2\alpha_m + 2m}, & \omega t \in \left[\dfrac{\pi}{3}k + \dfrac{\pi}{6} + \theta, \dfrac{\pi}{3}k + \dfrac{\pi}{3} - \theta\right) \\[2mm] \left(\dfrac{1}{2} + \alpha_m\right)I_d, & \omega t \in \left[\dfrac{\pi}{3}k + \dfrac{\pi}{3} - \theta, \dfrac{\pi}{3}k + \dfrac{\pi}{3}\right] \end{cases} \tag{7.85}$$

$$i_{d2} = \begin{cases} (\dfrac{1}{2} + \alpha_m)I_d, & \omega t \in [\dfrac{\pi}{3}k, \dfrac{\pi}{3}k + \theta) \\[2mm] \dfrac{2mI_d}{1 - 2\alpha_m + 2m}, & \omega t \in [\dfrac{\pi}{3}k + \theta, \dfrac{\pi}{3}k + \dfrac{\pi}{6} - \theta) \\[2mm] (\dfrac{1}{2} + \alpha_m)I_d, & \omega t \in [\dfrac{\pi}{3}k + \dfrac{\pi}{6} - \theta, \dfrac{\pi}{3}k + \dfrac{\pi}{6}) \\[2mm] (\dfrac{1}{2} - \alpha_m)I_d, & \omega t \in [\dfrac{\pi}{3}k + \dfrac{\pi}{6}, \dfrac{\pi}{3}k + \dfrac{\pi}{6} + \theta) \\[2mm] 0, & \omega t \in [\dfrac{\pi}{3}k + \dfrac{\pi}{6} + \theta, \dfrac{\pi}{3}k + \dfrac{\pi}{3} - \theta) \\[2mm] (\dfrac{1}{2} - \alpha_m)I_d, & \omega t \in [\dfrac{\pi}{3}k + \dfrac{\pi}{3} - \theta, \dfrac{\pi}{3}k + \dfrac{\pi}{3}] \end{cases} \tag{7.86}$$

式中, $k = 0,1,2,3,4,5$。

根据电流 i_{d1} 与 i_{d2} 的表达式, 利用开关函数法, 可得电流 i_a 一个周期的具体表达式。为了简化表达式, 根据其对称性, 这里仅给出 1/4 周期(即 $[0, \pi/2]$)的分段函数表达式。

$$i_a = \begin{cases} (\dfrac{8\sqrt{3}}{3} - 4)\alpha_m I_d, & \omega t \in [0, \theta) \\[2mm] \dfrac{(8\sqrt{3} - 12)m}{3(1 - 2\alpha_m + 2m)}I_d, & \omega t \in [\theta, \dfrac{\pi}{6} - \theta) \\[2mm] [\dfrac{\sqrt{3}}{3} + (2\sqrt{3} - 4)\alpha_m]I_d, & \omega t \in [\dfrac{\pi}{6} - \theta, \dfrac{\pi}{6}) \\[2mm] [\dfrac{\sqrt{3}}{3} + (4 - 2\sqrt{3})\alpha_m]I_d, & \omega t \in [\dfrac{\pi}{6}, \dfrac{\pi}{6} + \theta) \\[2mm] \dfrac{(12 - 4\sqrt{3})m}{3(1 - 2\alpha_m + 2m)}I_d, & \omega t \in [\dfrac{\pi}{6} + \theta, \dfrac{\pi}{3} - \theta) \\[2mm] [1 + (2 - \dfrac{4}{3}\sqrt{3})\alpha_m]I_d, & \omega t \in [\dfrac{\pi}{3} - \theta, \dfrac{\pi}{3}) \\[2mm] [1 + (\dfrac{4}{3}\sqrt{3} - 2)\alpha_m]I_d, & \omega t \in [\dfrac{\pi}{3}, \dfrac{\pi}{3} + \theta) \\[2mm] \dfrac{4\sqrt{3}m}{3(1 - 2\alpha_m + 2m)}I_d, & \omega t \in [\dfrac{\pi}{3} + \theta, \dfrac{\pi}{2} - \theta) \\[2mm] \dfrac{2\sqrt{3}}{3}I_d, & \omega t \in [\dfrac{\pi}{2} - \theta, \dfrac{\pi}{2}] \end{cases} \tag{7.87}$$

根据输入电流 i_a 的表达式可知, 输入电流 i_a 与参数 α_m 和 m 有关。针对输入电流 i_a 应用傅立叶变换法则, 可得

$$i_a = \sum_{n=1}^{\infty} \dfrac{I_d}{n\pi}B_n \sin(n\omega t) \tag{7.88}$$

其中, B_n 满足

$$B_n = \frac{8\sqrt{3}}{3}\sin\frac{n\pi}{2}\{2(2-\sqrt{3})\alpha_m\sin\frac{n\pi}{3}(2\cos\frac{n\pi}{6}+\sqrt{3})+\sin n\theta(\cos\frac{n\pi}{3}+\sqrt{3}\cos\frac{n\pi}{6}+1)-$$

$$(4-2\sqrt{3})\alpha_m[(\sin\frac{n\pi}{6}+\sqrt{3}\sin\frac{n\pi}{3})\cos n\theta+\sin(\frac{n\pi}{2}-n\theta)]+$$

$$\frac{2m\sin(\frac{n\pi}{12}-n\theta)}{0.5+m-\alpha_m}(\frac{2\cos\frac{n\pi}{4}}{\sqrt{3}+1}+\frac{\cos\frac{5n\pi}{12}}{2+\sqrt{3}}+\cos\frac{n\pi}{12})\}$$

计算输入电流 i_a 基波的有效值为

$$I_1 = \frac{2\sqrt{6}I_d}{3\pi}\{\frac{6}{2+\sqrt{3}}[2\alpha_m(1-\cos\theta)+\frac{m\cos\theta}{0.5+m-\alpha_m}]+\frac{(3-6\alpha_m)\sin\theta}{0.5+m-\alpha_m}\} \quad (7.89)$$

根据上述公式可以得到输入电流 i_a 的 THD 值,图 7.25 给出了输入电流 i_a 的 THD 值与参数 α_m 和 m 的关系曲面图。当参数 α_m 和 m 不满足直流侧双无源谐波抑制电路工作的临界条件时,整流系统按照 24 脉波整流器方式工作,随着参数 α_m 的变化,THD 值从 7.52% 变化到 15.15%。当参数 α_m 和 m 满足临界条件时,整流系统按照 36 脉波整流器方式工作,随着参数 α_m 和 m 的变化,THD 值从 5.035% 变化到 7.52%。 当 $\alpha_m = 0.1637$ 且 $m = 10.74$ 时,THD 取得最小值 5.035%,称此时 α_m 和 m 的值为最优参数。

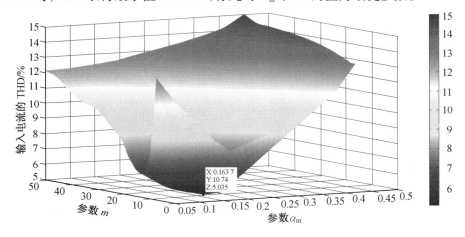

图 7.25　输入电流 THD 值与参数 α_m 和 m 的关系曲面图

在最优参数条件下,根据首次满足工作模式转换的边界条件,可求得

$$\theta = \arctan\frac{\sqrt{3}}{(4\sqrt{3}-6)(m-\alpha_m)}\bigg|_{\substack{\alpha_m=0.1637\\m=10.74}} = \frac{\pi}{18} \quad (7.90)$$

7.3.3　具有 UDIPR 的整流系统

1. 输入电流及输出电压特性

根据直流侧双无源谐波抑制电路的工作模式,36 脉波整流系统中二极管电流 i_α 和 i_β 的周期为 $\pi/3$,具体表达式为

$$i_{\alpha} = \begin{cases} 0, & \omega t \in \left[\dfrac{\pi}{3}k, \dfrac{\pi}{3}k + \dfrac{2\pi}{9}\right) \\[2mm] \dfrac{(1 - 2\alpha_{\mathrm{m}})I_{\mathrm{d}}}{1 - 2\alpha_{\mathrm{m}} + 2m}, & \omega t \in \left[\dfrac{\pi}{3}k + \dfrac{2\pi}{9}, \dfrac{\pi}{3}k + \dfrac{5\pi}{18}\right) \\[2mm] 0, & \omega t \in \left[\dfrac{\pi}{3}k + \dfrac{5\pi}{18}, \dfrac{\pi}{3}k + \dfrac{\pi}{3}\right] \end{cases} \tag{7.91}$$

$$i_{\beta} = \begin{cases} 0, & \omega t \in \left[\dfrac{\pi}{3}k, \dfrac{\pi}{3}k + \dfrac{\pi}{18}\right) \\[2mm] \dfrac{(1 - 2\alpha_{\mathrm{m}})I_{\mathrm{d}}}{1 - 2\alpha_{\mathrm{m}} + 2m}, & \omega t \in \left[\dfrac{\pi}{3}k + \dfrac{\pi}{18}, \dfrac{\pi}{3}k + \dfrac{\pi}{9}\right) \\[2mm] 0, & \omega t \in \left[\dfrac{\pi}{3}k + \dfrac{\pi}{9}, \dfrac{\pi}{3}k + \dfrac{\pi}{3}\right] \end{cases} \tag{7.92}$$

其中，$k = 0,1,2,3,4,5$。

根据基尔霍夫电流定律，单相全波整流器的输出电流 i_{f} 的周期是 $\pi/6$，其表达式为

$$i_{\mathrm{f}} = \begin{cases} 0, & \omega t \in \left[\dfrac{\pi}{6}k, \dfrac{\pi}{6}k + \dfrac{\pi}{18}\right) \\[2mm] \dfrac{(1 - 2\alpha_{\mathrm{m}})I_{\mathrm{d}}}{1 - 2\alpha_{\mathrm{m}} + 2m}, & \omega t \in \left[\dfrac{\pi}{6}k + \dfrac{\pi}{18}, \dfrac{\pi}{6}k + \dfrac{\pi}{9}\right) \\[2mm] 0, & \omega t \in \left[\dfrac{\pi}{6}k + \dfrac{\pi}{9}, \dfrac{\pi}{6}k + \dfrac{\pi}{6}\right] \end{cases} \tag{7.93}$$

其中，$k = 0,1,2,3,4,5,6,7,8,9,10,11$。

同理可知，UDIPR 原边抽头二极管电流 i_{p} 和 i_{q} 的周期也是 $\pi/3$，且满足

$$i_{\mathrm{p}} = \begin{cases} 0, & \omega t \in \left[\dfrac{\pi}{3}k, \dfrac{\pi}{3}k + \dfrac{\pi}{6}\right) \\[2mm] I_{\mathrm{d}}, & \omega t \in \left[\dfrac{\pi}{3}k + \dfrac{\pi}{6}, \dfrac{\pi}{3}k + \dfrac{2\pi}{9}\right) \\[2mm] \dfrac{2mI_{\mathrm{d}}}{1 - 2\alpha_{\mathrm{m}} + 2m}, & \omega t \in \left[\dfrac{\pi}{3}k + \dfrac{2\pi}{9}, \dfrac{\pi}{3}k + \dfrac{5\pi}{18}\right) \\[2mm] I_{\mathrm{d}}, & \omega t \in \left[\dfrac{\pi}{3}k + \dfrac{5\pi}{18}, \dfrac{\pi}{3}k + \dfrac{\pi}{3}\right] \end{cases} \tag{7.94}$$

$$i_{\mathrm{q}} = \begin{cases} I_{\mathrm{d}}, & \omega t \in \left[\dfrac{\pi}{3}k, \dfrac{\pi}{3}k + \dfrac{\pi}{18}\right) \\[2mm] \dfrac{2mI_{\mathrm{d}}}{1 - 2\alpha_{\mathrm{m}} + 2m}, & \omega t \in \left[\dfrac{\pi}{3}k + \dfrac{\pi}{18}, \dfrac{\pi}{3}k + \dfrac{\pi}{9}\right) \\[2mm] I_{\mathrm{d}}, & \omega t \in \left[\dfrac{\pi}{3}k + \dfrac{\pi}{9}, \dfrac{\pi}{3}k + \dfrac{\pi}{6}\right) \\[2mm] 0, & \omega t \in \left[\dfrac{\pi}{3}k + \dfrac{\pi}{6}, \dfrac{\pi}{3}k + \dfrac{\pi}{3}\right] \end{cases} \tag{7.95}$$

其中，$k = 0,1,2,3,4,5$。

根据三相整流桥输出电流公式，可以得到流过 UDIPR 原边绕组 TT′ 段的电流表达式

为

$$i_{TT'} = \begin{cases} (\dfrac{1}{2} - \alpha_m)I_d, & \omega t \in \left[\dfrac{\pi}{3}k, \dfrac{\pi}{3}k + \theta\right) \\[2mm] 0, & \omega t \in \left[\dfrac{\pi}{3}k + \theta, \dfrac{\pi}{3}k + \dfrac{\pi}{6} - \theta\right) \\[2mm] (\dfrac{1}{2} - \alpha_m)I_d, & \omega t \in \left[\dfrac{\pi}{3}k + \dfrac{\pi}{6} - \theta, \dfrac{\pi}{3}k + \dfrac{\pi}{6}\right) \\[2mm] (\alpha_m - \dfrac{1}{2})I_d, & \omega t \in \left[\dfrac{\pi}{3}k + \dfrac{\pi}{6}, \dfrac{\pi}{3}k + \dfrac{\pi}{6} + \theta\right) \\[2mm] 0, & \omega t \in \left[\dfrac{\pi}{3}k + \dfrac{\pi}{6} + \theta, \dfrac{\pi}{3}k + \dfrac{\pi}{3} - \theta\right) \\[2mm] (\alpha_m - \dfrac{1}{2})I_d, & \omega t \in \left[\dfrac{\pi}{3}k + \dfrac{\pi}{3} - \theta, \dfrac{\pi}{3}k + \dfrac{\pi}{3}\right] \end{cases} \tag{7.96}$$

其中,$k = 0,1,2,3,4,5$。

在最优参数 $\alpha_m = 0.163\ 7$ 且 $m = 10.74$ 的条件下,图 7.26 给出了采用直流侧双无源谐波抑制方法的全桥并联整流系统中主要电流波形。输入电流波形在每个周期内有 36 个台阶,即整流器系统工作在 36 脉波整流状态。

根据直流侧双无源谐波抑制电路的工作模式以及前述章节内容,可得出 UDIPR 正常工作时,整流桥 Rec Ⅰ 和 Rec Ⅱ 的输出电压 u_{d1} 和 u_{d2} 为

$$u_{d1} = \begin{cases} 2\sqrt{6 - 3\sqrt{3}}\, U_m \cos\left(\omega t - \dfrac{\pi}{3}k + \dfrac{\pi}{12}\right), & \omega t \in \left[\dfrac{\pi}{3}k, \dfrac{\pi}{3}k + \theta\right) \\[2mm] \dfrac{4j - 2}{2j + 1}\sqrt{6 - 3\sqrt{3}}\, U_m \cos\left(\omega t - \dfrac{\pi}{3}k - \dfrac{\pi}{12}\right), & \omega t \in \left[\dfrac{\pi}{3}k + \theta, \dfrac{\pi}{3}k + \dfrac{\pi}{6} - \theta\right) \\[2mm] 2\sqrt{6 - 3\sqrt{3}}\, U_m \cos\left(\omega t - \dfrac{\pi}{3}k - \dfrac{\pi}{4}\right), & \omega t \in \left[\dfrac{\pi}{3}k + \dfrac{\pi}{6} - \theta, \dfrac{\pi}{3}k + \dfrac{\pi}{3}\right] \end{cases}$$
$$\tag{7.97}$$

$$u_{d2} = \begin{cases} 2\sqrt{6 - 3\sqrt{3}}\, U_m \cos\left(\omega t - \dfrac{\pi}{3}k - \dfrac{\pi}{12}\right), & \omega t \in \left[\dfrac{\pi}{3}k, \dfrac{\pi}{3}k + \dfrac{\pi}{6} + \theta\right) \\[2mm] \dfrac{4j - 2}{2j + 1}\sqrt{6 - 3\sqrt{3}}\, U_m \cos\left(\omega t - \dfrac{\pi}{3}k - \dfrac{\pi}{4}\right), & \omega t \in \left[\dfrac{\pi}{3}k + \dfrac{\pi}{6} + \theta, \dfrac{\pi}{3}k + \dfrac{\pi}{3} - \theta\right) \\[2mm] 2\sqrt{6 - 3\sqrt{3}}\, U_m \cos\left(\omega t - \dfrac{\pi}{3}k - \dfrac{5\pi}{12}\right), & \omega t \in \left[\dfrac{\pi}{3}k + \dfrac{\pi}{3} - \theta, \dfrac{\pi}{3}k + \dfrac{\pi}{3}\right] \end{cases}$$
$$\tag{7.98}$$

其中,$j = m - \alpha_m$;$k = 0,1,2,3,4,5$。

进一步可推出 UDIPR 工作时的原边绕组 AB 端电压为

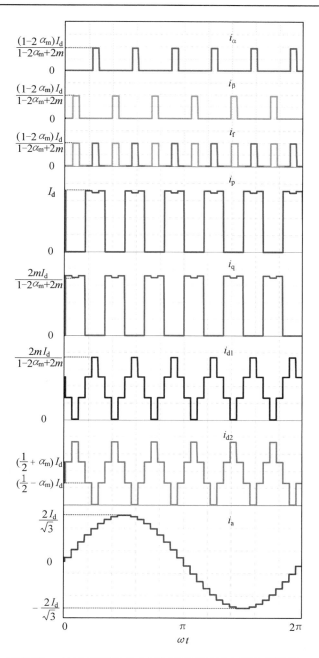

图 7.26　具有 UDIPR 的 36 脉波整流系统主要电流波形

$$u_{AB} = \begin{cases} -\sqrt{6-3\sqrt{3}}\,(\sqrt{6}-\sqrt{2})U_{m}\sin(\omega t - \dfrac{\pi}{3}k), & \omega t \in \left[\dfrac{\pi}{3}k, \dfrac{\pi}{3}k+\theta\right) \\[2mm] -\dfrac{4\sqrt{6-3\sqrt{3}}}{2j+1}U_{m}\cos(\omega t - \dfrac{\pi}{3}k - \dfrac{\pi}{12}), & \omega t \in \left[\dfrac{\pi}{3}k+\theta, \dfrac{\pi}{3}k+\dfrac{\pi}{6}-\theta\right) \\[2mm] \sqrt{6-3\sqrt{3}}\,(\sqrt{6}-\sqrt{2})U_{m}\sin(\omega t - \dfrac{\pi}{3}k - \dfrac{\pi}{6}), & \omega t \in \left[\dfrac{\pi}{3}k+\dfrac{\pi}{6}-\theta, \dfrac{\pi}{3}k+\dfrac{\pi}{6}\right) \\[2mm] \sqrt{6-3\sqrt{3}}\,(\sqrt{6}-\sqrt{2})U_{m}\sin(\omega t - \dfrac{\pi}{3}k - \dfrac{\pi}{6}), & \omega t \in \left[\dfrac{\pi}{3}k+\dfrac{\pi}{6}, \dfrac{\pi}{3}k+\dfrac{\pi}{6}+\theta\right) \\[2mm] \dfrac{4\sqrt{6-3\sqrt{3}}}{2j+1}U_{m}\cos(\omega t - \dfrac{\pi}{3}k - \dfrac{\pi}{4}), & \omega t \in \left[\dfrac{\pi}{3}k+\dfrac{\pi}{6}+\theta, \dfrac{\pi}{3}k+\dfrac{\pi}{3}-\theta\right] \\[2mm] -\sqrt{6-3\sqrt{3}}\,(\sqrt{6}-\sqrt{2})U_{m}\sin(\omega t - \dfrac{\pi}{3}k - \dfrac{\pi}{3}), & \omega t \in \left[\dfrac{\pi}{3}k+\dfrac{\pi}{3}-\theta, \dfrac{\pi}{3}k+\dfrac{\pi}{3}\right] \end{cases}$$

$$\tag{7.99}$$

根据整流电路理论以及前述章节的内容,可推导出 UDIPR 工作时 ZSBT 端电压满足

$$u_{36,ZSBT} = \begin{cases} \dfrac{(\sqrt{6}-\sqrt{2})^{2}}{2}U_{m}\cos(\omega t - \dfrac{2\pi}{3}k - \dfrac{2\pi}{3}), \\[2mm] \qquad \omega t \in \left[\dfrac{2\pi}{3}k, \dfrac{2\pi}{3}k+\dfrac{\pi}{3}+\theta\right) \\[2mm] (\sqrt{6}-\sqrt{2})U_{m}\left[\dfrac{\sqrt{6}+\sqrt{2}}{2}\cos(\omega t - \dfrac{2\pi}{3}k - \dfrac{\pi}{3}) - \dfrac{2j-1}{2j+1}\sqrt{3}\cos(\omega t - \dfrac{2\pi}{3}k - \dfrac{5\pi}{12})\right], \\[2mm] \qquad \omega t \in \left[\dfrac{2\pi}{3}k+\dfrac{\pi}{3}+\theta, \dfrac{2\pi}{3}k+\dfrac{\pi}{2}-\theta\right) \\[2mm] \sqrt{2}\,(\sqrt{6}-\sqrt{2})U_{m}\cos(\omega t - \dfrac{2\pi}{3}k), \\[2mm] \qquad \omega t \in \left[\dfrac{2\pi}{3}k+\dfrac{\pi}{2}-\theta, \dfrac{2\pi}{3}k+\dfrac{\pi}{2}+\theta\right) \\[2mm] (\sqrt{6}-\sqrt{2})U_{m}\left[\dfrac{\sqrt{6}+\sqrt{2}}{2}\cos(\omega t - \dfrac{2\pi}{3}k + \dfrac{\pi}{3}) + \dfrac{2j-1}{2j+1}\sqrt{3}\cos(\omega t - \dfrac{2\pi}{3}k - \dfrac{7\pi}{12})\right], \\[2mm] \qquad \omega t \in \left[\dfrac{2\pi}{3}k+\dfrac{\pi}{2}+\theta, \dfrac{2\pi}{3}k+\dfrac{2\pi}{3}-\theta\right) \\[2mm] \dfrac{(\sqrt{6}-\sqrt{2})^{2}}{2}U_{m}\cos(\omega t - \dfrac{2\pi}{3}k + \dfrac{2\pi}{3}), \\[2mm] \qquad \omega t \in \left[\dfrac{2\pi}{3}k+\dfrac{2\pi}{3}-\theta, \dfrac{2\pi}{3}k+\dfrac{2\pi}{3}\right] \end{cases}$$

$$\tag{7.100}$$

进而可求得 UDIPR 工作时负载输出电压 u_{d} 满足

$$u_{d} = \dfrac{1}{2}\sqrt{6-3\sqrt{3}}\,(\sqrt{6}+\sqrt{2})U_{m}\cos(\omega t - \dfrac{\pi}{18}k) +$$

$$\alpha_{m}\sqrt{6-3\sqrt{3}}\,(\sqrt{6}-\sqrt{2})U_{m}\sin(\omega t - \dfrac{\pi}{18}k), \quad \omega t \in \left[\dfrac{\pi}{18}k, \dfrac{\pi}{18}k+\theta\right] \tag{7.101}$$

其中，$k = 0,1,2,3,4,5,6,7,8,9,10,11,\cdots,35$。

将最优 α_m 和 m 值对应的 θ 值代入上式，并对其应用傅立叶级数变换法则，可得

$$u_d = U_d + \sum_{n=1}^{\infty} \frac{36\sqrt{6 - 3\sqrt{3}}}{\pi(1\,296n^2 - 1)}(X + Y)U_m\cos(36n\omega t - n\pi) \tag{7.102}$$

其中，X、Y 分别为

$$X = \frac{1}{2}(\sqrt{6} + \sqrt{2})\big[(36n - 1)(\cos n\pi\sin\frac{\pi}{18} + \sin\frac{\pi}{36}) -$$

$$(36n + 1)(\cos n\pi\cos\frac{4\pi}{9} - \cos\frac{17\pi}{36})\big]$$

$$Y = \alpha_m(\sqrt{6} - \sqrt{2})\big[(36n + 1)(\cos n\pi\sin\frac{4\pi}{9} + \sin\frac{17\pi}{36}) -$$

$$(36n - 1)(\cos n\pi\cos\frac{\pi}{18} - \cos\frac{\pi}{36})\big]$$

将 α_m 的最优值代入上式，可得 U_d 与 U_m 的关系满足

$$U_d = 1.736\,3U_m \tag{7.103}$$

根据负载输出电压 u_d 表达式可知，除了直流量以外，输出电压仅包含 $36n$（n 是正整数）次谐波，即系统工作在 36 脉波整流状态。UDIPR 在最优参数时，整流系统主要电压波形如图 7.27 所示。

采用直流侧双无源谐波抑制方法的 36 脉波并联整流系统含有 UDIPR，因此产生谐波抑制所需的调制电流由两个因素决定。其一是 UDIPR 原边的抽头位置变比 α_m 影响抽头二极管 D_p 和 D_q 的工作时序及状态，其二是一次绕组和二次绕组的电压比 m 决定整流二极管 D_α 和 D_β 的工作时序及状态。这两个因素配合所产生的调制电流会在 36 脉波整流系统交流侧抵消输入电流中的特征次谐波电流，从而达到抑制网侧输入电流谐波的目的。

2. 36 脉波整流系统容量分析

（1）自耦变压器容量。

自耦变压器容量分析与前述章节内容类似，其中延边绕组 aa_1 电压的有效值以及主绕组 ab 电压的有效值参见式（7.48）和式（7.49）。根据整流桥 Rec I 和 Rec II 输入电流和输出电流的关系式，可推得流过延边绕组 aa_1 的电流关系式，其有效值为 $I_{a1-rms} = 0.488\,7I_d$。流过主绕组 ab 的电流 i_1 的有效值为 $I_{1-rms} = 0.085\,4I_d$。

因此，可求得 36 脉波整流系统中自耦型移相变压器的容量为

$$S_{tran} = (6U_{aa1-rms}I_{a1-rms} + 3U_{ab-rms}I_{1-rms})/2 = 24.63\%P_o \tag{7.104}$$

其中，P_o 为 36 脉波整流系统的输出平均功率，$P_o = U_dI_d$。

（2）ZSBT 容量。

根据 36 脉波整流系统负载电压 U_d 与三相供电电源相电压幅值 U_m 之间的关系，可得零序电流阻抗器电压的有效值为 $U_{ZSBT-rms} = 0.124\,9U_d$。

根据 36 脉波整流系统中电流 i_{d1} 与 i_{d2} 的关系式，以及最优参数 α_m 和 m 所对应的 θ 值，可得流过 ZSBT 的电流有效值为 $I_{d1-rms} = I_{d2-rms} = 0.583\,6I_d$。因此，36 脉波整流系统中零序

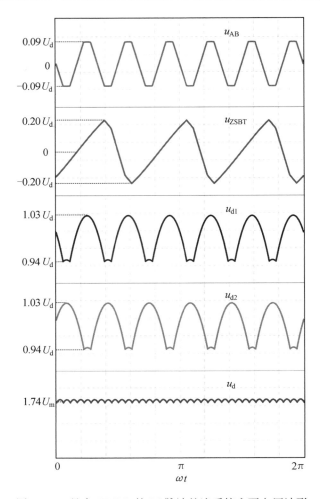

图 7.27　具有 UDIPR 的 36 脉波整流系统主要电压波形

电流阻抗器的容量为 7.29% P_o。

（3）UDIPR 容量。

根据 36 脉波整流系统中原边绕组 AB 的端电压关系式，以及负载电压 U_d 与三相供电电源相电压幅值 U_m 之间的关系式，可得原边绕组电压的有效值为 $U_{AB-rms} = 0.069\,4U_d$。在最优参数条件下，分段绕组 AT 和 BT′ 电压有效值为 $U_{AT-rms} = U_{BT'-rms} = 0.023\,4U_d$，TT′ 的电压有效值为 $U_{TT'-rms} = 0.022\,6U_d$。UDIPR 的副边绕组（CO′ 或 DO′）电压的有效值为 $U_{CO'-rms} = U_{DO'-rms} = 0.745\,3U_d$。

根据流过原边绕组 TT′ 的电流表达式，可得 $i_{TT'}$ 有效值为 $I_{TT'-rms} = 0.275\,3I_d$。副边二极管 D_α 和 D_β 电流的有效值为 $I_{\alpha-rms} = I_{\beta-rms} = 0.012\,4I_d$。36 脉波整流系统中 UDIPR 的等效容量为 $S_{UDIPR} = 2.60\% P_o$。

（4）单相全波整流电路容量。

根据前述章节内容，单相全波整流电路的容量为 1.31% P_o，流过全波整流电路中 D_α 和 D_β 总的平均电流仅占负载平均电流 I_d 的 1.013%。

7.3.4 直流侧双无源谐波抑制电路实验

针对具有 UDIPR 的 36 脉波整流系统进行实验,实验条件如下:(1) 输入正弦三相电压有效值为 120 V;(2) 负载电阻值为 30 Ω,负载电感值为 9 mH;(3) 非常规平衡电抗器原边抽头匝比 $\alpha_m = 0.16$,变比 $m = 10.74$;(4) 额定输出功率为 3 kW,额定输出电流为 10 A。

当 UDIPR 工作在两抽头平衡电抗器模式时,整流系统的输入线电流波形和频谱如图 7.28(a) 所示。整流系统按照 24 脉波整流器工作,输入线电流 THD 约为 6.5%,略低于理论值。由于原边抽头匝比 $\alpha_m = 0.16$ 并不是两抽头平衡电抗器的最优参数,因此在输入线电流的频谱中存在着 11 次和 13 次谐波成分。

当 UDIPR 具有最优参数条件时,整流系统按照 36 脉波整流器工作,图 7.28(b) 所示为输入线电流波形和频谱。输入线电流的 THD 实验结果约为 4.3%,略低于理论值。由于自耦变压器、UDIPR 和 ZSBT 的漏感滤波作用,上述输入线电流的 THD 实验结果都略低于理论值。与图 7.28(a) 相比,直流侧双无源谐波抑制方法有效地减小了整流系统输入电流的谐波。

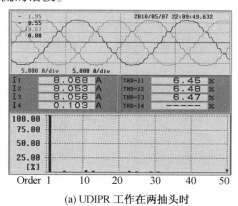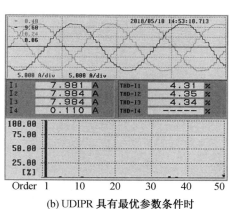

(a) UDIPR 工作在两抽头时   (b) UDIPR 具有最优参数条件时

图 7.28 整流系统输入线电流波形和频谱

图 7.29(a) 所示为 UDIPR 原边抽头二极管 D_p 和 D_q 的电流 i_p 和 i_q,二者轮流导通,其频率是电网频率的 6 倍,幅值等于负载电流 I_d。图 7.29(b) 所示为副边整流二极管 D_α 和 D_β 的电流 i_α 和 i_β,二者交替导通,其频率是电网频率的 6 倍,幅值等于负载电流 I_d 与 i_p 或 i_q 波形中间位置幅值的差;i_f 代表副边单相全波整流电路输出电流,其频率是电网频率的 12 倍,幅值与 i_α 或 i_β 相等。由于 UDIPR 的调制作用,整流桥 Rec Ⅰ 和 Rec Ⅱ 的输出电流波形如图 7.29(c) 所示。整流桥 Rec Ⅰ 和 Rec Ⅱ 输出电流 i_{d1} 和 i_{d2} 的频率均为电网频率的 6 倍。图 7.29(d) 为整流桥 Rec Ⅰ 的输入电流 i_{a1} 和 i_{b1} 波形,图 7.29(e) 为整流桥 Rec Ⅰ 和 Rec Ⅱ 输出电压 u_{d1} 和 u_{d2} 波形。整流系统输出电压波形如图 7.29(f) 所示,随着输出电压脉波数的倍增,其交流脉动分量的幅值越来越小。

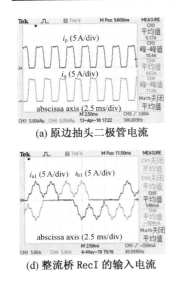
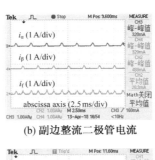
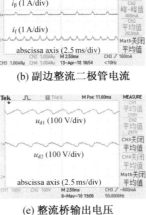
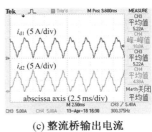

(a) 原边抽头二极管电流　　　(b) 副边整流二极管电流　　　(c) 整流桥输出电流

(d) 整流桥 RecI 的输入电流　　(e) 整流桥输出电压　　　　(f) 整流系统输出电压

图 7.29　整流系统实验波形

7.4　直流侧混合谐波抑制方法

直流侧混合谐波抑制方法通过非常规三抽头平衡电抗器（Unconventional Triple-tapped IPR，UTIPR）和单相桥式整流电路实现，参见发明专利"混合型原边抽头可控式平衡变换器"[69]。采用直流侧混合谐波抑制方法的 48 脉波整流系统如图 7.30 所示，UTIPR 一次绕组具有三个抽头，中间抽头与二极管相连，另外两个抽头与二极管和开关管相连，作为第一级有源谐波抑制方法。二次绕组与单相全桥整流电路相连，作为第二级无源谐波抑制方法[70]。UTIPR 二次绕组连接的全桥整流电路并联在负载两端，一次绕组的第 1、2 抽头分别引出二极管，并串联开关管连接至负载正极端，第 3 抽头直接引出二极管连接至负载正极端。一次绕组当全桥整流电路正常工作时，相比于常规三抽头平衡电抗器，能够增加整流系统输出电压的脉波数，同时增加输入电流的脉波数，可实现 48 脉波整流，并降低输入电流的 THD 值。

7.4.1　直流侧混合谐波抑制电路工作原理

1. UTIPR 原副边匝比定义

UTIPR 原边抽头位置与原副边绕组匝数定义如图 7.31 所示，原边抽头位置 3 为原边绕组的中心点。

定义平衡电抗器原边变比 α 为

$$\alpha = \frac{N_{13}}{N_1} = \frac{N_{23}}{N_1} \tag{7.105}$$

定义平衡电抗器原副边匝比 m 为

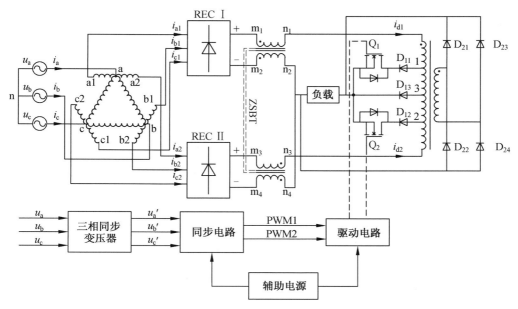

图 7.30　采用直流侧混合谐波抑制方法的 48 脉波整流系统

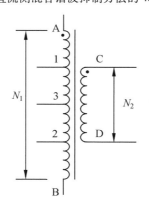

图 7.31　UTIPR 原边抽头位置与原副边绕组匝数定义

$$m = \frac{N_2}{N_1} \qquad\qquad (7.106)$$

式中, N_2 为平衡电抗器副边绕组总匝数。

2. 混合谐波抑制电路工作模式

根据两组整流桥输出电压 u_{d1} 与 u_{d2} 之间的关系、开关管的工作状态以及 UTIPR 副边电压 u_2 与负载电压 u_d 之间的关系,混合谐波抑制电路的工作模式分为 5 种。

（1）工作模式 I。

当 $|u_2| < u_d$ 且开关管 Q_1 和 Q_2 关断时,混合谐波抑制电路工作在模式 I,如图 7.32(a)所示。此模式下,UTIPR 副边二极管 D_{21}、D_{22}、D_{23} 和 D_{24} 均因反向偏置而截止,单相全桥不控整流电路不工作;原边第 3 抽头二极管 D_{13} 因正向偏置而导通。此时

$$\begin{cases} i_{m1} = i_{m2} = 0 \\ i_{n1} = i_{n2} = 0 \\ i_m = i_{m3} \\ i_n = 0 \\ i_d = i_m \end{cases} \qquad (7.107)$$

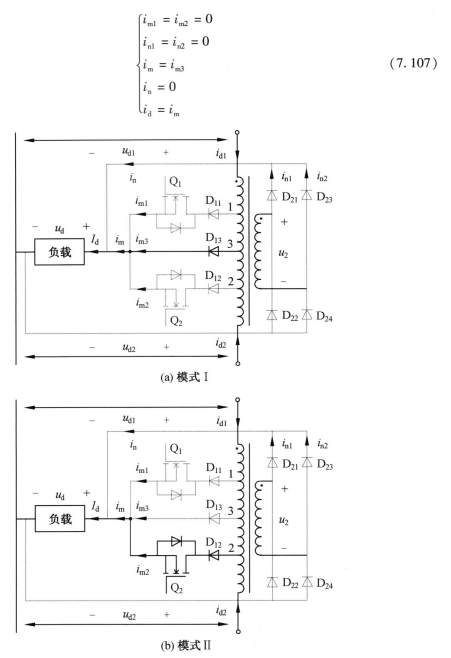

(a) 模式 I

(b) 模式 II

图 7.32　混合谐波抑制电路的工作模式

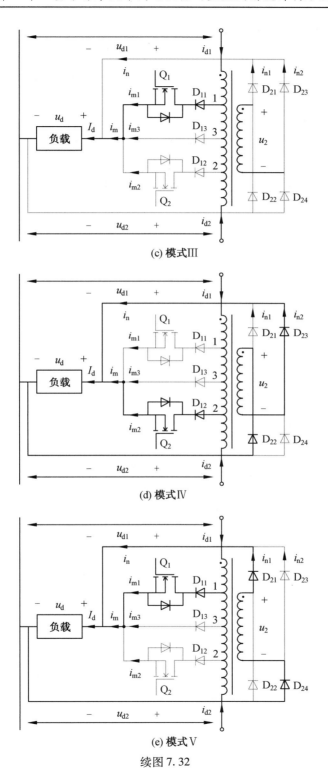

(c) 模式Ⅲ

(d) 模式Ⅳ

(e) 模式Ⅴ

续图 7.32

两组整流桥 REC Ⅰ 和 REC Ⅱ 的输出电流 i_{d1} 和 i_{d2} 为

$$\begin{cases} i_{d1} = \dfrac{1}{2} I_d \\[2mm] i_{d2} = \dfrac{1}{2} I_d \end{cases} \tag{7.108}$$

（2）工作模式 Ⅱ。

当 $|u_2| < u_d, u_{d1} < u_{d2}$ 且开关管 Q_1 关断、Q_2 开通时，混合谐波抑制电路工作在模式 Ⅱ，如图 7.32(b) 所示。此模式下，UTIPR 副边二极管 D_{21}、D_{22}、D_{23} 和 D_{24} 均因反向偏置而截止，单相全桥不控整流电路不工作；原边第 2 抽头二极管 D_{12} 因正向偏置而导通，第 3 抽头二极管 D_{13} 因被钳位反向偏置而截止，第 1 抽头二极管 D_{11} 截止。此时

$$\begin{cases} i_{m1} = i_{m3} = 0 \\ i_{n1} = i_{n2} = 0 \\ i_m = i_{m2} \\ i_n = 0 \\ i_d = i_m \end{cases} \tag{7.109}$$

两组整流桥 REC Ⅰ 和 REC Ⅱ 的输出电流 i_{d1} 和 i_{d2} 为

$$\begin{cases} i_{d1} = \left(\dfrac{1}{2} - \alpha \right) I_d \\[2mm] i_{d2} = \left(\dfrac{1}{2} + \alpha \right) I_d \end{cases} \tag{7.110}$$

（3）工作模式 Ⅲ。

当 $|u_2| < u_d, u_{d1} > u_{d2}$ 且开关管 Q_1 开通、Q_2 关断时，混合谐波抑制电路工作在模式 Ⅲ，如图 7.32(c) 所示。此模式下，UTIPR 副边二极管 D_{21}、D_{22}、D_{23} 和 D_{24} 均因反向偏置而截止，单相全桥不控整流电路不工作；原边第 1 抽头二极管 D_{11} 因正向偏置而导通，第 3 抽头二极管 D_{13} 因被钳位反向偏置而截止，第 2 抽头二极管 D_{12} 截止。此时

$$\begin{cases} i_{m2} = i_{m3} = 0 \\ i_{n1} = i_{n2} = 0 \\ i_m = i_{m1} \\ i_n = 0 \\ i_d = i_m \end{cases} \tag{7.111}$$

两组整流桥 REC Ⅰ 和 REC Ⅱ 的输出电流 i_{d1} 和 i_{d2} 为

$$\begin{cases} i_{d1} = \left(\dfrac{1}{2} + \alpha \right) I_d \\[2mm] i_{d2} = \left(\dfrac{1}{2} - \alpha \right) I_d \end{cases} \tag{7.112}$$

（4）工作模式 Ⅳ。

当 $-u_2 > u_d, u_{d1} < u_{d2}$ 且开关管 Q_1 关断、Q_2 开通时，混合谐波抑制电路工作在模式 Ⅳ，如图 7.32(d) 所示。此模式下，UTIPR 副边反向电压的绝对值大于负载电压，整流二

极管 D_{22} 和 D_{23} 因正向偏置而导通，D_{21} 和 D_{24} 因反向偏置而截止；原边第 2 抽头二极管 D_{12} 因正向偏置而导通，第 3 抽头二极管 D_{13} 因被钳位反向偏置而截止，第 1 抽头二极管 D_{11} 截止。此时

$$\begin{cases} i_{m1} = i_{m3} = 0 \\ i_{n1} = 0 \\ i_m = i_{m2} \\ i_n = i_{n2} \\ i_d = i_m + i_n \end{cases} \qquad (7.113)$$

两组整流桥 REC I 和 REC II 的输出电流 i_{d1} 和 i_{d2} 为

$$\begin{cases} i_{d1} = 0 \\ i_{d2} = i_m \end{cases} \qquad (7.114)$$

UTIPR 原副边电流存在如下关系

$$i_{d2} \cdot \left(\frac{1}{2} - \alpha \right) N_1 = i_{n2} \cdot N_2 \qquad (7.115)$$

根据基尔霍夫电流定律，能够得出 i_m、i_n、i_{m2}、i_{n2} 和 I_d 之间的关系为

$$i_m + i_n = i_{m2} + i_{n2} = I_d \qquad (7.116)$$

将式(7.106)、式(7.114)和式(7.115)代入式(7.116)中，化简可得

$$\frac{\left(\frac{1}{2} - \alpha \right) i_m}{m} + i_m = I_d \qquad (7.117)$$

分别将 i_{d1}、i_{d2}、i_m 和 i_n 用 I_d、m 和 α 表示，即

$$\begin{cases} i_{d1} = 0 \\ i_{d2} = \dfrac{2m}{1 - 2\alpha + 2m} I_d \\ i_m = \dfrac{2m}{1 - 2\alpha + 2m} I_d \\ i_n = \dfrac{1 - 2\alpha}{1 - 2\alpha + 2m} I_d \end{cases} \qquad (7.118)$$

（5）工作模式 V。

当 $u_2 > u_d$，$u_{d1} > u_{d2}$ 且开关管 Q_1 开通、Q_2 关断时，混合谐波抑制电路工作在模式 V，如图 7.32(e) 所示。此模式下，UTIPR 副边正向电压的绝对值大于负载电压，整流二极管 D_{21} 和 D_{24} 因正向偏置而导通，D_{22} 和 D_{23} 因反向偏置而截止；原边第 1 抽头二极管 D_{11} 因正向偏置而导通，第 3 抽头二极管 D_{13} 因被钳位反向偏置而截止，第 2 抽头二极管 D_{12} 截止。此时

$$\begin{cases} i_{m2} = i_{m3} = 0 \\ i_{n2} = 0 \\ i_m = i_{m1} \\ i_n = i_{n1} \\ i_d = i_m + i_n \end{cases} \qquad (7.119)$$

两组整流桥 REC Ⅰ 和 REC Ⅱ 输出电流 i_{d1} 和 i_{d2} 的值为

$$\begin{cases} i_{d1} = i_m \\ i_{d2} = 0 \end{cases} \tag{7.120}$$

UTIPR 原副边电流存在如下关系

$$i_{d1} \cdot \left(\frac{1}{2} - \alpha\right) N_1 = i_{n1} \cdot N_2 \tag{7.121}$$

根据基尔霍夫电流定律,能够得出 i_m、i_n、i_{m2}、i_{n2} 和 I_d 之间的关系为

$$i_m + i_n = i_{m1} + i_{n1} = I_d \tag{7.122}$$

将式(7.106)、式(7.120) 和式(7.121) 代入式(7.122) 中,化简可得

$$\frac{\left(\frac{1}{2} - \alpha\right) i_m}{m} i_m = I_d \tag{7.123}$$

分别将 i_{d1}、i_{d2}、i_m 和 i_n 用 I_d、m 和 α 表示,即

$$\begin{cases} i_{d1} = \frac{2m}{1 - 2\alpha + 2m} I_d \\ i_{d2} = 0 \\ i_m = \frac{2m}{1 - 2\alpha + 2m} I_d \\ i_n = \frac{1 - 2\alpha}{1 - 2\alpha + 2m} I_d \end{cases} \tag{7.124}$$

由上述分析可知,混合谐波抑制电路工作在何种模式取决于两组整流桥 REC Ⅰ 和 REC Ⅱ 输出电压 u_{d1} 与 u_{d2} 之间的大小关系、开关管的工作状态以及 UTIPR 副边电压 u_2 与负载电压 u_d 之间的大小关系。

3. 混合谐波抑制电路工作条件

根据上述工作模式分析可知,如果 UTIPR 副边电压 u_2 小于负载电压 u_d 的最小值,UTIPR 按照传统三抽头平衡电抗器的方式工作,整流系统工作于 36 脉波整流状态。为了使得混合谐波抑制电路正常工作,要求存在某一时间段,使得副边单相全桥不控整流电路输出电压的绝对值 $|u_2|$ 大于负载电压 u_d。

根据前述章节内容可知,UTIPR 副边电压绝对值的最大值为

$$|u_2|_{max} = m|u_1|_{max} = \frac{9\sqrt{2} - 5\sqrt{6}}{2} mU \tag{7.125}$$

在一个工频周期,$\omega t \in [0, 2\pi]$ 内,设交流侧 a 相输入电压正半周起始过零点对应 $\omega t = 0$。在 $\omega t \in [0, \pi/3]$ 内,设 UTIPR 原边第 2 抽头开关管 Q_2 开通时 $\omega t = \theta_1$,首次满足条件 $|u_2| = u_d$ 时 $\omega t = \theta_2$。为了使得混合谐波抑制电路正常工作,θ_1 和 θ_2 需满足条件 $\theta_1 < \theta_2$,又由于 $|u_2|$ 的频率为 12 倍工频,且具有对称性,因此 $\theta_2 \in [0, \pi/12]$。图 7.33 所示为混合谐波抑制电路中各功率器件在一个周期 $\omega t \in [0, \pi/3]$ 内的导通时序及工作模式分布。

根据上述工作模式分析以及两组整流桥 REC Ⅰ 和 REC Ⅱ 输出电压 u_{d1} 与 u_{d2} 的表达

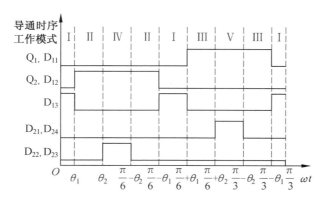

图 7.33　功率器件导通时序及工作模式分布

式,可以得到整流系统负载电压的表达式为

$$
u_{d} = \begin{cases}
\dfrac{\sqrt{6} + 3\sqrt{2}}{4} KU\cos\left(\omega t - \dfrac{\pi}{6}k\right), & \omega t \in \left[\dfrac{\pi}{6}k, \dfrac{\pi}{6}k + \theta_1\right) \\[3mm]
AKU\sin\left(\omega t - \dfrac{\pi}{6}k + \varphi\right), & \omega t \in \left[\dfrac{\pi}{6}k + \theta_1, \dfrac{\pi}{6}k + \theta_2\right) \\[3mm]
\dfrac{2\sqrt{3}\,m}{2m + 1 - 2\alpha} KU\cos\left(\omega t - \dfrac{\pi}{6}k - \dfrac{\pi}{12}\right), & \omega t \in \left[\dfrac{\pi}{6}k + \theta_2, \dfrac{\pi}{6}k + \dfrac{\pi}{6} - \theta_2\right) \\[3mm]
AKU\sin\left(\varphi - \omega t + \dfrac{\pi}{6}k + \dfrac{\pi}{6}\right), & \omega t \in \left[\dfrac{\pi}{6}k + \dfrac{\pi}{6} - \theta_2, \dfrac{\pi}{6}k + \dfrac{\pi}{6} - \theta_1\right) \\[3mm]
\dfrac{\sqrt{6} + 3\sqrt{2}}{4} KU\cos\left(\omega t - \dfrac{\pi}{6}k - \dfrac{\pi}{6}\right), & \omega t \in \left[\dfrac{\pi}{6}k + \dfrac{\pi}{6} - \theta_1, \dfrac{\pi}{6}k + \dfrac{\pi}{6}\right]
\end{cases}
$$

$$(7.126)$$

其中 $A = \sqrt{(6 - 3\sqrt{3})\alpha^2 + (6 + 3\sqrt{3})/4}$, $\varphi = \arctan\left[(2 + \sqrt{3})/2\alpha\right]$。

因此,可以计算最小负载电压为

$$
u_{dmin} = \left(\frac{\sqrt{6} + 3\sqrt{2}}{4} + \frac{9\sqrt{2} - 5\sqrt{6}}{2}\alpha\right) U \tag{7.127}
$$

进一步可求得

$$
m - \alpha > \frac{7 + 4\sqrt{3}}{2} \approx 6.9641 \tag{7.128}
$$

当参数 α 和 m 满足上述必要条件时,混合谐波抑制电路能够正常工作。

7.4.2　直流侧混合谐波抑制电路最优设计

由于 UTIPR 原边可控抽头和副边单相全桥不控整流电路的作用,两组整流桥 REC Ⅰ 和 REC Ⅱ 的输出电流 i_{d1} 和 i_{d2} 被调制,其在一个工频周期 $\omega t \in [0, 2\pi]$ 内的表达式分别为

$$i_{d1} = \begin{cases} \dfrac{1}{2}I_d, & \omega t \in \left[\dfrac{\pi}{3}k, \dfrac{\pi}{3}k + \theta_1\right) \\[2mm] \left(\dfrac{1}{2} - \alpha\right)I_d, & \omega t \in \left[\dfrac{\pi}{3}k + \theta_1, \dfrac{\pi}{3}k + \theta_2\right) \\[2mm] 0, & \omega t \in \left[\dfrac{\pi}{3}k + \theta_2, \dfrac{\pi}{3}k + \dfrac{\pi}{6} - \theta_2\right) \\[2mm] \left(\dfrac{1}{2} - \alpha\right)I_d, & \omega t \in \left[\dfrac{\pi}{3}k + \dfrac{\pi}{6} - \theta_2, \dfrac{\pi}{3}k + \dfrac{\pi}{6} - \theta_1\right) \\[2mm] \dfrac{1}{2}I_d, & \omega t \in \left[\dfrac{\pi}{3}k + \dfrac{\pi}{6} - \theta_1, \dfrac{\pi}{3}k + \dfrac{\pi}{6} + \theta_1\right) \\[2mm] \left(\dfrac{1}{2} + \alpha\right)I_d, & \omega t \in \left[\dfrac{\pi}{3}k + \dfrac{\pi}{6} + \theta_1, \dfrac{\pi}{3}k + \dfrac{\pi}{6} + \theta_2\right) \\[2mm] \dfrac{2m}{1 - 2\alpha + 2m}I_d, & \omega t \in \left[\dfrac{\pi}{3}k + \dfrac{\pi}{6} + \theta_2, \dfrac{\pi}{3}k + \dfrac{\pi}{3} - \theta_2\right) \\[2mm] \left(\dfrac{1}{2} + \alpha\right)I_d, & \omega t \in \left[\dfrac{\pi}{3}k + \dfrac{\pi}{3} - \theta_2, \dfrac{\pi}{3}k + \dfrac{\pi}{3} - \theta_1\right) \\[2mm] \dfrac{1}{2}I_d, & \omega t \in \left[\dfrac{\pi}{3}k + \dfrac{\pi}{3} - \theta_1, \dfrac{\pi}{3}k + \dfrac{\pi}{3}\right] \end{cases} \quad (7.129)$$

$$i_{d2} = \begin{cases} \dfrac{1}{2}I_d, & \omega t \in \left[\dfrac{\pi}{3}k, \dfrac{\pi}{3}k + \theta_1\right) \\[2mm] \left(\dfrac{1}{2} + \alpha\right)I_d, & \omega t \in \left[\dfrac{\pi}{3}k + \theta_1, \dfrac{\pi}{3}k + \theta_2\right) \\[2mm] \dfrac{2m}{1 - 2\alpha + 2m}I_d, & \omega t \in \left[\dfrac{\pi}{3}k + \theta_2, \dfrac{\pi}{3}k + \dfrac{\pi}{6} - \theta_2\right) \\[2mm] \left(\dfrac{1}{2} + \alpha\right)I_d, & \omega t \in \left[\dfrac{\pi}{3}k + \dfrac{\pi}{6} - \theta_2, \dfrac{\pi}{3}k + \dfrac{\pi}{6} - \theta_1\right) \\[2mm] \dfrac{1}{2}I_d, & \omega t \in \left[\dfrac{\pi}{3}k + \dfrac{\pi}{6} - \theta_1, \dfrac{\pi}{3}k + \dfrac{\pi}{6} + \theta_1\right) \\[2mm] \left(\dfrac{1}{2} - \alpha\right)I_d, & \omega t \in \left[\dfrac{\pi}{3}k + \dfrac{\pi}{6} + \theta_1, \dfrac{\pi}{3}k + \dfrac{\pi}{6} + \theta_2\right) \\[2mm] 0, & \omega t \in \left[\dfrac{\pi}{3}k + \dfrac{\pi}{6} + \theta_2, \dfrac{\pi}{3}k + \dfrac{\pi}{3} - \theta_2\right) \\[2mm] \left(\dfrac{1}{2} - \alpha\right)I_d, & \omega t \in \left[\dfrac{\pi}{3}k + \dfrac{\pi}{3} - \theta_2, \dfrac{\pi}{3}k + \dfrac{\pi}{3} - \theta_1\right) \\[2mm] \dfrac{1}{2}I_d, & \omega t \in \left[\dfrac{\pi}{3}k + \dfrac{\pi}{3} - \theta_1, \dfrac{\pi}{3}k + \dfrac{\pi}{3}\right] \end{cases} \quad (7.130)$$

由于交流侧输入电流波形的周期性和对称性,为了表达式的简便起见,本章仅给出在 1/4 工频周期即 $\omega t \in [0, \pi/2]$ 内,交流侧 a 相输入电流 i_a 的具体表达式为

$$
i_{a} = \begin{cases}
0, & \omega t \in [0, \theta_1) \\
\dfrac{4k_1}{\sqrt{3}}\alpha I_{d}, & \omega t \in [\theta_1, \theta_2) \\
\dfrac{4k_1}{\sqrt{3}} \cdot \dfrac{m}{1-2\alpha+2m} I_{d}, & \omega t \in \left[\theta_2, \dfrac{\pi}{6}-\theta_2\right) \\
\left(\dfrac{1}{2} + \dfrac{k_1}{2\sqrt{3}} + \sqrt{3}k_1\alpha - \alpha\right) I_{d}, & \omega t \in \left[\dfrac{\pi}{6}-\theta_2, \dfrac{\pi}{6}-\theta_1\right) \\
\dfrac{1}{2}\left(1 + \dfrac{k_1}{\sqrt{3}}\right) I_{d}, & \omega t \in \left[\dfrac{\pi}{6}-\theta_1, \dfrac{\pi}{6}+\theta_1\right) \\
\left(\dfrac{1}{2} + \dfrac{k_1}{2\sqrt{3}} - \sqrt{3}k_1\alpha + \alpha\right) I_{d}, & \omega t \in \left[\dfrac{\pi}{6}+\theta_1, \dfrac{\pi}{6}+\theta_2\right) \\
\left(1 - \dfrac{k_1}{\sqrt{3}}\right) \cdot \dfrac{2m}{1-2\alpha+2m} I_{d}, & \omega t \in \left[\dfrac{\pi}{6}+\theta_2, \dfrac{\pi}{3}-\theta_2\right) \\
\left(1 - \dfrac{2k_1}{\sqrt{3}}\alpha\right) I_{d}, & \omega t \in \left[\dfrac{\pi}{3}-\theta_2, \dfrac{\pi}{3}-\theta_1\right) \\
I_{d}, & \omega t \in \left[\dfrac{\pi}{3}-\theta_1, \dfrac{\pi}{3}+\theta_1\right) \\
\left(1 + \dfrac{2k_1}{\sqrt{3}}\alpha\right) I_{d}, & \omega t \in \left[\dfrac{\pi}{3}+\theta_1, \dfrac{\pi}{3}+\theta_2\right) \\
\left(1 + \dfrac{k_1}{\sqrt{3}}\right) \cdot \dfrac{2m}{1-2\alpha+2m} I_{d}, & \omega t \in \left[\dfrac{\pi}{3}+\theta_2, \dfrac{\pi}{2}-\theta_2\right) \\
\left(1 + \dfrac{k_1}{\sqrt{3}}\right) I_{d}, & \omega t \in \left[\dfrac{\pi}{2}-\theta_2, \dfrac{\pi}{2}\right]
\end{cases}
\tag{7.131}
$$

其中，$k_1 = 2 - \sqrt{3}$。

实际上，参数 α、m、θ_1 和 θ_2 之间存在一定关系。由于整流系统按照 48 脉波的方式进行工作，输入线电流波形在一个工频周期内应当包含 48 个等宽度的台阶数。因此，初始相角 θ_1 应为 $\pi/48$，开关管导通工作；相角 θ_2 应为 $\pi/16$，此时电压 u_2 的绝对值等于负载电压，副边单相全桥不控整流电路开始工作。综上可得

$$
m - \alpha = \frac{\sqrt{3}}{(4\sqrt{3}-6)\tan\dfrac{\pi}{16}}
\tag{7.132}
$$

根据输入电流 i_a 的表达式和 THD 计算公式，可以得到输入电流的 THD。当 $\theta_1 = \pi/48$ 和 $\theta_2 = \pi/16$ 时，图 7.34 给出了输入电流 i_a 的 THD 与参数 α 和 m 的关系曲面图。当 UTIPR 原边匝比 $\alpha = 0.2457$ 且变比 $m = 9.627$ 时，混合谐波抑制电路的作用效果最优，交流侧输入电流 $\mathrm{THD_i}$ 取得最小值 3.81%。

7.4.3　控制电路设计

控制电路框图如图 7.35 所示，主要包括三相同步降压变压器、三相移相控制电路、脉

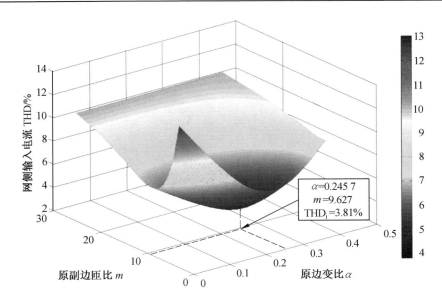

图 7.34　输入电流 THD 值与参数 α 和 m 的关系曲面图

冲宽度控制电路、驱动电路和辅助电源等。三相同步降压变压器负责将系统交流侧三相输入电压降低为同步电路能够处理的电压等级,而不改变其相位。三相移相控制电路和脉冲宽度控制电路根据输入的三相同步电压信号,负责输出脉冲宽度和移相角度均可调的 PWM 信号。驱动电路负责将输入的 PWM 信号功率放大以驱动主整流电路中的开关管,同时保证主整流电路与控制电路之间可靠的电气隔离。辅助电源电路负责为同步电路和驱动电路提供稳定的直流电源。

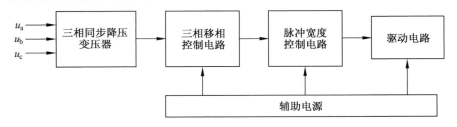

图 7.35　控制电路框图

为了实现混合谐波抑制电路功能,UTIPR 中开关管的导通时间以及其开通和关断时刻与整流系统三相输入电压的相位关系需要严格控制。三相同步降压变压器的输入取自系统的三相输入相电压,其降压后的输出经 RC 低通滤波电路滤除其中的高频干扰信号。三相移相控制电路和脉冲宽度控制电路根据输入的三相同步电压信号,经零点和极性检测后,形成锯齿波。锯齿波与另外输入的移相电压通过比较器进行比较,从而得到交相点,进而得到可调制移相角度和脉冲宽度的六路输出调制脉冲列。

7.4.4 具有 UTIPR 的整流系统实验

1. 输入电流及输出电压特性

基于 UTIPR 的整流系统输入电流和输出电压特性分析与 7.3.3 节内容相似，不再赘述。将最优参数代入式(7.131)，可以得到基于 UTIPR 的整流系统输入线电流波形，如图 7.36 所示，每个工频周期内，包含 48 个等脉宽的台阶。同理，可以得到两组整流桥REC Ⅰ 和 REC Ⅱ 的输出电流 i_{d1} 和 i_{d2} 波形，如图 7.37 所示。

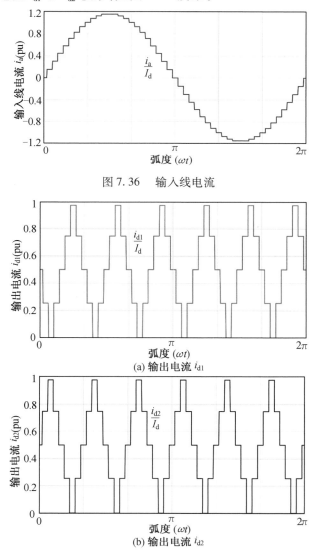

图 7.36   输入线电流

(a) 输出电流 i_{d1}

(b) 输出电流 i_{d2}

图 7.37   整流桥输出电流 i_{d1} 和 i_{d2} 波形

根据混合谐波抑制电路的工作模式，可以得到最优参数下，两组整流桥 REC Ⅰ 和 REC Ⅱ 的输出电压 u_{d1} 和 u_{d2} 波形，如图 7.38 所示。UTIPR 副边单相全桥不控整流电路的作用,使得该波形与采用常规平衡电抗器的多脉波整流系统波形不同。

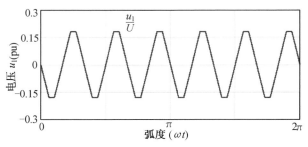

图 7. 38　　整流桥输出电压 u_{d1} 和 u_{d2} 波形

图 7. 39 所示为 UTIPR 原边绕组电压波形。图 7. 40 所示为最优参数下,负载电压 u_d 波形,在一个工频周期内,包含 48 个等宽度的脉波。然而,在 UTIPR 按照常规中间抽头的 IPR 方式工作的区间内,整流系统按照传统 12 脉波整流器的方式工作,该工作模式下,负载电压值低于其他模式。因此,负载电压波形中存在 12 个脉波与其他 36 个脉波形状不同。

图 7. 39　　UTIPR 原边绕组电压波形

2. 具有 UTIPR 的多脉波整流系统实验

具有 UTIPR 的多脉波整流系统测试框图如图 7. 41 所示,交流输入为可编程交流电源,输入线电流谐波利用功率质量分析仪进行测量。实际制作的 UTIPR 的原边匝比 α 为 0. 25,原副边变比 m 为 9. 625。

为了保证混合谐波抑制电路工作在最优的谐波抑制状态,开关管 Q_1 和 Q_2 的驱动信号需要严格控制,使得开关管 Q_1 和 Q_2 工作在最优的导通时序下,保证 $\theta_1 = \pi/48$。图 7. 42 给出了最优谐波抑制状态时开关管 Q_1 和 Q_2 的同步驱动波形,其中 CH1 为系统 a 相输入电

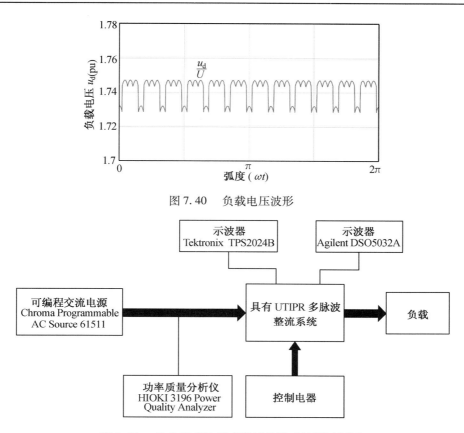

图 7.40　负载电压波形

图 7.41　具有 UTIPR 的多脉波整流系统测试框图

压 u_a 的波形,CH2 为输出的六路单触发脉冲相或分压后的波形,CH3 分别为开关管 Q_1 和 Q_2 的驱动电压 u_{GS1} 和 u_{GS2} 的波形。在一个工频周期内,系统 a 相输入电压 u_a 正半周起始过零点后开关管 Q_1 的首个驱动脉冲上升沿与过零点的相位差为 $3\pi/16$,开关管 Q_2 的首个驱动脉冲上升沿与过零点的相位差为 $\pi/48$,开关管 Q_1 和 Q_2 的驱动脉冲宽度均为 1.25 ms。

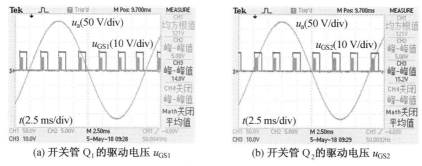

(a) 开关管 Q_1 的驱动电压 u_{GS1}　　　(b) 开关管 Q_2 的驱动电压 u_{GS2}

图 7.42　混合谐波抑制电路中开关管 Q_1 和 Q_2 的同步驱动波形

图 7.43 所示为整流系统的三相输入电压波形、有效值及其 THD_u。图 7.44 所示为整流系统交流侧三相输入电流波形、有效值及其 THD_i。加入直流侧混合谐波抑制电路之

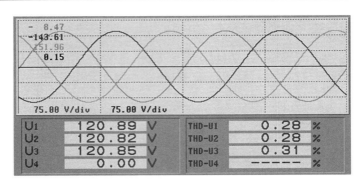

图 7.43　整流系统的三相输入电压

前,多脉波整流系统工作在 12 脉波整流状态,其交流侧输入电流波形在一个周期内呈现 12 阶梯,THD$_i$ 在 12.24% 左右,如图 7.44(a) 所示。加入直流侧混合谐波抑制电路之后,多脉波整流系统工作在 48 脉波整流状态,其交流侧输入电流的 THD$_i$ 显著降低,约为 3.46%。自耦变压器、UTIPR 和 ZSBT 的漏感滤波作用,使得上述 THD 实验结果都略低于理论值。由于实际磁性器件制作工艺水平的限制,自耦变压器具有不完全对称性,从而导致整流系统交流侧输入电流中的 5、7 次谐波不能完全消除。

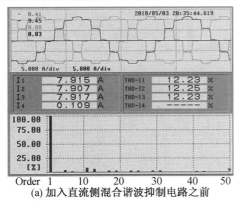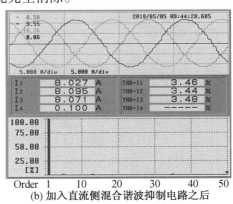

(a) 加入直流侧混合谐波抑制电路之前　　　　(b) 加入直流侧混合谐波抑制电路之后

图 7.44　整流系统交流侧三相输入电流

图 7.45 所示为加入直流侧混合抑制电路前后,整流系统直流侧负载电压交流分量波形。加入直流侧混合抑制电路之后的整流系统直流侧负载电压由原来 12 脉波变为 48 脉波,其交流分量的幅值降为原来的 1/4,有利于直流侧的负载适应性。

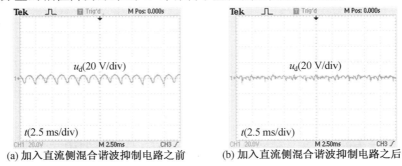

(a) 加入直流侧混合谐波抑制电路之前　　　　(b) 加入直流侧混合谐波抑制电路之后

图 7.45　整流系统直流侧的负载电压

UTIPR 原边和副边电流波形如图 7.46 所示。UTIPR 原边三个抽头交替导通,图 7.46(a)所示为原边第 1 和第 2 抽头二极管电流 i_{m1} 和 i_{m2} 波形,其频率为 6 倍工频。图 7.46(b)所示为第 3 抽头二极管电流 i_{m3} 波形,其频率为 12 倍工频。图 7.46(c)为副边单相全桥不控整流电路的两个桥臂二极管电流 i_{n1} 和 i_{n2} 波形,其频率是 6 倍工频。图 7.46(d)为单相全桥不控整流电路的输出电流 i_n 波形,其频率是 12 倍工频,幅值相比于负载电流很小。

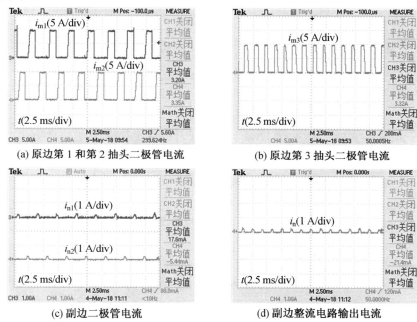

(a) 原边第 1 和第 2 抽头二极管电流   (b) 原边第 3 抽头二极管电流

(c) 副边二极管电流   (d) 副边整流电路输出电流

图 7.46   UTIPR 原边和副边电流波形

在直流侧混合谐波抑制电路调制作用下,两组整流桥 REC I 和 REC II 的输出电流 i_{d1} 和 i_{d2} 如图 7.47 所示。UTIPR 原边三个抽头的交替导通以及副边单相全桥不控整流电路两个桥臂的交错导通,使得两组整流桥 REC I 和 REC II 的输出电流 i_{d1} 和 i_{d2} 均发生改变,接近于 6 倍工频的三角波,进而调制整流系统的交流侧输入电流为 48 阶梯波,从而降低系统网侧输入电流中的谐波含量。

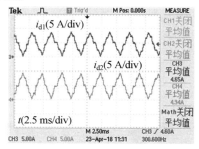

图 7.47   两组整流桥 REC I 和 REC II 的输出电流 i_{d1} 和 i_{d2}

图 7.48 给出了整流桥 REC I 的 a 相和 b 相输入电流 i_{a1} 和 i_{b1} 的波形。由图 7.48 可

知,整流桥 REC Ⅰ 中的整流二极管在零电流下换相,避免了变压器漏感引起的换相重叠,因此不存在电压陷波。

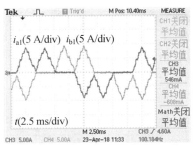

图 7.48　整流桥 REC Ⅰ 的 a 相和 b 相输入电流 i_{a1} 和 i_{b1}

7.5　本章小结

为了同时增加多脉波整流系统负载电压的脉波数和输入线电流的台阶数,抑制输入电流中的谐波,本章研究了基于非常规平衡电抗器的直流侧混合谐波抑制方法。非常规平衡电抗器具有原边绕组和副边绕组,原边绕组按照抽头式平衡电抗器的方式工作,作为第一级谐波抑制方法,副边绕组与副边整流电路相连,组成第二级谐波抑制方法。根据非常规平衡电抗器原边抽头的数量,可细分为直流侧脉波倍增电路、双无源谐波抑制方法和混合谐波抑制方法三类。分析了三种谐波抑制方法的基本原理和工作模式,建立了整流系统交、直流侧电流的定量关系,给出了输入电流谐波得到最大抑制时非常规平衡电抗器最优参数设计过程。理论分析与实验结果表明,采用基于非常规平衡电抗器的直流侧谐波方法后,降低了全桥并联整流系统的输入电流 THD,有效抑制了输入电流谐波。两组整流桥中的整流二极管均在零电流下换相,避免了变压器漏感引起的换相重叠,有利于解决电压陷波问题。

第8章 双反星形和四星形整流器的直流侧谐波抑制方法

三相半波整流电路工作时,回路中仅有一个管压降,导通损耗小,因而多个三相半波整流电路的并联结构适合应用于低压大电流场合。双反星形整流器和四星形整流器使用平衡电抗器实现多个三相半波整流电路的并联,是低压大电流场合应用最为广泛的整流器。为抑制双反星形整流器和四星形整流器的输入电流谐波,本章将研究适用于双反星形整流器和四星形整流器的直流侧谐波抑制方法。本章首先分析传统双反星形整流器的输入电流和输出电压特性,针对使用直流侧脉波倍增电路的多三相半波整流电路并联型整流器,优化设计非常规平衡电抗器,分析非常规平衡电抗器变比对谐波抑制性能的影响。最后分析使用直流侧有源谐波抑制方法的电路拓扑,该方法能够显著抑制输入电流中的全部特征次谐波。

8.1 双反星形整流器的输入电流与输出电压

8.1.1 双反星形整流器结构分析

图 8.1 所示为双反星形整流电路。图中,平衡电抗器的作用是吸收两个半波整流电路输出电压的瞬时差,确保两个半波整流电路能够并联工作。

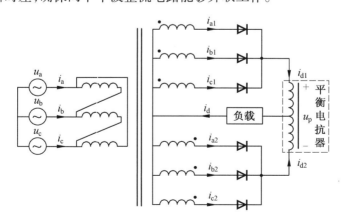

图 8.1 双反星形整流电路

双反星形整流器所用变压器的原边绕组接成角形,副边绕组接成两个反星形,如图 8.2 所示。变压器的作用主要有两个,一是实现电气隔离,满足实际应用的安全性要求;

二是使两组三相输出电压满足一定的幅值要求,且使两组三相电压相位相差 180°。输入与输出电压的对应矢量关系如图8.3所示。

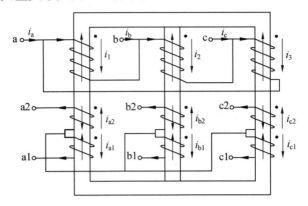

图 8.2　双反星形变压器结构

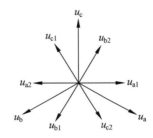

图 8.3　双反星形变压器输入与输出电压的对应矢量关系

设双反星形变压器输入三相对称电网电压为

$$\begin{cases} u_a = U_m\sin(\omega t) \\ u_b = U_m\sin\left(\omega t - \dfrac{2\pi}{3}\right) \\ u_c = U_m\sin\left(\omega t + \dfrac{2\pi}{3}\right) \end{cases} \tag{8.1}$$

其中,U_m 是输入相电压的幅值。

根据图 8.3 可得出两组电压的表达式分别为

$$\begin{cases} u_{a1} = U_n\sin\left(\omega t + \dfrac{\pi}{6}\right) \\ u_{b1} = U_n\sin\left(\omega t + \dfrac{\pi}{6} - \dfrac{2\pi}{3}\right) \\ u_{c1} = U_n\sin\left(\omega t + \dfrac{\pi}{6} + \dfrac{2\pi}{3}\right) \end{cases} \tag{8.2}$$

$$\begin{cases} u_{a2} = U_n \sin(\omega t + \dfrac{\pi}{6} - \pi) \\ u_{b2} = U_n \sin(\omega t + \dfrac{\pi}{6} - \dfrac{2\pi}{3} - \pi) \\ u_{c2} = U_n \sin(\omega t + \dfrac{\pi}{6} + \dfrac{2\pi}{3} - \pi) \end{cases} \tag{8.3}$$

其中，U_n 是双反星形变压器次级电压的幅值。

假设变压器原、副边变比为 k，则

$$k = \frac{\sqrt{3}\,U_m}{U_n} \tag{8.4}$$

双反星形变压器副边输出两组三相电压为 u_{a1}、u_{b1}、u_{c1} 和 u_{a2}、u_{b2}、u_{c2}，它们幅值相同，相位相反。这两组三相电压经三相半波整流后，输出两个相位相差 60° 的整流电压 u_{d1} 和 u_{d2}。u_{d1} 和 u_{d2} 平均值相等，瞬时值不等，为了使输出电流在两组三相半波平均分配，在两组三相半波输出端设置带中间抽头的平衡电抗器，平衡电抗器吸收了两组三相半波整流电路输出端的电压差，使两组三相半波电路独立工作。

8.1.2 整流器输入电流特性分析

设三相电网电压对称且双反星形变压器为理想变压器，根据图8.1和图8.2所标示的电流参考方向，可以得到变压器原边电流为

$$\begin{cases} i_1 = \dfrac{1}{k}(i_{a2} - i_{a1}) \\ i_2 = \dfrac{1}{k}(i_{b2} - i_{b1}) \\ i_3 = \dfrac{1}{k}(i_{c2} - i_{c1}) \end{cases} \tag{8.5}$$

在图 8.2 中，根据基尔霍夫电流定律，可得整流器输入电流为

$$\begin{cases} i_a = i_1 - i_3 \\ i_b = i_3 - i_2 \\ i_c = i_2 - i_1 \end{cases} \tag{8.6}$$

将式(8.5)代入式(8.6)可得电网电流与变压器副边电流的关系为

$$\begin{cases} i_a = \dfrac{1}{k}(i_{c1} - i_{c2} + i_{a2} - i_{a1}) \\ i_b = \dfrac{1}{k}(i_{b1} - i_{b2} + i_{c2} - i_{c1}) \\ i_c = \dfrac{1}{k}(i_{a1} - i_{a2} + i_{b2} - i_{b1}) \end{cases} \tag{8.7}$$

为简化对输入电流的分析，假设负载为大电感负载，输出电流恒为 I_d。平衡电抗器用于吸收两组三相半波整流电路输出电压的瞬时差，保证两组三相半波整流电路独立工作。由于整流器具有对称性，那么两组三相半波平均分配电流，即 $i_{d1} = i_{d2}$，所以

$$i_{d1} = i_{d2} = \frac{I_d}{2} \tag{8.8}$$

为了便于分析交直流侧的电流关系,引入开关函数的概念。a1 相输出电流的开关函数定义为 $S_{a1} = i_{a1}/i_{d1}$,波形如图 8.4 所示。

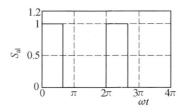

图 8.4　开关函数 S_{a1} 波形

S_{a1} 的傅立叶级数展开式为

$$S_{a1} = \frac{1}{3} + \sum_{n=1}^{\infty} \frac{2}{n\pi} \sin \frac{n\pi}{3} \cos n\left(\omega t - \frac{\pi}{3}\right) \tag{8.9}$$

b1、c1 相的开关函数与 S_{a1} 有 120° 相位差,所以 b1、c1 相的开关函数为

$$\begin{cases} S_{a1} = S_{a1} \angle 0 \\ S_{b1} = S_{a1} \angle -\dfrac{2\pi}{3} \\ S_{c1} = S_{a1} \angle +\dfrac{2\pi}{3} \end{cases} \tag{8.10}$$

对于 a2、b2、c2 相而言,每相的导通时刻分别滞后于 a1、b1、c1 相 180°,所以,a2、b2、c2 相的开关函数为

$$\begin{cases} S_{a2} = S_{a1} \angle +\pi \\ S_{b2} = S_{b1} \angle +\pi \\ S_{c2} = S_{c1} \angle +\pi \end{cases} \tag{8.11}$$

因此两组三相半波整流电路输入、输出电流关系为

$$\begin{bmatrix} i_{a1} \\ i_{b1} \\ i_{c1} \end{bmatrix} = \begin{bmatrix} S_{a1} \\ S_{b1} \\ S_{c1} \end{bmatrix} i_{d1} \tag{8.12}$$

$$\begin{bmatrix} i_{a2} \\ i_{b2} \\ i_{c2} \end{bmatrix} = \begin{bmatrix} S_{a2} \\ S_{b2} \\ S_{c2} \end{bmatrix} i_{d2} \tag{8.13}$$

根据式(8.8)～(8.13)对各二极管电流进行傅立叶级数分解可得

$$\begin{cases} i_{a1} = \dfrac{I_d}{2}\Big[\dfrac{1}{3} + \sum\limits_{n=1}^{\infty} \dfrac{2}{n\pi}\sin\dfrac{n\pi}{3}\cos n\big(\omega t - \dfrac{\pi}{3}\big)\Big] \\ i_{b1} = \dfrac{I_d}{2}\Big[\dfrac{1}{3} + \sum\limits_{k=1}^{\infty} \dfrac{2}{n\pi}\sin\dfrac{n\pi}{3}\cos n\big(\omega t - \dfrac{\pi}{3} - \dfrac{2\pi}{3}\big)\Big] \\ i_{c1} = \dfrac{I_d}{2}\Big[\dfrac{1}{3} + \sum\limits_{k=1}^{\infty} \dfrac{2}{n\pi}\sin\dfrac{n\pi}{3}\cos n\big(\omega t - \dfrac{\pi}{3} + \dfrac{2\pi}{3}\big)\Big] \end{cases} \tag{8.14}$$

$$\begin{cases} i_{a2} = \dfrac{I_d}{2}\Big[\dfrac{1}{3} + \sum\limits_{n=1}^{\infty} \dfrac{2}{n\pi}\sin\dfrac{n\pi}{3}\cos n\big(\omega t - \dfrac{\pi}{3} - \pi\big)\Big] \\ i_{b2} = \dfrac{I_d}{2}\Big[\dfrac{1}{3} + \sum\limits_{n=1}^{\infty} \dfrac{2}{n\pi}\sin\dfrac{n\pi}{3}\cos n\big(\omega t - \dfrac{\pi}{3} - \dfrac{2\pi}{3} - \pi\big)\Big] \\ i_{c2} = \dfrac{I_d}{2}\Big[\dfrac{1}{3} + \sum\limits_{n=1}^{\infty} \dfrac{2}{n\pi}\sin\dfrac{n\pi}{3}\cos n\big(\omega t - \dfrac{\pi}{3} + \dfrac{2\pi}{3} - \pi\big)\Big] \end{cases} \tag{8.15}$$

由式(8.7)、式(8.14)和式(8.15)可得,电网 a 相电流的表达式为

$$i_a = -\dfrac{I_d}{k}\sum\limits_{k=1,5,7,11,13,\cdots}^{\infty} \dfrac{3}{n\pi}\sin n\omega t \tag{8.16}$$

由式(8.16)可知 a 相输入电流只含有$(6k\pm1)$次$(k=1,2,3,\cdots)$谐波。电网电流波形和频谱分析图如图 8.5 所示。可见 i_a 为 6 阶梯波,此时其 THD 值为 30%。i_b、i_c 也为 6 阶梯波,相位分别滞后和超前 i_a 为 120°。

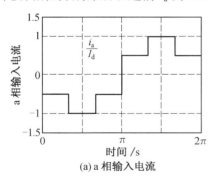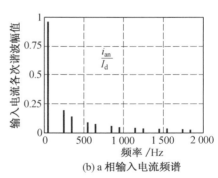

(a) a 相输入电流　　　　(b) a 相输入电流频谱

图 8.5　a 相输入电流及其频谱

8.1.3　整流器输出电压及平衡电抗器容量分析

在双反星形整流电路中,需在两组三相半波整流电路输出端接平衡电抗器,这是因为当两组三相半波整流电路运行时,两组输出电压 u_{d1} 和 u_{d2} 平均值虽然相等,但瞬时值不等,u_{d1} 和 u_{d2} 相位相差60°,若不接平衡电抗器,会导致两个三相半波整流电路不能独立工作。

根据调制理论,可得三相半波整流电路的输出电压为

$$\begin{cases} u_{d1} = S_{a1}u_{a1} + S_{b1}u_{b1} + S_{c1}u_{c1} \\ u_{d2} = S_{a2}u_{a2} + S_{b2}u_{b2} + S_{c2}u_{c2} \end{cases} \tag{8.17}$$

平衡电抗器端电压 u_p 与 u_{d1} 和 u_{d2} 之间满足

$$u_p = u_{d1} - u_{d2} \tag{8.18}$$

图 8.6 所示为三相半波整流电路输出电压及平衡电抗器端电压。

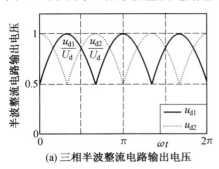

(a) 三相半波整流电路输出电压

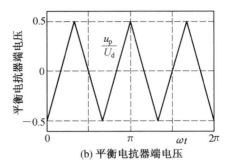

(b) 平衡电抗器端电压

图 8.6　三相半波整流电路输出电压及平衡电抗器端电压

输出电压 u_d 与 u_{d1}、u_{d2}、u_p 之间满足

$$u_d = u_{d1} + \frac{1}{2}u_p \tag{8.19}$$

和

$$u_d = u_{d2} - \frac{1}{2}u_p \tag{8.20}$$

因此,输出电压 u_d 为

$$u_d = \frac{1}{2}(u_{d1} + u_{d2}) \tag{8.21}$$

将图 8.6 中 u_{d1} 和 u_{d2} 的波形用傅立叶级数展开,得

$$\begin{cases} u_{d1} = \dfrac{3\sqrt{3}\,U_n}{2\pi}\Big[1 - 2\displaystyle\sum_{n=1}^{\infty}\dfrac{1}{9n^2 - 1}\cos 3n\omega t\Big] \\[2mm] u_{d2} = \dfrac{3\sqrt{3}\,U_n}{2\pi}\Big[1 - 2\displaystyle\sum_{n=1}^{\infty}\dfrac{(-1)^n}{9n^2 - 1}\cos 3n\omega t\Big] \end{cases} \tag{8.22}$$

由式(8.20)、式(8.21)和式(8.22)可得

$$u_d = \frac{3\sqrt{3}\,U_n}{4\pi}\Big[2 - 4\sum_{n=1}^{\infty}\frac{\cos 6n\omega t}{36n^2 - 1}\Big] \tag{8.23}$$

$$u_p = -\frac{3\sqrt{3}\,U_n}{2\pi}\sum_{n=1}^{\infty}\frac{\cos(6n-3)\omega t}{(3n-1)(3n-2)} \tag{8.24}$$

则输出电压 u_d 的平均电压为

$$U_d = 0.827U_n \tag{8.25}$$

平衡电抗器的端电压有效值为

$$U_p = 0.2515U_d \tag{8.26}$$

平衡电抗器的每个绕组中都流过输出电流的一半,其有效值为

$$I_{d1} = I_{d2} = 0.5I_d \tag{8.27}$$

因此,平衡电抗器的容量为

$$S_{\text{kVA-IPR}} = \frac{1}{2}U_{\text{p}}(I_{\text{d1}} + I_{\text{d2}}) = 0.127\,5U_{\text{d}}I_{\text{d}} \tag{8.28}$$

8.2　使用直流侧脉波倍增电路的无源谐波抑制方法

图 8.7 所示为使用直流侧脉波倍增电路的多三相半波整流电路并联型整流器。该整流器由移相变压器、整流单元、非常规平衡电抗器、单相全波整流电路组成。

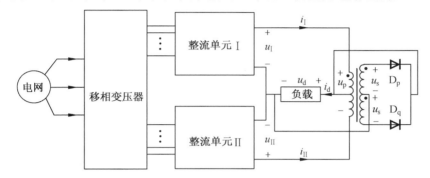

图 8.7　使用直流侧脉波倍增电路的多三相半波整流电路并联型整流器结构示意图

图 8.7 中，整流单元为单个三相全波整流电路或几个三相半波整流电路的并联。考虑到整流器的复杂程度、转换效率和成本，实际应用中，整流单元为单个三相半波整流电路或两个三相半波整流电路的并联。当整流单元为单个三相半波整流电路时，新型整流器如图 8.8(a) 所示，该整流器相当于带非常规平衡电抗器的双反星形整流器；当整流单元为两个三相半波整流电路并联时，新型整流器如图 8.8(b) 所示，该整流器相当于两个双反星形整流器并联，本章称之为四星形整流器。

由于四星形整流器较双反星形整流器具有更低的输入电流谐波和输出电压纹波，其实际应用更为广泛，因而本章主要以四星形整流器为例进行各种分析。

8.2.1　非常规平衡电抗器的工作模式

图 8.7 中，非常规平衡电抗器的主要作用如下：

（1）当单相全波整流电路不工作时，非常规平衡电抗器吸收两组整流单元输出电压的瞬时值之差，保证两组并联整流单元独立工作，平均分配输出电流。

（2）当单相全波整流电路工作时，非常规平衡电抗器与其中一个整流单元共同为负载供电，并对该整流单元的输出电流和输出电压进行调节，增加其输出模态，为整流器的脉波倍增提供条件。

本节将首先分析非常规平衡电抗器工作的必要条件，然后对其工作模式进行分析，为实现谐波抑制和倍增输出电压脉波数奠定理论基础。

1. 非常规平衡电抗器工作的必要条件

图 8.7 中单相全波整流器能够正常导通是实现脉波数倍增的前提条件，而单相全波

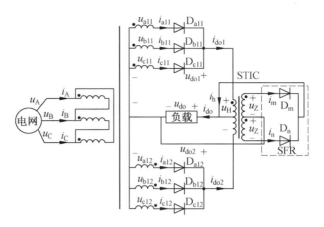

(a) 整流单元为单个单相半波整流电路时的整流器

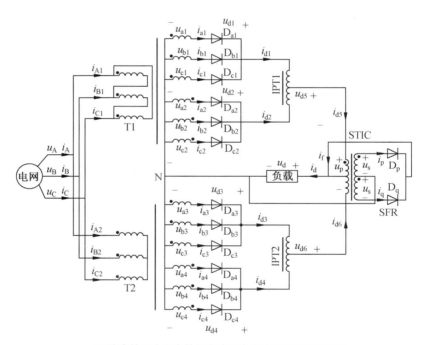

(b) 整流单元为两个单相半波整流电路并联时的整流器

图 8.8　使用直流侧脉波倍增电路的多三相半波整流电路并联型整流器拓扑

整流器能否正常导通由其输入电压与整流器输出电压的关系决定。为了确保单相全波整流器能够正常导通,单相全波整流器输入电压幅值的最大值应该不小于整流器输出电压的最小值。单相全波整流器的输入电压由非常规平衡电抗器的原、副边匝比决定,这就意味着非常规平衡电抗器的原、副边匝比存在一临界值,该临界值能够保证单相全波整流器正常工作。下面以四星形整流器为例,分析使得单相全波整流器能够正常工作时的非常规平衡电抗器的临界匝比。

为了便于分析,对图 8.8(b) 做以下假设:

(1) 电网输入电压为理想的三相对称电压

$$
\begin{cases}
u_{A} = U_{G}\sin(\omega t) \\
u_{B} = U_{G}\sin\left(\omega t - \dfrac{2\pi}{3}\right) \\
u_{C} = U_{G}\sin\left(\omega t + \dfrac{2\pi}{3}\right)
\end{cases}
\tag{8.29}
$$

其中,U_{G} 为电网输入相电压幅值。

(2) 角形和星形连接的双反星形变压器原副边绕组匝比分别为 $\sqrt{3}k : 1$ 和 $k : 1$。

(3) 非常规平衡电抗器的原边绕组与 $1/2$ 副边绕组的匝比为

$$
N_{p} : N_{s} = 1 : m
\tag{8.30}
$$

(4) 负载滤波电感足够大,可认为输出电流为恒定值 I_{d}。

(5) 忽略变压器和平衡电抗器的漏感与线路阻抗。

当非常规平衡电抗器的原、副边绕组匝比小于临界值时,单相全波整流电路中二极管反偏,输入电流为零。图 8.8(b) 所示整流器按常规的四星形整流器工作,根据三相整流理论可知,此时非常规平衡电抗器的原边绕组两端电压 u_{p} 的周期为输入线电压的 $1/6$,其周期为 $\pi/3$。在一个周期 $\omega t \in [0, \pi/3]$ 内,原边绕组端电压 u_{p} 的表达式为

$$
u_{p} =
\begin{cases}
-\dfrac{3(\sqrt{6} - \sqrt{2})U_{G}}{4k}\cos\left(\omega t + \dfrac{5\pi}{12}\right), & \omega t \in \left[0, \dfrac{\pi}{6}\right) \\
\dfrac{3(\sqrt{6} - \sqrt{2})U_{G}}{4k}\cos\left(\omega t + \dfrac{\pi}{4}\right), & \omega t \in \left[\dfrac{\pi}{6}, \dfrac{\pi}{3}\right]
\end{cases}
\tag{8.31}
$$

输出电压 u_{d} 的表达式为

$$
u_{d} =
\begin{cases}
\dfrac{3(\sqrt{6} + \sqrt{2})U_{G}}{8k}\sin\left(\omega t + \dfrac{5\pi}{12}\right), & \omega t \in \left[0, \dfrac{\pi}{6}\right) \\
\dfrac{3(\sqrt{6} + \sqrt{2})U_{G}}{8k}\sin\left(\omega t + \dfrac{\pi}{4}\right), & \omega t \in \left[\dfrac{\pi}{6}, \dfrac{\pi}{3}\right]
\end{cases}
\tag{8.32}
$$

由式(8.31) 和式(8.32) 可知,在 $\omega t = 0$ 处,电压 u_{p} 的最大值为 $\dfrac{3(2 - \sqrt{3})U_{G}}{4k}$,电压 u_{d} 的最小值为 $\dfrac{3(2 + \sqrt{3})U_{G}}{8k}$,因此非常规平衡电抗器的临界匝比为

$$
m_{\text{boundary}} = \frac{u_{d\min}}{|u_{p\max}|} = \frac{3(2 + \sqrt{3})U_{G}}{8k} \cdot \frac{4k}{3(2 - \sqrt{3})U_{G}} = 6.96
\tag{8.33}
$$

由式(8.33) 可知,为了使单相全波整流器能够导通工作,非常规平衡电抗器的匝比必须大于临界匝比 6.96。

类似上述分析,同理可得图 8.8(a) 所示的使用非常规平衡电抗器的双反星形整流器的临界匝比为

$$m_{\text{boundary}} = \frac{u_{\text{domin}}}{|u_{\text{Hmax}}|} = \frac{3\sqrt{3}\,U_{\text{G}}}{4k} \cdot \frac{4k}{\sqrt{3}\,U_{\text{G}}} = 1.5 \tag{8.34}$$

非常规平衡电抗器原、副边绕组匝比大于临界匝比是实现整流器脉波数倍增的必要条件,因而在系统设计时,须要保证非常规平衡电抗器原、副边绕组匝比大于临界匝比。

2. 工作模式分析

根据单相全波整流器输入电压与整流器输出电压的关系,非常规平衡电抗器存在三种工作模式。双反星形整流器与四星形整流器具有非常高的相似性,非常规平衡电抗器具有相同的工作模式,本章以图 8.8(b) 所示带非常规平衡电抗器的四星形整流器为例详细分析非常规平衡电抗器的工作模式。

当非常规平衡电抗器原、副边绕组匝比大于临界匝比时,单相全波整流器根据其输入电压 u_s 和整流器输出电压 u_d 的相互关系具有三种工作模式,分为 Z 模态、M 模态和 N 模态,如图 8.9 所示。

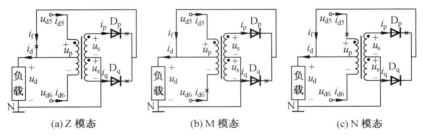

图 8.9　非常规平衡电抗器的工作模态

（1）Z 模态。当单相全波整流器输入电压 u_s 小于输出电压 u_d 时,非常规平衡电抗器工作于 Z 模态,如图 8.9(a) 所示。在该模态下,单相全波整流电路二极管反偏,其输入电流为零,图 8.8(b) 所示整流器按常规四星形整流器工作,两双反星形整流器的输出电流和整流器输出电压为

$$\begin{cases} i_{d5} = i_{d6} = \dfrac{I_d}{2} \\[2mm] u_d = \dfrac{u_{d5} + u_{d6}}{2} \end{cases} \tag{8.35}$$

（2）M 模态。当单相全波整流器输入电压 u_s 大于输出电压 u_d 时,非常规平衡电抗器工作于 M 模态,如图 8.9(b) 所示。在此模态下,二极管 D_p 正偏导通,输入电流 i_p 大于零,二极管 D_q 反偏截止,输入电流 i_q 等于零,双反星形整流器 Ⅰ 中有二极管导通,其输出电流 i_{d5} 大于零,双反星形整流器 Ⅱ 中二极管反偏,其输出电流 i_{d6} 为零。根据基尔霍夫电流定律和安匝平衡原理,电流 i_{d5}、i_M 和 i_f 的关系为

$$\begin{cases} i_{d5} \cdot \dfrac{N_p}{2} = i_p \cdot N_s \\[2mm] i_{d5} + i_f = i_{d5} + i_p = I_d \end{cases} \tag{8.36}$$

求解上式,得

$$\begin{cases} i_{\mathrm f} = i_{\mathrm p} = \dfrac{1}{2m+1}I_{\mathrm d} \\[2mm] i_{\mathrm{d5}} = \dfrac{2m}{2m+1}I_{\mathrm d} \end{cases} \tag{8.37}$$

根据基尔霍夫电压定律,电压 $u_{\mathrm d}$、u_{d5} 和 u_{d6} 的关系为

$$\begin{cases} u_{\mathrm{d5}} - \dfrac{N_{\mathrm p}}{2N_{\mathrm s}}u_{\mathrm d} = u_{\mathrm d} \\[2mm] u_{\mathrm{d5}} - \dfrac{N_{\mathrm p}}{N_{\mathrm s}}u_{\mathrm d} = u_{\mathrm{d6}} \end{cases} \tag{8.38}$$

求解上式,得

$$\begin{cases} u_{\mathrm d} = \dfrac{2m}{2m+1}u_{\mathrm{d5}} \\[2mm] u_{\mathrm{d6}} = \dfrac{m}{m+1}u_{\mathrm{d5}} \end{cases} \tag{8.39}$$

(3)N 模态。当单相全波整流器输入电压的负值 $-u_{\mathrm s}$ 大于输出电压 $u_{\mathrm d}$ 时,非常规平衡电抗器工作于 N 模态,如图8.9(c)所示。在此模态下,二极管 $D_{\mathrm q}$ 正偏导通,输入电流 $i_{\mathrm q}$ 大于零,二极管 $D_{\mathrm p}$ 反偏截止,输入电流 $i_{\mathrm p}$ 等于零,双反星形整流器 Ⅱ 中有二极管导通,其输出电流 i_{d6} 大于零,双反星形整流器 Ⅰ 中所有二极管反偏,其输出电流 i_{d5} 为零。根据基尔霍夫电流定律和安匝平衡原理,电流 i_{d6}、$i_{\mathrm M}$ 和 $i_{\mathrm f}$ 的关系为

$$\begin{cases} i_{\mathrm{d6}} \cdot \dfrac{N_{\mathrm p}}{2} = i_{\mathrm q} \cdot N_{\mathrm s} \\[2mm] i_{\mathrm{d6}} + i_{\mathrm f} = i_{\mathrm{d6}} + i_{\mathrm q} = I_{\mathrm d} \end{cases} \tag{8.40}$$

求解上式,得

$$\begin{cases} i_{\mathrm f} = i_{\mathrm q} = \dfrac{1}{2m+1}I_{\mathrm d} \\[2mm] i_{\mathrm{d6}} = \dfrac{2m}{2m+1}I_{\mathrm d} \end{cases} \tag{8.41}$$

根据基尔霍夫电压定律,电压 $u_{\mathrm d}$、u_{d5} 和 u_{d6} 的关系为

$$\begin{cases} u_{\mathrm{d6}} - \dfrac{N_{\mathrm p}}{2N_{\mathrm s}}u_{\mathrm d} = u_{\mathrm d} \\[2mm] u_{\mathrm{d6}} - \dfrac{N_{\mathrm p}}{N_{\mathrm s}}u_{\mathrm d} = u_{\mathrm{d5}} \end{cases} \tag{8.42}$$

求解上式,得

$$\begin{cases} u_{\mathrm d} = \dfrac{2m}{2m+1}u_{\mathrm{d6}} \\[2mm] u_{\mathrm{d5}} = \dfrac{m}{m+1}u_{\mathrm{d6}} \end{cases} \tag{8.43}$$

由上述分析可知,单相全波整流器根据其输入电压和整流器输出电压之间的关系改变导通模态,实现对双反星形整流器输出电流的调节,进而实现对四星形整流器输入电流

的调节。同时,根据式(8.35)、式(8.37)、式(8.41),可知双反星形整流器输出电流与非常规平衡电抗器的匝比有关。为最大程度地抑制四星形整流器输入电流谐波,下面将对非常规平衡电抗器进行优化设计。

8.2.2　非常规平衡电抗器的最优匝比

由上述分析可知,非常规平衡电抗器的匝比直接影响着整流器单元输出电流的波形,不同的匝比会产生不同的输出电流波形。为了获得输入电流谐波最少时的匝比,本节首先建立非常规平衡电抗器匝比与网侧输入电流的函数关系表达式,随后分析非常规平衡电抗器匝比与输入电流 THD 之间的函数关系,进而得到非常规平衡电抗器的最优匝比。

1. 非常规平衡电抗器匝比与输入电流的函数关系

图 8.8(b)所示整流器中,根据基尔霍夫电流定律和安匝平衡原理,可得输入电流 i_A 与三相半波整流电路输入电流之间的关系为

$$i_A = \frac{1}{k}(i_{a1} - i_{a2} + i_{c2} - i_{c1} + \sqrt{3}\,i_{a3} - \sqrt{3}\,i_{a4})\tag{8.44}$$

三相半波整流电路输入电流 i_{a1}、i_{a2}、i_{a3}、i_{a4}、i_{c1}、i_{c2} 与其输出电流的关系为

$$\begin{cases} i_{a1} = i_{d1}S_{a1} = \dfrac{1}{2}i_{d5}S_{a1} \\[2mm] i_{a2} = i_{d2}S_{a2} = \dfrac{1}{2}i_{d5}S_{a2} \\[2mm] i_{a3} = i_{d3}S_{a3} = \dfrac{1}{2}i_{d6}S_{a3} \\[2mm] i_{a4} = i_{d4}S_{a4} = \dfrac{1}{2}i_{d6}S_{a4} \\[2mm] i_{c1} = i_{d1}S_{c1} = \dfrac{1}{2}i_{d5}S_{c1} \\[2mm] i_{c2} = i_{d2}S_{c2} = \dfrac{1}{2}i_{d5}S_{c2} \end{cases}\tag{8.45}$$

其中,S_{a1}、S_{a2}、S_{a3}、S_{a4}、S_{c1}、S_{c2} 分别为对应标号整流二极管的开关函数。

将式(8.45)代入式(8.44)可得

$$\begin{aligned} i_A &= \frac{1}{k}\big[(S_{a1} - S_{c1})i_{d1} + (S_{c2} - S_{a2})i_{d2} + \sqrt{3}\,S_{a3}i_{d3} - \sqrt{3}\,S_{a4}i_{d4}\big] \\ &= \frac{1}{2k}\big[i_{d5}(S_{a1} - S_{a2} + S_{c2} - S_{c1}) + i_{d6}(\sqrt{3}\,S_{a3} - \sqrt{3}\,S_{a4})\big] \end{aligned}\tag{8.46}$$

由式(8.46)可知,输入电流 i_A 由双反星形整流器的输出电流 i_{d5} 和 i_{d6} 决定。为了获得输入电流 i_A 与匝比的关系表达式,应首先求取电流 i_{d5} 和 i_{d6} 的表达式。

根据非常规平衡电抗器的工作模态,可得电流 i_{d5} 和 i_{d6} 的表达式为

$$i_{d5} = \begin{cases} 0, & \omega t \in \left[\dfrac{p\pi}{3}, \dfrac{p\pi}{3} + \varphi\right) \\[2mm] \dfrac{I_d}{2}, & \omega t \in \left[\dfrac{p\pi}{3} + \varphi, \dfrac{p\pi}{3} + \dfrac{\pi}{6} - \varphi\right) \\[2mm] \dfrac{2mI_d}{2m+1}, & \omega t \in \left[\dfrac{p\pi}{3} + \dfrac{\pi}{6} - \varphi, \dfrac{p\pi}{3} + \dfrac{\pi}{6} + \varphi\right) \\[2mm] \dfrac{I_d}{2}, & \omega t \in \left[\dfrac{p\pi}{3} + \dfrac{\pi}{6} + \varphi, \dfrac{p\pi}{3} + \dfrac{\pi}{3} - \varphi\right) \\[2mm] 0, & \omega t \in \left[\dfrac{p\pi}{3} + \dfrac{\pi}{3} - \varphi, \dfrac{p\pi}{3} + \dfrac{\pi}{3}\right] \end{cases} \tag{8.47}$$

$$i_{d6} = \begin{cases} \dfrac{2mI_d}{2m+1}, & \omega t \in \left[\dfrac{p\pi}{3}, \dfrac{p\pi}{3} + \varphi\right) \\[2mm] \dfrac{I_d}{2}, & \omega t \in \left[\dfrac{p\pi}{3} + \varphi, \dfrac{p\pi}{3} + \dfrac{\pi}{6} - \varphi\right) \\[2mm] 0, & \omega t \in \left[\dfrac{p\pi}{3} + \dfrac{\pi}{6} - \varphi, \dfrac{p\pi}{3} + \dfrac{\pi}{6} + \varphi\right) \\[2mm] \dfrac{I_d}{2}, & \omega t \in \left[\dfrac{p\pi}{3} + \dfrac{\pi}{6} + \varphi, \dfrac{p\pi}{3} + \dfrac{\pi}{3} - \varphi\right) \\[2mm] \dfrac{2mI_d}{2m+1}, & \omega t \in \left[\dfrac{p\pi}{3} + \dfrac{\pi}{3} - \varphi, \dfrac{p\pi}{3} + \dfrac{\pi}{3}\right] \end{cases} \tag{8.48}$$

式中, $p = 0,1,2,3,4,5$; φ 为一个周期内单相全波整流器的工作模态首次发生改变时的电角度。φ 满足

$$u_d(\varphi) = |u_s(\varphi)| = m|u_p(\varphi)| \tag{8.49}$$

将式(8.31)和式(8.32)代入式(8.49),可得

$$\frac{3(\sqrt{6} + \sqrt{2})U_G}{8k}\sin\left(\varphi + \frac{5\pi}{12}\right) = \frac{3m(\sqrt{6} - \sqrt{2})U_G}{4k}\cos\left(\varphi + \frac{5\pi}{12}\right) \tag{8.50}$$

因单相全波整流电路输入电压 $|u_s(\omega t)|$ 周期为电网电压周期的 $1/12$,因而 φ 满足

$$0 \leqslant \varphi \leqslant \frac{\pi}{12} \tag{8.51}$$

由式(8.50)和式(8.51)得

$$\varphi = \arctan\left(\frac{2m}{2+\sqrt{3}}\right) - \frac{5\pi}{12} \tag{8.52}$$

由于输入电流波形为四分之一周期对称波形,因而仅需在区间 $\omega t \in [0, \pi/2]$ 内求取它的表达式,即可得到输入电流的有效值、基波分量和 THD 表达式。将式(8.47)、式(8.48)和式(8.52)代入式(8.46),可得

$$i_A = \begin{cases} 0, & \omega t \in [0, \varphi) \\[2mm] \dfrac{I_d}{4k}, & \omega t \in \left[\varphi, \dfrac{\pi}{6} - \varphi\right) \\[3mm] \dfrac{mI_d}{k(2m+1)}, & \omega t \in \left[\dfrac{\pi}{6} - \varphi, \dfrac{\pi}{6} + \varphi\right) \\[3mm] \dfrac{I_d}{4k}(1 + \sqrt{3}), & \omega t \in \left[\dfrac{\pi}{6} + \varphi, \dfrac{\pi}{3} - \varphi\right) \\[3mm] \dfrac{\sqrt{3}\, mI_d}{k(2m+1)}, & \omega t \in \left[\dfrac{\pi}{3} - \varphi, \dfrac{\pi}{3} + \varphi\right) \\[3mm] I_d\left(\dfrac{1}{2k} + \dfrac{\sqrt{3}}{4k}\right), & \omega t \in \left[\dfrac{\pi}{3} + \varphi, \dfrac{\pi}{2} - \varphi\right) \\[3mm] \dfrac{2mI_d}{k(2m+1)}, & \omega t \in \left[\dfrac{\pi}{2} - \varphi, \dfrac{\pi}{2}\right] \end{cases} \tag{8.53}$$

由式(8.53)可知,输入电流 i_A 的波形由变压器的变比、输出电流和非常规平衡电抗器的匝比共同决定,当变压器变比和负载确定后,输入电流 i_A 仅由非常规平衡电抗器的匝比决定。

2. 非常规平衡电抗器的最优匝比

在上述分析的基础上,下面建立非常规平衡电抗器匝比与输入电流 THD 的关系表达式,揭示非常规平衡电抗器匝比对输入电流 THD 的影响规律,并给出输入电流 THD 最小时的非常规平衡电抗器匝比。

由式(8.53)可得输入电流 i_A 的有效值为

$$I_A = \frac{\sqrt{2}\, I_d}{4(2m+1)k}\sqrt{\frac{(2 - \sqrt{3})48m^2\theta + (2 + \sqrt{3}) \cdot (4\pi m^2 - 48m\theta + 4\pi m - 12\theta + \pi)}{\pi}} \tag{8.54}$$

输入电流 i_A 的基波分量为

$$i_{A1} = \frac{6\sqrt{2}\, I_d\left[(8\sqrt{3} - 12)m^2 + 3 + 2\sqrt{3}\right]}{k\pi\left[(12 - 4\sqrt{3})m^2 + 12m + 3 + \sqrt{3}\right]} \cdot \sqrt{\frac{(4\sqrt{3} - 8)m^2 - 2 - \sqrt{3}}{(4\sqrt{3} - 8)m^2 - 4m - 2 - \sqrt{3}}}\sin(\omega t) \tag{8.55}$$

根据输入电流 THD 的定义得

$$\mathrm{THD}_{i_A} = \sqrt{\frac{I_A^2 - I_{A1}^2}{I_{A1}^2}} = \sqrt{\frac{\dfrac{Am^6 + Bm^5 + Cm^4 + Dm^3 + Em^2 + Fm^2 + Gm^2}{3\left[(4\sqrt{3} - 8)m^2 - 4m - 2 - \sqrt{3}\right]}}{4\left[(8\sqrt{3} - 12)m^2 + 3 + 2\sqrt{3}\right]}} \tag{8.56}$$

其中

$$
\begin{cases}
A = 239\,616 - 138\,240\sqrt{3} - 64\sqrt{3}\,\pi^2 - 128\pi^2 - 19\,968\pi\varphi + 11\,520\sqrt{3}\,\pi\varphi \\
B = 64\,512 - 36\,864\sqrt{3} - 64\sqrt{3}\,\pi^2 - 192\pi^2 + 3\,840\pi\varphi + 2\,034\sqrt{3}\,\pi\varphi \\
C = 13\,824 - 6\,912\sqrt{3} - 16\sqrt{3}\,\pi^2 - 160\pi^2 + 384\pi\varphi + 192\sqrt{3}\,\pi\varphi \\
D = 4\,608 - 96\sqrt{3}\,\pi^2 - 192\pi^2 + 768\pi\varphi + 384\sqrt{3}\,\pi\varphi \\
E = 3\,456 - 1\,728\sqrt{3} - 132\sqrt{3}\,\pi^2 - 232\pi^2 + 1\,440\pi\varphi + 816\sqrt{3}\,\pi\varphi \\
F = 4\,032 - 2\,304\sqrt{3} - 76\sqrt{3}\,\pi^2 - 132\pi^2 + 1\,584\pi\varphi + 912\sqrt{3}\,\pi\varphi \\
G = 3\,774 - 2\,160\sqrt{3} - 15\sqrt{3}\,\pi^2 - 26\pi^2 + 312\pi\varphi + 180\sqrt{3}\,\pi\varphi
\end{cases}
$$

由式（8.56）可知，输入电流的 THD 值仅与非常规平衡电抗器匝比 m 有关，图 8.10 所示为输入电流 THD 值随非常规平衡电抗器匝比 m 的变化规律。

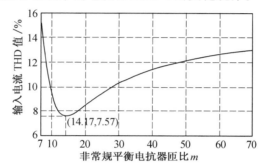

图 8.10　四星形整流器输入电流 THD 值随非常规平衡电抗器匝比的变化规律

由图 8.10 可知，随着非常规平衡电抗器匝比的增大，输入电流 THD 值先减小后增大，当非常规平衡电抗器匝比取某一特定值时，输入电流的 THD 值最小。式（8.56）中，对非常规平衡电抗器匝比 m 求导，并令导数等于零，可得

$$
m = \frac{\sqrt{3} + \sqrt{2} + 1}{2(\sqrt{3} + \sqrt{2} - 3)} = 14.17 \tag{8.57}
$$

当非常规平衡电抗器的匝比满足式（8.57）时，四星形整流器的输入电流 THD 值最小，此时输入电流的 THD 值和单相全波整流电路的导通角 φ 为

$$
\begin{cases}
\mathrm{THD}_{i_A} = \dfrac{\sqrt{\dfrac{Am^6 + Bm^5 + Cm^4 + Dm^3 + Em^2 + Fm^2 + Gm^2}{3[(4\sqrt{3}-8)m^2 - 4m - 2 - \sqrt{3}]}}}{4[(8\sqrt{3}-12)m^2 + 3 + 2\sqrt{3}]}\Bigg|_{m=14.17} = 7.57\% \\[4mm]
\varphi = \arctan\left(\dfrac{2m}{2+\sqrt{3}}\right) - \dfrac{5\pi}{12}\Bigg|_{m=14.17} = \dfrac{\pi}{24}
\end{cases}
$$

$$\tag{8.58}$$

由式（8.58）可知，当非常规平衡电抗器的匝比满足式（8.57）时，单相全波整流电路在一个周期内的占空比恰好为 0.5，四星形整流器的输入电流 THD 值等于 7.57%，这与标准 24 脉波整流器的完全一致，此时输入电流 i_A 的傅立叶级数表达式为

$$
i_A = \frac{6\sqrt{2}\,\sqrt{2-\sqrt{2}}\,I_d}{\pi k(\sqrt{3}+\sqrt{2}-1)}\left\{\sin(\omega t) + \sum_{h=1,2,3,\cdots}^{\infty} \frac{(-1)^h}{24h \pm 1}\sin[(24h \pm 1)\omega t]\right\} \tag{8.59}
$$

由式(8.59)可知,输入电流中除了基波分量外,仅有$(24h \pm 1)$(h 为正整数) 次谐波分量,其他次谐波分量均为零,这表明非常规平衡电抗器消除了四星形整流器输入电流中的$(12h \pm 1)$(h 为奇数) 次谐波,输入电流波形为标准的 24 阶梯波。

当非常规平衡电抗器的匝比取最优值时,图 8.11 所示为四星形整流器的各处电压和电流波形。

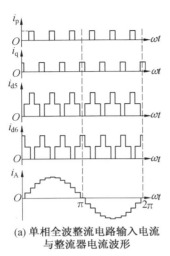
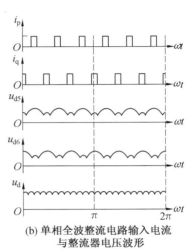

(a) 单相全波整流电路输入电流
与整流器电流波形

(b) 单相全波整流电路输入电流
与整流器电压波形

图 8.11   最优匝比条件下带非常规平衡电抗器的四星形整流器的主要电压和电流波形

由于非常规平衡电抗器的作用,两组双反星形整流器的输出电流被调节为六倍电网频率的三电平阶梯波,整流器的输出电压倍增为 24 脉波,获得 24 脉波整流器的特性。

由于双反星形整流器和四星形整流器具有高度的相似性,且非常规平衡电抗器也具有相同的工作模式,因而也存在某一特定非常规平衡电抗器匝比,使双反星形整流器倍增为 12 脉波整流器。与四星形整流器相关分析类似,可以得到使用非常规平衡电抗器的双反星形整流器输入电流 THD 值与非常规平衡电抗器匝比的关系曲线,如图8.12所示。图8.12 中,随着非常规平衡电抗器匝比的增大,输入电流 THD 先减小后增大,当非常规平衡电抗器的匝比 $m = 3.23$ 时,输入电流的 THD = 15.22%,单相全波整流电路的导通角为 15°,这表明单相全波整流电路二极管的导通时间正好为其输入电压周期的一半,且此时整流器输入电流 THD 值恰好与 12 脉波整流器相同,即非常规平衡电抗器取最优匝比时,倍增了整流器输入电流的阶梯数。

3. 最优匝比状态下整流单元的输出电流特性

使用非常规平衡电抗器后,整流单元的输出电流发生了改变,本节将分析非常规平衡电抗器取最优匝比时的整流单元输出电流。

由图 8.11(a) 可知,当非常规平衡电抗器取最优匝比时,四星形整流器中电流 i_{d5} 和 i_{d6} 是输入线电压周期的六分之一的"三电平阶梯波",根据式(8.47)和式(8.48),可得电流 i_{d5} 和 i_{d6} 的表达式为

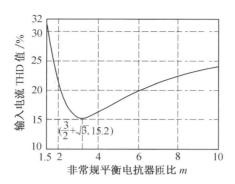

图 8.12　双反星形整流器中非常规平衡电抗器匝比与输入电流 THD 的关系

$$i_{d5} = \begin{cases} 0, & \omega t \in \left[\dfrac{p\pi}{3}, \dfrac{p\pi}{3} + \dfrac{\pi}{24}\right] \\[2mm] \dfrac{I_d}{2}, & \omega t \in \left(\dfrac{p\pi}{3} + \dfrac{\pi}{24}, \dfrac{p\pi}{3} + \dfrac{\pi}{8}\right] \\[2mm] \dfrac{(\sqrt{6} + \sqrt{2})I_d}{4}, & \omega t \in \left(\dfrac{p\pi}{3} + \dfrac{\pi}{8}, \dfrac{p\pi}{3} + \dfrac{5\pi}{24}\right] \\[2mm] \dfrac{I_d}{2}, & \omega t \in \left(\dfrac{p\pi}{3} + \dfrac{5\pi}{24}, \dfrac{2p\pi}{3} + \dfrac{7\pi}{24}\right] \\[2mm] 0, & \omega t \in \left(\dfrac{p\pi}{3} + \dfrac{7\pi}{24}, \dfrac{\pi(p+1)}{3}\right] \end{cases} \tag{8.60}$$

$$i_{d6} = \begin{cases} \dfrac{(\sqrt{6} + \sqrt{2})I_d}{4}, & \omega t \in \left[\dfrac{p\pi}{3}, \dfrac{p\pi}{3} + \dfrac{\pi}{24}\right] \\[2mm] \dfrac{I_d}{2}, & \omega t \in \left(\dfrac{p\pi}{3} + \dfrac{\pi}{24}, \dfrac{p\pi}{3} + \dfrac{\pi}{8}\right] \\[2mm] 0, & \omega t \in \left(\dfrac{p\pi}{3} + \dfrac{\pi}{8}, \dfrac{p\pi}{3} + \dfrac{5\pi}{24}\right] \\[2mm] \dfrac{I_d}{2}, & \omega t \in \left(\dfrac{p\pi}{3} + \dfrac{5\pi}{24}, \dfrac{2p\pi}{3} + \dfrac{7\pi}{24}\right] \\[2mm] \dfrac{(\sqrt{6} + \sqrt{2})I_d}{4}, & \omega t \in \left(\dfrac{p\pi}{3} + \dfrac{7\pi}{24}, \dfrac{\pi(p+1)}{3}\right] \end{cases} \tag{8.61}$$

式中，$p = 0,1,2,3,4,5$。

由式(8.60)、式(8.61)和图 8.11(a)可知，电流 i_{d5} 和 i_{d6} 波形相同，相位互差30°，具有相同的有效值，其有效值为

$$I_{d5-rms} = I_{d6-rms} = \sqrt{\dfrac{1}{2\pi}\int_0^{2\pi} i_{d5}^2 \,d\omega t} = 0.599 I_d \tag{8.62}$$

类似上述分析，当非常规平衡电抗器取最优匝比时，可得使用非常规平衡电抗器的双反星形整流器中整流单元的输出电流 i_{d1} 和 i_{d2} 的表达式为

$$i_{d1} = \begin{cases} 0, & \omega t \in \left[\dfrac{2p\pi}{3}, \dfrac{2p\pi}{3} + \dfrac{\pi}{12}\right] \\[2mm] \dfrac{I_d}{2}, & \omega t \in \left(\dfrac{2p\pi}{3} + \dfrac{\pi}{12}, \dfrac{2p\pi}{3} + \dfrac{\pi}{4}\right] \\[2mm] \dfrac{\sqrt{3}\,I_d}{2}, & \omega t \in \left(\dfrac{2p\pi}{3} + \dfrac{\pi}{4}, \dfrac{2p\pi}{3} + \dfrac{5\pi}{12}\right] \\[2mm] \dfrac{I_d}{2}, & \omega t \in \left(\dfrac{2p\pi}{3} + \dfrac{5\pi}{12}, \dfrac{2p\pi}{3} + \dfrac{7\pi}{12}\right] \\[2mm] 0, & \omega t \in \left(\dfrac{2p\pi}{3} + \dfrac{7\pi}{12}, \dfrac{2\pi(p+1)}{3}\right] \end{cases} \tag{8.63}$$

$$i_{d2} = \begin{cases} \dfrac{\sqrt{3}\,I_d}{2}, & \omega t \in \left[\dfrac{2p\pi}{3}, \dfrac{2p\pi}{3} + \dfrac{\pi}{12}\right] \\[2mm] \dfrac{I_d}{2}, & \omega t \in \left(\dfrac{2p\pi}{3} + \dfrac{\pi}{12}, \dfrac{2p\pi}{3} + \dfrac{\pi}{4}\right] \\[2mm] 0, & \omega t \in \left(\dfrac{2p\pi}{3} + \dfrac{\pi}{4}, \dfrac{2p\pi}{3} + \dfrac{5\pi}{12}\right] \\[2mm] \dfrac{I_d}{2}, & \omega t \in \left(\dfrac{2p\pi}{3} + \dfrac{5\pi}{12}, \dfrac{2p\pi}{3} + \dfrac{7\pi}{12}\right] \\[2mm] \dfrac{\sqrt{3}\,I_d}{2}, & \omega t \in \left(\dfrac{2p\pi}{3} + \dfrac{7\pi}{12}, \dfrac{2\pi(p+1)}{3}\right] \end{cases} \tag{8.64}$$

式中，$p = 0,1,2$。

由于电流 i_{d1} 和 i_{d2} 的波形相同，只是相位互差 60°，因此二者具有相同的有效值，即

$$I_{d1-rms} = I_{d2-rms} = \sqrt{\frac{1}{2\pi}\int_0^{2\pi} i_{d1}^2 \, d\omega t} = 0.559 I_d \tag{8.65}$$

4. 最优匝比状态下整流单元的输出电压特性

由图 8.11(b) 可知，由于非常规平衡电抗器的调制作用，整流单元（双反星形整流器）的输出电压和电流均发生了改变。当非常规平衡电抗器取最优匝比时，整流单元的输出电压 u_{d5} 和 u_{d6} 满足

$$u_{d5} = \begin{cases} \dfrac{\sqrt{3}\,U_2 \sin\left(\omega t - \dfrac{p\pi}{3} + \dfrac{\pi}{2}\right)}{\sqrt{3} + \sqrt{2} - 1}, & \omega t \in \left[\dfrac{p\pi}{3}, \dfrac{p\pi}{3} + \dfrac{\pi}{24}\right) \\[3mm] \dfrac{\sqrt{3}\,U_2 \sin\left(\omega t - \dfrac{p\pi}{3} + \dfrac{\pi}{3}\right)}{2}, & \omega t \in \left[\dfrac{p\pi}{3} + \dfrac{\pi}{24}, \dfrac{(p+1)\pi}{3} - \dfrac{\pi}{24}\right) \\[3mm] \dfrac{\sqrt{3}\,U_2 \sin\left(\omega t - \dfrac{p\pi}{3} + \dfrac{\pi}{6}\right)}{\sqrt{3} + \sqrt{2} - 1}, & \omega t \in \left[\dfrac{(p+1)\pi}{3} - \dfrac{\pi}{24}, \dfrac{(p+1)\pi}{3}\right] \end{cases} \tag{8.66}$$

$$u_{d6} = \begin{cases} \dfrac{\sqrt{3}\,U_2\sin(\omega t - \dfrac{p\pi}{3} + \dfrac{\pi}{2})}{2}, & \omega t \in \left[\dfrac{p\pi}{3}, \dfrac{p\pi}{3} + \dfrac{3\pi}{24}\right) \\[4mm] \dfrac{\sqrt{3}\,U_2\sin(\omega t - \dfrac{p\pi}{3} + \dfrac{\pi}{3})}{\sqrt{3} + \sqrt{2} - 1}, & \omega t \in \left[\dfrac{p\pi}{3} + \dfrac{3\pi}{24}, \dfrac{(p+1)\pi}{3} + \dfrac{5\pi}{24}\right) \\[4mm] \dfrac{\sqrt{3}\,U_2\sin(\omega t - \dfrac{p\pi}{3} + \dfrac{\pi}{6})}{2}, & \omega t \in \left[\dfrac{(p+1)\pi}{3} + \dfrac{5\pi}{24}, \dfrac{(p+1)\pi}{3}\right] \end{cases} \quad (8.67)$$

其中, U_2 为移相变压器输出相电压的有效值; $p = 0,1,2,3,4,5$。

输出电压 u_d 为电压 u_{d5} 和 u_{d6} 的平均值,即

$$u_d = \frac{u_{d5} + u_{d6}}{2} \qquad\qquad (8.68)$$

将式(8.66)和式(8.67)代入式(8.68)可得,输出电压 u_d 的表达式为

$$u_d = \begin{cases} \dfrac{\sqrt{3}\,U_2}{2}\cos(\dfrac{\pi}{12})\cos(\omega t - \dfrac{p\pi}{12}), & \omega t \in \left[\dfrac{p\pi}{12}, \dfrac{p\pi}{12} + \dfrac{\pi}{24}\right) \\[4mm] \dfrac{\sqrt{3}\,U_2}{2}\cos(\dfrac{\pi}{12})\cos\left[\omega t - \dfrac{(p+1)\pi}{12}\right], & \omega t \in \left[\dfrac{p\pi}{12} + \dfrac{\pi}{24}, \dfrac{(p+1)\pi}{12}\right] \end{cases} \quad (8.69)$$

其中, $p = 0,1,2,3,4,5$。

对输出电压 u_d 进行傅立叶级数分解,得

$$u_d = \frac{12\sqrt{3}\,U_2}{\pi}\cos(\frac{\pi}{12})\sin(\frac{\pi}{24})\left[1 - \sum_{k=1,2,3,\cdots}^{\infty} \frac{2\cos k\pi}{576k^2 - 1}\cos(24k\omega t)\right] \quad (8.70)$$

由式(8.70)可知,输出电压中仅含 $24k$ 次谐波分量,呈现 24 脉波特性。

类似上述分析,同理可知带非常规平衡电抗器的双反星形整流器中,整流单元(即三相半波整流电路)的输出电压 u_{d1} 和 u_{d2} 为输入线电压周期的三分之一的"大小馒头波",其表达式为

$$u_{d1} = \begin{cases} (\sqrt{3} - 1)U_2\sin(\omega t + \dfrac{2p\pi}{3} + \dfrac{\pi}{2}), & \omega t \in \left[\dfrac{2p\pi}{3}, \dfrac{2p\pi}{3} + \dfrac{\pi}{12}\right) \\[4mm] U_2\sin(\omega t + \dfrac{2p\pi}{3} + \dfrac{\pi}{6}), & \omega t \in \left[\dfrac{2p\pi}{3} + \dfrac{\pi}{12}, \dfrac{2(p+1)\pi}{3} - \dfrac{\pi}{12}\right) \\[4mm] (\sqrt{3} - 1)U_2\sin(\omega t + \dfrac{2p\pi}{3} - \dfrac{\pi}{6}), & \omega t \in \left[\dfrac{2(p+1)\pi}{3} - \dfrac{\pi}{12}, \dfrac{2(p+1)\pi}{3}\right] \end{cases}$$

$$(8.71)$$

$$u_{d2} = \begin{cases} U_2\sin(\omega t + \dfrac{2p\pi}{3} + \dfrac{\pi}{2}), & \omega t \in \left[\dfrac{2p\pi}{3}, \dfrac{2p\pi}{3} + \dfrac{\pi}{4}\right) \\[4mm] (\sqrt{3} - 1)U_2\sin(\omega t + \dfrac{2p\pi}{3} + \dfrac{\pi}{6}), & \omega t \in \left[\dfrac{2p\pi}{3} + \dfrac{\pi}{4}, \dfrac{2p\pi}{3} + \dfrac{5\pi}{12}\right) \\[4mm] U_2\sin(\omega t + \dfrac{2p\pi}{3} - \dfrac{\pi}{6}), & \omega t \in \left[\dfrac{2p\pi}{3} + \dfrac{5\pi}{12}, \dfrac{2(p+1)\pi}{3}\right] \end{cases} \quad (8.72)$$

其中, $p = 0,1,2$。

　　根据上述分析可知,由于非常规平衡电抗器的调制,整流单元的输出电压变为具有特定周期的非标准 6 脉波,整流单元输出电压的状态增加一倍,为倍增输出电压的脉波数提供了条件。

8.2.3　直流侧无源谐波抑制方法性能的仿真与实验

1. 仿真验证

　　为了验证上述理论分析的正确性,利用仿真软件 Synopsys Saber 搭建了使用直流侧脉波倍增电路的双反星形整流器和四星形整流器的仿真电路,并进行了仿真验证。

　　在使用直流侧脉波倍增电路的双反星形整流电路的仿真模型中,输入相电压为 220 V,双反星形变压器的副边绕组输出电压为 45 V,非常规平衡电抗器匝比为 3.23,负载滤波电感为 15 mH,输出电流为 20 A。

　　为了比较非常规平衡电抗器对双反星形整流电路的脉波倍增作用,图 8.13 所示为常规双反星形整流器的输入电流波形及其频谱,输入电流波形为 6 阶梯波,输入电流中含大量的 $(6k \pm 1)$ 次谐波,输入电流的 THD 高达 30.2%。

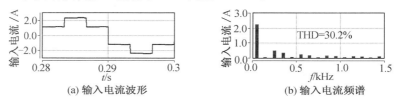

(a) 输入电流波形　　　　　　　(b) 输入电流频谱

图 8.13　双反星形整流器的输入电流及其频谱

　　图 8.14 所示为使用直流侧脉波倍增电路的双反星形整流系统的主要电流波形。由图 8.14 可知,当非常规平衡电抗器正常工作后,从系统中提取 150 Hz 的方波电流,如图 8.14(a) 和图 8.14(b) 所示。非常规平衡电抗器提取的方波电流使得三相半波整流桥的输出电流的模态增加,如图 8.14(c) 和图 8.14(d) 所示,被调制为频率 150 Hz 的三电平电流波。根据交、直流侧的电流关系,系统输入电流的阶梯数倍增为 12 脉波,图 8.14(e) 和图 8.14(f) 所示为此时系统的输入电流波形和频谱,与图 8.13 相比可知,输入电流的 THD 降低了一半,输入电流中的 $(6k \pm 1)$(k 为奇数) 次谐波被消除。

　　在使用直流侧脉波倍增电路的四星形整流器中,为了倍增脉波数,在仿真电路中非常规平衡电抗器的匝比按最优值设定,即 28.4,其他电路参数与双反星形整流器仿真电路中的数值相同。

　　图 8.15 所示为非常规平衡电抗器工作前后,四星形整流器网侧输入电流及其频谱。由图 8.15(a) 和图 8.15(b) 可知,当非常规平衡电抗器工作时,所产生的交流侧对应电流消除了网侧输入电流中的 11、13、35 和 37 次谐波,使得输入电流中仅含 23、25、47 和 48 次谐波,输入电流 THD 由 14.73% 降到 8.29%,仿真验证了非常规平衡电抗器所产生的环流能够抵消输入电流中的 $(12k \pm 1)$(k 为奇数) 次谐波。

2. 实验验证

　　为了通过实验分析负载变化对系统谐波抑制性能的影响,在不同输出电流条件下,分

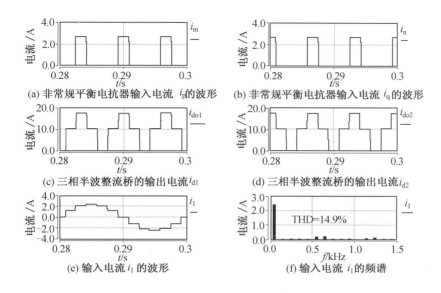

图 8.14　使用直流侧脉波倍增电路的双反星形整流系统的主要电流波形

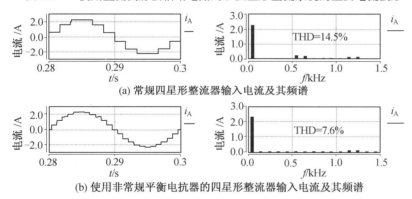

图 8.15　非常规平衡电抗器工作前后四星形整流器的输入电流及其频谱

别对常规四星形整流器、使用直流侧脉波倍增电路的四星形整流器进行了测试。图 8.16 所示为输出电流等于 45 A 时常规四星形整流器的输入电流及其频谱,输入电流中主要包括($12k \pm 1$)(k 为正整数) 次谐波。

当使用直流侧脉波倍增电路后,图 8.17 所示为输出电流等于 45 A 时四星形整流器的输入电流及其频谱。由图 8.17 可知,输入电流谐波被有效抑制,11、13 次谐波基本被消除,在示波器可观察范围内 23、25 次谐波与常规四星形整流器几乎相同。

当输出电流从 30 A 突变到 43 A 时,图 8.18 和图 8.19 分别为常规四星形整流器、使用直流侧脉波倍增电路的四星形整流器中输入电流的动态响应特性,由图 8.18 可知,常规四星形整流器中输出电流突变前后,输入电流中包含的特征次谐波不变,对输入电流的 THD 的影响较小,系统对输出电流突变具有较好的适应能力。从图 8.19 中可以看出,负载突变前后,输入电流的 THD 变化略大,负载较重时输入电流的谐波较小,这是因为变压漏感的滤波作用使此时的输入电流变得更加平滑。

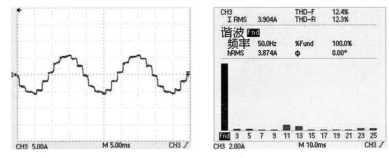

图 8.16   常规四星形整流器的输入电流及其频谱

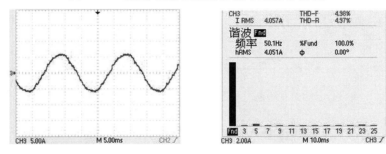

图 8.17   使用直流侧脉波倍增电路的四星形整流器的输入电流及其频谱

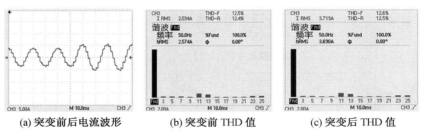

(a) 突变前后电流波形   (b) 突变前 THD 值   (c) 突变后 THD 值

图 8.18   输出电流突变对常规四星形整流器谐波抑制性能的影响

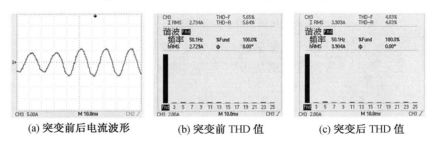

(a) 突变前后电流波形   (b) 突变前 THD 值   (c) 突变后 THD 值

图 8.19   输出电流突变对使用直流侧脉波倍增电路的四星形整流器谐波抑制性能的影响

8.3   双反星形和四星形整流器的直流侧有源谐波抑制方法

通过 8.2 节分析可知,对于双反星形整流器和四星形整流器而言,单纯使用无源谐波抑制方法仅能抑制输入电流中的某些特征次谐波,同时会使另外一些特征次谐波幅值增大。针对双反星形整流器和四星形整流器,本节提出了使用直流侧有源谐波抑制方法的新拓扑,该方法能够显著抑制输入电流中的全部特征次谐波。

8.3.1　直流侧有源谐波抑制方法的拓扑结构

图 8.20 所示为使用直流侧有源谐波抑制方法的多三相半波整流电路并联型整流器结构示意图。该整流器由移相变压器、整流单元和有源平衡电抗器(Active Inter-Phase Reactor,AIPR)组成。

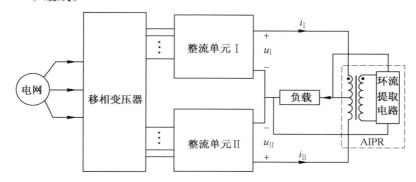

图 8.20　使用直流侧有源谐波抑制方法的多三相半波整流电路并联型整流器结构示意图

有源平衡电抗器由带副边绕组的平衡电抗器和环流提取电路组成,在系统中主要起到两个作用:

(1)吸收两整流单元输出电压的瞬时值之差,使它们的输出电压瞬时值相等,保证两组并联整流单元独立工作。

(2)从有源平衡电抗器的副边绕组提取环流,调制两组整流单元的输出电流,实现对网侧谐波的抑制。

当整流单元由单个三相半波整流电路构成时,图 8.20 所示整流器为带 AIPR 的双反星形整流器,如图 8.21(a)所示;当整流单元为带平衡电抗器的双反星形整流器时,图 8.20 所示整流器为带 AIPR 的四星形整流器,如图 8.21(b)所示。本节将分别分析这种整流器的谐波抑制性能及相关特性。

8.3.2　基于直流侧有源谐波抑制方法的双反星形整流器

1.直流侧有源谐波抑制方法的可行性分析

为研究直流侧有源谐波抑制方法在双反星形整流器中的可行性,本节在有源平衡电抗器副边接可变电阻 R_2,通过调节 R_2 阻值测试系统输入电流 THD 能否发生变化及 THD 变化规律,找到使得输入电流 THD 最小时对应的 R_2 阻值。在负载功率等于900 W 的情况下进行了相应的实验,实验电路如图 8.22 所示。

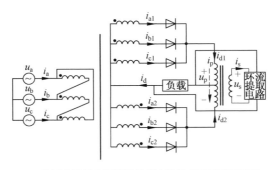

(a) 使用直流侧有源谐波抑制方法的双反星形整流器

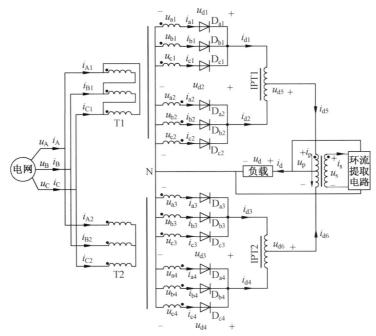

(b) 使用直流侧有源谐波抑制方法的四星形整流器

图 8.21　　使用直流侧有源谐波抑制方法的双反星形整流器和四星形整流器

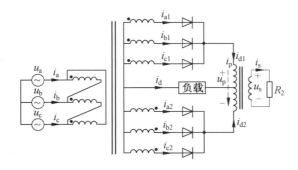

图 8.22　可行性分析电路图

负载功率为 900 W 时,实验条件见表 8.1。

表 8.1　实验条件

输入线电压 U_{L-L}	380 V
直流侧电压 U_o	92.1 V
输出功率 P_o	900 W
负载电感 L	11 mH
负载电阻 R	9 Ω

调节 R_2 阻值发现,随着 R_2 阻值从小到大变化,系统输入电流 THD 呈现先降低后增加的规律。当 $R_2 = R_m = 13.66$ Ω 时,输入电流 THD 最低,谐波含量最少。图 8.23(a) 所示为未接电阻 R_2 时的输入电流及其频谱,图 8.23(b) 所示为接电阻 R_2($R_2 = R_m = 13.66$ Ω)时的输入电流及其频谱。

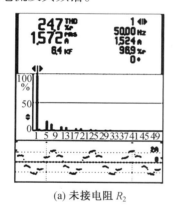
(a) 未接电阻 R_2

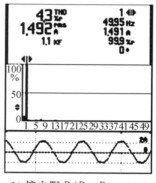
(b) 接电阻 R_2($R_2 = R_m = 13.66$ Ω)

图 8.23　系统 a 相输入电流及频谱分析(输出功率为 900 W)

当 $R_2 > R_m$ 和 $R_2 < R_m$ 时系统输入电流谐波含量增高,THD 增大,如图 8.24 所示。

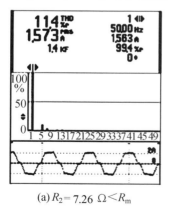
(a) $R_2 = 7.26$ Ω $< R_m$

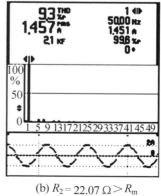
(b) $R_2 = 22.07$ Ω $> R_m$

图 8.24　R_2 减小或增大时整流器输入电流及其频谱(输出功率为 900 W)

调节 R_2 阻值时,系统输出电流不变,两组三相半波输出电流 i_{d1} 和 i_{d2} 的波形会发生变化,原整流系统 i_{d1} 和 i_{d2} 的波形为有脉动的直流电流,而 $R_2 = R_m$ 时 i_{d1} 和 i_{d2} 的波形在原有直流电流基础上叠加了一个三角波交流分量,如图 8.25 所示。

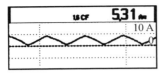 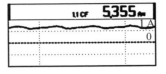

(a) 接电阻 R_2($R_2 = R_m = 13.66\ \Omega$)   (b) 未接电阻 R_2

图 8.25   三相半波整流器输出电流 i_{d1}(输出功率为 900 W)

当接电阻 R_2,且 $R_2 = R_m$ 时,二极管电流波形近似为三角波,当不接电阻 R_2 时,二极管电流波形为矩形脉冲,如图 8.26 所示。电阻 R_2 是否连接,不影响整流器输出电压,图8.27所示为两种情况下的输出电压。

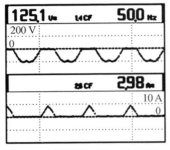 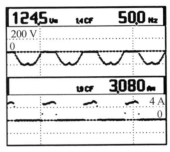

(a) 接电阻 R_2($R_2 = R_m = 13.66\ \Omega$)   (b) 未接电阻 R_2

图 8.26   二极管端电压和电流(输出功率为 900 W)

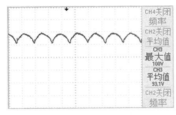 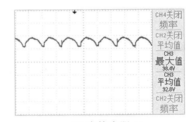

(a) 接电阻 R_2($R_2 = R_m = 13.66\ \Omega$)   (b) 未接电阻 R_2

图 8.27   输出电压(负载功率为 900 W)

根据上述实验,可以得到如下结论:

(1)随 R_2 阻值的增大,网侧输入电流 THD 呈现先减小后增大的规律。当 $R_2 = R_m$ 时,THD 最小约为 4.3%,输入电流中($6k \pm 1$)次谐波含量显著降低。这说明将直流侧有源谐波抑制方法用于双反星形整流器是可行的。

(2)随 R_2 阻值的变化,输出电压保持不变。

2. 直流侧有源谐波抑制系统结构

根据上述分析可知,在有源平衡电抗器副边串联阻值合适的电阻可以有效抑制输入电流谐波。图 8.28 中,使用一个小容量的 PWM 整流器代替了电阻 R_2,通过控制 PWM 整流器的输入电流,调制平衡电抗器的原边环流 i_p,进而影响输入电流,达到抑制谐波的目的。PWM 整流器的输出端与负载相连,将谐波能量馈送给负载,提高系统的能量变换效率。

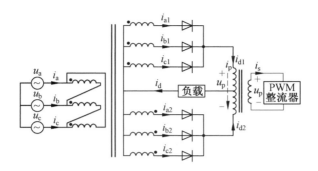

图 8.28　基于直流侧有源谐波抑制方法的双反星形整流器

3. 有源平衡电抗器输入特性分析

图 8.28 中,假设有源平衡电抗器原边流过的环流为 i_p,则两组三相半波整流电路的输出电流 i_{d1} 和 i_{d2} 可以表示为

$$\begin{cases} i_{d1} = 0.5I_d + i_p \\ i_{d2} = 0.5I_d - i_p \end{cases} \tag{8.73}$$

由式(8.7) ~ (8.14) 和式(8.73) 可知,整流器输入电流与输出电流及环流 i_p 之间满足

$$\begin{cases} i_a = 0.5A_1 I_d + A_2 i_p \\ i_b = 0.5B_1 I_d + B_2 i_p \\ i_c = 0.5C_1 I_d + C_2 i_p \end{cases} \tag{8.74}$$

其中

$$\begin{cases} A_1 = (S_{c1} - S_{c2} - S_{a1} + S_{a2})/k \\ A_2 = (S_{c1} + S_{c2} - S_{a1} - S_{a2})/k \\ B_1 = (S_{c2} - S_{c1} + S_{b1} - S_{b2})/k \\ B_2 = (S_{b1} + S_{b2} - S_{c1} - S_{c2})/k \\ C_1 = (S_{b2} - S_{b1} + S_{a1} - S_{a2})/k \\ C_2 = (S_{a1} + S_{a2} - S_{b1} - S_{b2})/k \end{cases}$$

仿照多脉波整流器直流侧谐波抑制方法,假设有源平衡电抗器原边绕组环流为三倍电网频率的三角波,其与单位幅值三角波满足

$$i_p = mI_d f(\omega t) \tag{8.75}$$

其中,m 为电流幅值系数;$f(\omega t)$ 为单位幅值三角波函数。

图 8.29 所示为单位幅值三角波与三相半波整流电路输出电压的相位关系图。

通过控制 PWM 整流器输入电流 i_s,可以使有源平衡电抗器原边环流 i_p 发生变化,进而达到抑制整流器输入电流谐波的目的。下面推导当 i_p 幅值为何值时,网侧电流 THD 达到最小值。由于电网三相对称,当一相电流 THD 达最小值时,另外两相电流 THD 也达最小值,这里以 i_a 为例进行推导。

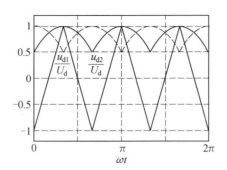

图 8.29　单位幅值三角波与三相半波整流电路输出电压 u_{d1} 和 u_{d2} 的相位关系图

由式(8.74)、式(8.75)可知,网侧电流 i_a 关于 m 的表达式为

$$i_a = 0.5 I_d A_1 + m I_d A_2 f(\omega t) \tag{8.76}$$

根据傅立叶级数公式,将 i_a 展开可得

$$
\begin{cases}
i_a(\omega t) = a_0 + \displaystyle\sum_{n=1}^{\infty} (a_n \cos n\omega t + b_n \sin n\omega t) \\
a_0 = \dfrac{1}{2\pi} \displaystyle\int_0^{2\pi} i_a(\omega t) \mathrm{d}(\omega t) \\
a_n = \dfrac{1}{\pi} \displaystyle\int_0^{2\pi} i_a(\omega t) \cos(n\omega t) \mathrm{d}(\omega t) \\
b_n = \dfrac{1}{\pi} \displaystyle\int_0^{2\pi} i_a(\omega t) \sin(n\omega t) \mathrm{d}(\omega t)
\end{cases}
\quad (n = 1,2,3,\cdots) \tag{8.77}
$$

电流 i_a 的 THD 表达式为

$$\mathrm{THD}_a = \dfrac{\sqrt{\displaystyle\sum_{n=2}^{\infty} I_{an}^2}}{I_{a1}} = \dfrac{\sqrt{I_a^2 - I_{a1}^2}}{I_{a1}} \tag{8.78}$$

其中,I_a 为 i_a 的有效值;I_{an} 为电流 i_a 的 n 次谐波有效值;I_{a1} 为电流 i_a 的基波有效值。

I_a、I_{an} 与 a_0、a_n、b_n 的关系为

$$
\begin{cases}
I_a = \sqrt{a_0^2 + I_{a1}^2 + \displaystyle\sum_{n=2}^{\infty} I_{an}^2} = \sqrt{\dfrac{1}{\pi} \displaystyle\int_0^{2\pi} i_a^2(\omega t) \mathrm{d}(\omega t)} \\
I_{a1} = \sqrt{a_1^2 + b_1^2} \\
I_{an} = \sqrt{a_n^2 + b_n^2} \quad (n = 2,3,\cdots)
\end{cases}
\tag{8.79}
$$

将 $(\mathrm{THD}_a)^2$ 作为目标函数,下面求 $(\mathrm{THD}_a)^2$ 的最小值及此时的 m 值。设 $y(m) = (\mathrm{THD}_a)^2$。

由式(8.77) ~ (8.79)可得

$$y(m) = \dfrac{Em^2 + Fm + G}{Um^2 + Vm + W} \tag{8.80}$$

其中,
$$
\begin{cases}
E = \dfrac{1}{81}(4\pi^4 - 324\pi^2 + 1296\sqrt{3}\,\pi - 3\,888),\ W = \pi^2 \\[2mm]
F = \dfrac{1}{81}(-648\sqrt{3} + 324\pi^2),\ G = \dfrac{\pi^4}{9} - \pi^2 \\[2mm]
U = 4\pi^2 - 16\sqrt{3}\,\pi + 48,\ V = -4\pi^2 + 8\sqrt{3}\,\pi
\end{cases}
\qquad\circ
$$

对式 (8.80) 求导数,并令导数等于零,可求得 $m = \dfrac{9}{2}\dfrac{2\sqrt{3} - \pi}{\pi} \approx 0.462$ 且

$\dfrac{\mathrm{d}^2(y(m))}{\mathrm{d}\,(m)^2}\Big|_{0.462} < 0$,说明当 $m = 0.462$ 时 $y(m)$ 取得最小值 0.016。此时 $\mathrm{THD_a}$ 取得最小值 4%。$\mathrm{THD_a}$ 随 m 的变化曲线如图 8.30 所示,$m = 0.462$ 时电流 i_a 波形及频谱分析如图 8.31 所示。

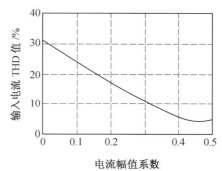

图 8.30　电流 i_a 的 THD 随 m 的变化曲线

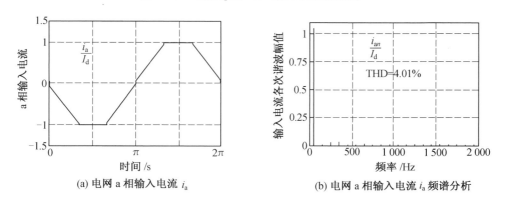

(a) 电网 a 相输入电流 i_a　　　　　　(b) 电网 a 相输入电流 i_a 频谱分析

图 8.31　$m = 0.462$ 时整流器 a 相输入电流及其频谱

由上述理论分析可知,当幅值恒定的三角波环流 i_p 满足以下条件时,网侧输入电流 THD 达到最低(为 4%):

(1) 环流 i_p 频率为 150 Hz。

(2) 环流 i_p 幅值满足 $i_{pm} = 0.462I_d$,即 $m = 0.462$。

(3) 相位上,环流 i_p 的峰值点与 a 相相电压的零时刻对应,即与平衡电抗器副边电压 u_p 同相。

根据上面得到的结果,为直观地看出系统输入电流谐波抑制的原理,下面推导 $m =$

0.462 时,系统各关键电流的波形及谐波分析,由式(8.75)及图 8.29 可得此时 i_p 的表达式为

$$i_p = 0.462 I_d f(\omega t) = \frac{5.544 I_d}{\pi^2} \sum_{n=1}^{\infty} \frac{1}{n^2} \left[(-1)^n - 1 + (-1)^n 4 \sin \frac{n\pi}{2} \sin \frac{n\pi}{6} \right] \cos n\omega t$$

$$(8.81)$$

由式(8.73)和式(8.81),可得两组三相半波整流电路输出电流 i_{d1} 和 i_{d2} 的表达式为

$$\begin{cases} i_{d1} = I_d (0.5 + 0.462 f(\omega t)) \\ i_{d2} = I_d (0.5 - 0.462 f(\omega t)) \end{cases}$$

$$(8.82)$$

i_{d1} 和 i_{d2} 的波形如图 8.32 所示,可以看出三相半波整流电路输出电流处于连续状态。根据三相半波整流电路的特点,结合图 8.32 可得,两组三相半波整流电路的 a1 相和 a2 相二极管电流波形如图 8.33 所示,各二极管电流的傅立叶级数表达式为

$$\begin{cases} i_{a1} = I_d \left[\frac{1}{6} + \sum_{n=1}^{\infty} a_{1n} \cos(n\omega t) + b_{1n} \sin(n\omega t) \right] \\ i_{b1} = I_d \left[\frac{1}{6} + \sum_{n=1}^{\infty} a_{1n} \cos n(\omega t - \frac{2\pi}{3}) + b_{1n} \sin n(\omega t - \frac{2\pi}{3}) \right] \\ i_{c1} = I_d \left[\frac{1}{6} + \sum_{n=1}^{\infty} a_{1n} \cos n(\omega t + \frac{2\pi}{3}) + b_{1n} \sin n(\omega t + \frac{2\pi}{3}) \right] \\ i_{a2} = I_d \left[\frac{1}{6} + \sum_{n=1}^{\infty} a_{1n} \cos(\omega t + \pi) + b_{1n} \sin n(\omega t + \pi) \right] \\ i_{b2} = I_d \left[\frac{1}{6} + \sum_{n=1}^{\infty} a_{1n} \cos n(\omega t - \frac{\pi}{3}) + b_{1n} \sin n(\omega t - \frac{\pi}{3}) \right] \\ i_{c2} = I_d \left[\frac{1}{6} + \sum_{n=1}^{\infty} a_{1n} \cos n(\omega t + \frac{\pi}{3}) + b_{1n} \sin n(\omega t + \frac{\pi}{3}) \right] \end{cases}$$

$$(8.83)$$

其中

$$\begin{cases} a_{1n} = \frac{1}{n^2 \pi^3} \left[-54\sqrt{3} + 27\pi + 108\sqrt{3} \sin(\frac{1}{3} n\pi) - 54\pi \cos(\frac{1}{3} n\pi) + \right. \\ \qquad \left. 5n\pi^2 \sin(\frac{2}{3} n\pi) - 9\sqrt{3} n\pi \sin(\frac{2}{3} n\pi) - 54\sqrt{3} \cos(\frac{2}{3} n\pi) + 27\pi \cos(\frac{2}{3} n\pi) \right] \\ b_{1n} = \frac{1}{n^2 \pi^3} \left[5n\pi^2 - 9\sqrt{3} n\pi + 108\sqrt{3} \sin(\frac{1}{3} n\pi) - 54\pi \sin(\frac{1}{3} n\pi) - \right. \\ \qquad \left. 5n\pi^2 \cos(\frac{2}{3} n\pi) + 9\sqrt{3} n\pi \cos(\frac{2}{3} n\pi) - 54\sqrt{3} \sin(\frac{2}{3} n\pi) + 27\pi \sin(\frac{2}{3} n\pi) \right] \end{cases}$$

由式(8.78)、式(8.79)、式(8.83)得,i_a、i_b、i_c 满足

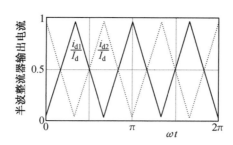

图 8.32　两组三相半波输出电流 i_{d1} 和 i_{d2} 波形

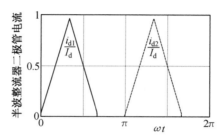

图 8.33　两组三相半波二极管电流 i_{a1} 和 i_{a2} 波形

$$\begin{cases} i_a = \sum_{n=1}^{\infty} B_n \sin(n\omega t) \\[2mm] i_b = \sum_{n=1}^{\infty} B_n \sin n(\omega t - \dfrac{2\pi}{3}) \\[2mm] i_c = \sum_{n=1}^{\infty} B_n \sin n(\omega t + \dfrac{2\pi}{3}) \end{cases} \tag{8.84}$$

其中，$B_n = -\dfrac{2}{n^2 \pi^3} \{(-1)^n 54(2\sqrt{3} - \pi)\cos(\dfrac{n\pi}{6})\sin(\dfrac{n\pi}{2}) + (9\sqrt{3} - 5\pi)n\pi[1 - (-1)^n - 2(-1)^n n\pi \sin(\dfrac{n\pi}{6})\sin(\dfrac{n\pi}{2})]\}$。

表 8.2 对比了使用与不使用 AIPR 时的双反星形整流器输入电流。由该表可得，使用 AIPR 后，$(6k \pm 1)$ 次谐波得到显著抑制，电流波形已经比较接近标准正弦波，THD 值仅为 4% 左右，而常规双反星形整流器输入电流 THD 为 30%。

表 8.2　输入电流对比

	基波	5 次	7 次	11 次	13 次	17 次	19 次	23 次	25 次	THD
AIPR 系统	1.045	0.024	0.003	0.001 4	0.001 3	0.001	0.006 5	0.001 3	0.004 5	4.03%
传统系统	0.955	0.191	0.136	0.087	0.073	0.056	0.05	0.042	0.038 2	30.6%

有源平衡电抗器的原边绕组环流波形与其副边电流波形相同，幅值符合变比关系，其中原边环流满足式(8.81)，又由式(8.24)可得，有源平衡电抗器副边电压和电流为

$$\begin{cases} u_s = -\dfrac{3\sqrt{3}\,N_s U_d}{4\pi \cdot 0.827 N_p} \sum_{n=1}^{\infty} \dfrac{\cos(6n-3)\omega t}{(3n-1)(3n-2)} \\[3mm] i_s = \dfrac{2N_p}{N_s} i_p = \dfrac{9N_p I_d}{N_s}\left(\dfrac{2\sqrt{3}-\pi}{\pi}\right) f(\omega t) \end{cases} \tag{8.85}$$

副边绕组端电压和电流波形如图 8.34 所示。

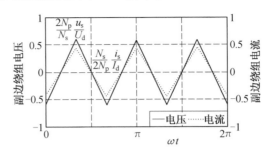

图 8.34　有源平衡电抗器副边绕组端电压和电流波形

由图 8.34 可知,有源平衡电抗器副边绕组端电压 u_s 和电流 i_s 波形均为 150 Hz 的三角波,相位相同,消耗能量,u_s 和 i_s 也是有源平衡变换器的输入电压、输入电流。因此,当输入电流谐波得到最大程度的抑制时,有源平衡电抗器所接 PWM 变换器工作在单位功率因数整流状态。

根据式(8.26),有源平衡电抗器的副边端电压 u_s 有效值为

$$U_s = \frac{N_s}{2N_p} U_p = 0.125\,75\,\frac{N_s}{N_p} U_d \tag{8.86}$$

电流 i_s 有效值为

$$I_s = \frac{2N_p}{N_s} I_p = 0.533\,5\,\frac{N_p}{N_s} I_d \tag{8.87}$$

此时,副边绕组容量为

$$P_s = \frac{1}{2} U_s I_s = 0.033\,55 U_d I_d \tag{8.88}$$

因此,副边绕组容量仅占整流负载功率的 3.36%,容量很小。

有源平衡电抗器的原边电流为 i_{d1} 和 i_{d2}。那么,由式(8.81)和式(8.82)计算得到电流 i_{d1} 和 i_{d2} 的有效值为

$$I_{d1} = I_{d2} = 0.566\,7 I_d \tag{8.89}$$

因此,有源平衡电抗器的容量为

$$S_{\text{kVA-AIPR}} = \frac{1}{2}\left[\frac{U_p(I_{d1}+I_{d2})}{2}\right] + P_s = 0.104\,8 U_d I_d \tag{8.90}$$

综上所述,有源平衡电抗器吸收的有功功率为负载功率的 7%,其容量较原系统有所增加,但加入有源平衡电抗器能显著抑制系统输入电流谐波。

4. 控制电路的设计与实现

为了验证直流侧谐波抑制方法的有效性,研制了一台额定功率 900 W 的实验样机。

PWM 整流器为单相全桥结构,控制方法与第 6 章中的单级辅助电路类似,表 8.3 给出了实验样机的主要参数。

表 8.3　实验样机的主要参数

主整流电路		有源平衡变换器	
输入线电压	380 V	开关频率	40 kHz
额定输出电压	92.1 V	交流侧电压	28.3 V
额定输出电流	8.87 A	交流侧电流	2.36 A
额定负载功率	900 W	负载功率	66.8 W
有源平衡电抗器原副边匝比	1∶1	交流侧滤波电感	4 mH

图 8.35 为三角波指令信号的产生过程。图 8.35(a) 的波形分别为滞环比较电路输出的工频方波、锁相环 CD4046 比较反馈信号和倍频后的三倍频方波。锁相环比较反馈信号与同步方波上升沿保持同步,保证输出的三倍频方波与同步方波保持同步。 图 8.35(b) 中波形分别为同步正弦信号、同步方波和三角波基准信号。同步变压器从三相半波 I 组取线电压 u_{a1b1} 输出同步正弦信号,经滞环比较器输出同步方波,方波经积分电路生成三角波基准信号。

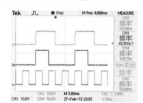 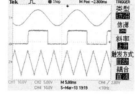 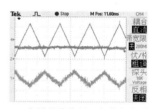

(a) 同步方波、锁相环比较反馈信号和三倍频方波　(b) 同步正弦信号、同步方波和三角波基准信号　(c) 三角波基准信号、负载电流采样信号和指令信号

图 8.35　指令信号

图 8.36 为驱动信号的生成过程。图 8.36(a) 为三角波指令信号和电感电流的反馈信号。指令信号和反馈信号的差值作为下一级电流调节器的输入,电流调节器的输出与高频三角载波进行比较,生成双极性 PWM 信号,经 IR2110 后生成驱动信号,如图 8.36(b) 和图 8.36(c) 所示。

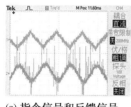 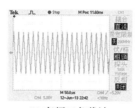 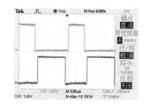

(a) 指令信号和反馈信号　(b) 高频三角载波　(c) 同一桥臂互补驱动

图 8.36　驱动信号

5. 整流器输入电流谐波抑制效果

系统负载为阻感负载,参数为 $L = 11\ \text{mH}, R = 9\ \Omega$。输出电流 $I_d = 8.87\ \text{A}$,则需要有源平衡变换器的输入电流峰值为 4.1 A,如图 8.37 所示,该电流频率为 150 Hz,含有高频电流纹波,从图中可以看出有源平衡变换器对有源平衡电抗器原边环流起到了很好的控制效果。

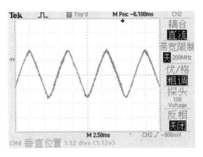

图 8.37   PWM 整流电路输入电流

有源平衡电抗器副边绕组的电流调制使其原边产生了相应的环流,从而改变了两组三相半波的输出电流 i_{d1} 和 i_{d2},如图 8.38 所示。表明两组三相半波依然工作在连续状态,但接近临界状态,与原系统电流 i_{d1} 和 i_{d2} 比对,可以看出该电流波形相当于在负载一半电流的基础上叠加了一个交流三角波环流分量。

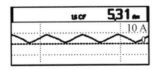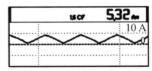

(a) i_{d1} 波形(基于有源平衡电抗器整流系统)   (b) i_{d2} 波形(基于有源平衡电抗器整流系统)

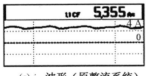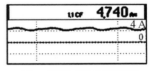

(c) i_{d1} 波形(原整流系统)   (d) i_{d2} 波形(原整流系统)

图 8.38   两组三相半波输出电流 i_{d1}、i_{d2}

图 8.39 为二极管电压 u_{dio} 和电流 i_{dio} 的波形,三相半波输出电流 i_{d1} 和 i_{d2} 的变化引起了二极管电流的变化,与原系统二极管电流比较,i_{dio} 波形由原来的近似方波脉冲变为近似三角波脉冲。

图 8.40 所示为输入电流及其频谱,输入电流波形为接近正弦的平顶波,与图 8.31 所示的理论分析波形近似。图 8.41 所示为整流器的功率因数分析结果,使用 AIPR 后,整流器的功率因数接近 1。

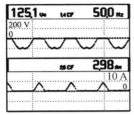
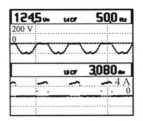

(a) 二极管电压 u_{dio} 和电流 i_{dio} 波形　　　　　　(b) 二极管电压 u_{dio} 和电流 i_{dio} 波形
（基于直流侧谐波抑制方法整流系统）　　　　　　　　（原整流系统）

图 8.39　二极管电压 u_{dio} 和电流 i_{dio} 的波形

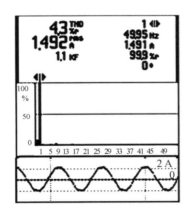

图 8.40　整流器输入电流及频谱分析

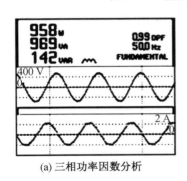
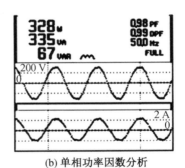

(a) 三相功率因数分析　　　　　　　　　　　　(b) 单相功率因数分析

图 8.41　整流器功率因数分析

　　三相交流电压经过双反星形变压器移相后,输出两组反相的三相电压,经两组三相半波整流电路后,输出互差 60° 的 3 脉波电压 u_{d1} 和 u_{d2},分别如图 8.42(a) 和图 8.42(b) 所示,输出电压 u_d 为 6 脉波直流电压,如图 8.42(c) 所示。

　　图 8.43 所示为有源平衡变换器的输入电压、电流波形,电压、电流波形相同且同相,有源平衡变换器的功率因数为 1,其有功功率为 66.8 W,占负载功率的 7.42% 左右。

　　当通过有源平衡变换器控制环流的峰值为 4.1 A、相位与有源平衡电抗器副边电压相同时,系统输入电流谐波含量最低。若使环流的峰值小于 4.1 A,双反星形整流器的输

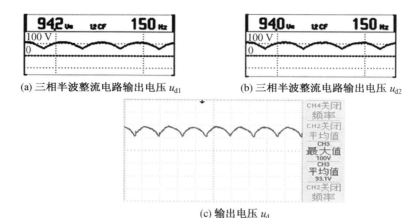

(a) 三相半波整流电路输出电压 u_{d1}　　　(b) 三相半波整流电路输出电压 u_{d2}

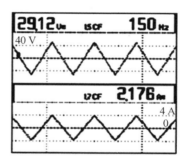

(c) 输出电压 u_d

图 8.42　整流器直流侧电压特性

入电流谐波含量会增加。图 8.44 所示为环流幅值小于 4.1 A 时的有源平衡电抗器的输入电压、电流特性及整流器输入电流及其频谱。实验结果表明,当环流幅值降低时,系统输入电流 5、7 次谐波增加,THD 值增大。

图 8.43　有源平衡变换器输入特性

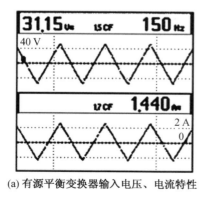

(a) 有源平衡变换器输入电压、电流特性

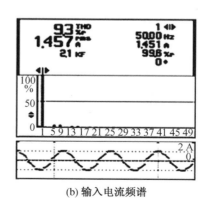

(b) 输入电流频谱

图 8.44　环流幅值改变对整流器的影响

8.3.3　基于直流侧有源谐波抑制方法的四星形整流器

1. 输入电流与直流侧环流的关系

在图 8.21(b) 中,根据安匝平衡原理和基尔霍夫电流定律,可得整流器输入电流与各二极管中电流的关系表达式为

$$\begin{cases} i_A = \dfrac{1}{k}(i_{a1} - i_{a2} + i_{c2} - i_{c1} + \sqrt{3}\,i_{a3} - \sqrt{3}\,i_{a4}) \\[2mm] i_B = \dfrac{1}{k}(i_{b1} - i_{b2} + i_{a2} - i_{a1} + \sqrt{3}\,i_{b3} - \sqrt{3}\,i_{b4}) \\[2mm] i_C = \dfrac{1}{k}(i_{c1} - i_{c2} + i_{b2} - i_{b1} + \sqrt{3}\,i_{c3} - \sqrt{3}\,i_{c4}) \end{cases} \tag{8.91}$$

各二极管中电流 i_{a1}、i_{a2}、i_{a3}、i_{a4}、i_{b1}、i_{b2}、i_{b3}、i_{b4}、i_{c1}、i_{c2}、i_{c3}、i_{c4} 与各三相半波整流电路输出电流的关系为

$$\begin{cases} i_{a1} = i_{d1}S_{a1} = \dfrac{1}{2}i_{d5}S_{a1} \\[2mm] i_{a2} = i_{d2}S_{a2} = \dfrac{1}{2}i_{d5}S_{a2} \\[2mm] i_{a3} = i_{d3}S_{a3} = \dfrac{1}{2}i_{d6}S_{a3} \\[2mm] i_{a4} = i_{d4}S_{a4} = \dfrac{1}{2}i_{d6}S_{a4} \end{cases} \begin{cases} i_{b1} = i_{d1}S_{b1} = \dfrac{1}{2}i_{d5}S_{b1} \\[2mm] i_{b2} = i_{d2}S_{b2} = \dfrac{1}{2}i_{d5}S_{b2} \\[2mm] i_{b3} = i_{d3}S_{b3} = \dfrac{1}{2}i_{d6}S_{b3} \\[2mm] i_{b4} = i_{d4}S_{b4} = \dfrac{1}{2}i_{d6}S_{b4} \end{cases} \begin{cases} i_{c1} = i_{d1}S_{c1} = \dfrac{1}{2}i_{d5}S_{c1} \\[2mm] i_{c2} = i_{d2}S_{c2} = \dfrac{1}{2}i_{d5}S_{c2} \\[2mm] i_{c3} = i_{d3}S_{c3} = \dfrac{1}{2}i_{d6}S_{c3} \\[2mm] i_{c4} = i_{d4}S_{c4} = \dfrac{1}{2}i_{d6}S_{c4} \end{cases} \tag{8.92}$$

其中,S_{a1}、S_{a2}、S_{a3}、S_{a4}、S_{b1}、S_{b2}、S_{b3}、S_{b4}、S_{c1}、S_{c2}、S_{c3}、S_{c4} 为对应标号整流二极管的开关函数,它们之间的相位关系满足图 8.45。

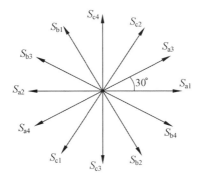

图 8.45　开关函数之间的相位关系

AIPR 原边绕组的环流 i_p 的参考方向如图 8.21(b) 所示,两双反星形整流器的输出电流满足

$$\begin{cases} i_{d5} = \dfrac{i_d}{2} + \dfrac{i_p}{2} \\[2mm] i_{d6} = \dfrac{i_d}{2} - \dfrac{i_p}{2} \end{cases} \tag{8.93}$$

将式(8.92)和式(8.93)代入式(8.91)得

$$
\begin{cases}
i_a = \dfrac{1}{4} A_1 i_d + \dfrac{1}{2} A_2 i_p \\[2mm]
i_b = \dfrac{1}{4} B_1 i_d + \dfrac{1}{2} B_2 i_p \\[2mm]
i_c = \dfrac{1}{4} C_1 i_d + \dfrac{1}{2} C_2 i_p
\end{cases}
\tag{8.94}
$$

其中, A_1、A_2、B_1、B_2、C_1、C_2 满足

$$
\begin{cases}
A_1 = \dfrac{1}{k} (S_{a1} - S_{c1} + S_{c2} - S_{a2} + \sqrt{3} S_{a3} - \sqrt{3} S_{a4}) \\[2mm]
A_2 = \dfrac{1}{k} (S_{a1} - S_{c2} + S_{a2} - S_{c1} + \sqrt{3} S_{a4} - \sqrt{3} S_{a3}) \\[2mm]
B_1 = \dfrac{1}{k} (S_{b1} - S_{a1} + S_{a2} - S_{b2} + \sqrt{3} S_{b3} - \sqrt{3} S_{b4}) \\[2mm]
B_2 = \dfrac{1}{k} (S_{b1} + S_{b2} - S_{a1} - S_{a2} + \sqrt{3} S_{b4} - \sqrt{3} S_{b3}) \\[2mm]
C_1 = \dfrac{1}{k} (S_{c1} - S_{b1} + S_{b2} - S_{c2} + \sqrt{3} S_{c3} - \sqrt{3} S_{c4}) \\[2mm]
C_2 = \dfrac{1}{k} (S_{c1} + S_{c2} - S_{b2} - S_{b1} + \sqrt{3} S_{c4} - \sqrt{3} S_{c3})
\end{cases}
$$

由式(8.94)可知,四星形整流器输入电流由输出电流和环流决定,因而可通过改变环流的形状来改善输入电流的波形。

2. 直流侧环流的形状参数

假设四星形整流器输入电流为理想正弦波,即

$$
\begin{cases}
i_A = I_m \sin(\omega t) \\[2mm]
i_B = I_m \sin\left(\omega t - \dfrac{2\pi}{3}\right) \\[2mm]
i_C = I_m \sin\left(\omega t + \dfrac{2\pi}{3}\right)
\end{cases}
\tag{8.95}
$$

其中, I_m 为整流器输入电流的幅值。

由式(8.94)和式(8.95),可得直流侧环流 i_p 与负载输出电流 i_d 的关系为

$$
i_p = \frac{B_1 \sin(\omega t) - A_1 \sin\left(\omega t - \dfrac{2\pi}{3}\right)}{2\left[A_2 \sin\left(\omega t - \dfrac{2\pi}{3}\right) - B_2 \sin(\omega t)\right]} i_d
\tag{8.96}
$$

在大电感负载条件下,忽略负载纹波的影响,认为输出电流为恒定值 I_d,此时有效抑制输入电流谐波的直流侧环流 i_p 如图8.46所示。

图8.46中,环流 i_p 近似为六倍电网电压频率、峰值为 $\pm 0.5 I_d$ 的标准三角波。为了便于实际电路实现与理论分析,采用与图8.46具有相同相位、幅值和频率的标准三角波电流作为环流,三角波环流 i_{p-tri} 的表达式为

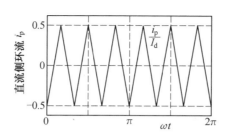

图 8.46　直流侧环流 i_{p} 的波形

$$i_{\mathrm{p-tri}} = \begin{cases} \dfrac{6I_{\mathrm{d}}}{\pi}\left(\omega t - \dfrac{p\pi}{3}\right) - \dfrac{I_{\mathrm{d}}}{2}, & \omega t \in \left[\dfrac{p\pi}{3}, \dfrac{p\pi}{3} + \dfrac{\pi}{6}\right] \\[3mm] -\dfrac{6I_{\mathrm{d}}}{\pi}\left(\omega t - \dfrac{p\pi}{3}\right) + \dfrac{3I_{\mathrm{d}}}{2}, & \omega t \in \left[\dfrac{p\pi}{3} + \dfrac{\pi}{6}, \dfrac{\pi(p+1)}{3}\right] \end{cases} \tag{8.97}$$

其中, $p = 0,1,2,3,4,5$。

将式(8.97)代入式(8.94),并将其展开为傅立叶级数形式可得

$$\begin{cases} i_{\mathrm{A}} = \displaystyle\sum_{n=1}^{\infty} B_n \sin n\omega t \\[3mm] i_{\mathrm{B}} = \displaystyle\sum_{n=1}^{\infty} B_n \sin n\left(\omega t - \dfrac{2\pi}{3}\right) \\[3mm] i_{\mathrm{C}} = \displaystyle\sum_{n=1}^{\infty} B_n \sin n\left(\omega t + \dfrac{2\pi}{3}\right) \end{cases} \tag{8.98}$$

其中

$$B_n = \frac{-2I_{\mathrm{d}}\sin\left(\dfrac{n\pi}{2}\right)\left[3\cos\left(\dfrac{n\pi}{6}\right) + \sqrt{3}\cos\left(\dfrac{n\pi}{3}\right) - 2\cos\left(\dfrac{n\pi}{3}\right) - 2\sqrt{3}\cos\left(\dfrac{n\pi}{6}\right) - 2 + \sqrt{3}\right]}{k\pi^2 n^2}$$

由式(8.98)可知,三角波环流对各相输入电流谐波的抑制效果相同,A 相输入电流及其频谱如图 8.47 所示。使用有源平衡电抗器后,整流器输入电流中的 $(12k \pm 1)$ 次谐波均被有效抑制,输入电流的 THD 由 15.2% 减小到 1.06%,输入电流中的谐波几乎被完全消除。

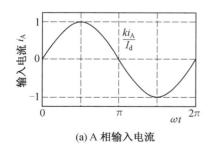

(a) A 相输入电流

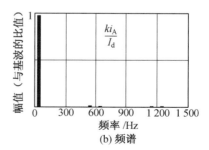

(b) 频谱

图 8.47　A 相输入电流及其频谱

3. 环流能量流向分析

在图 8.21(b) 所示的使用有源平衡电抗器的四星形整流器中,平衡电抗器原边绕组电压 u_p 可表示为

$$u_p = u_{d5} - u_{d6} = \begin{cases} \sqrt{3}\,U_2\sin(\dfrac{\pi}{12})\sin(\omega t - \dfrac{p\pi}{3} - \dfrac{\pi}{12}), & \omega t \in \left[\dfrac{p\pi}{3}, \dfrac{p\pi}{3} + \dfrac{\pi}{6}\right] \\ -\sqrt{3}\,U_2\sin(\dfrac{\pi}{12})\sin(\omega t - \dfrac{p\pi}{3} - \dfrac{\pi}{4}), & \omega t \in \left[\dfrac{p\pi}{3} + \dfrac{\pi}{6}, \dfrac{(p+1)\pi}{3}\right] \end{cases}$$

$$(8.99)$$

其中,$p = 0,1,2,3,4,5$;U_2 为双反星形整流器副边绕组输出相电压幅值,且 $U_2 = \sqrt{3}\,U_G/k$。

图 8.48 所示为三角波环流 i_{p-tri}、电压 u_{a2} 和 u_p 的相位关系。由图 8.48 可知,三角波环流负峰值点与双反星形变压器副边绕组输出相电压 u_{a2} 的过零点相重合。平衡电抗器原边绕组电压 u_p 与三角波环流均为六倍输入电压频率的对称三角波,且相位相同,这表明环流回路的瞬时功率不小于零,环流提取电路通过提取谐波能量实现对网侧电流谐波的抑制。

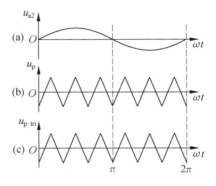

图 8.48　三角波环流 i_{p-tri}、电压 u_{a2} 和 u_p 的相位关系

由式(8.99)可得,平衡电抗器原边绕组电压 u_p 的有效值为

$$U_{p-rms} = \sqrt{\frac{1}{2\pi}\int_0^{2\pi}(u_{d5} - u_{d6})^2\mathrm{d}\omega t} = 0.081\,4U_d \tag{8.100}$$

根据式(8.97),可得三角波环流的有效值为

$$I_{p-tri} = \sqrt{\frac{1}{2\pi}\int_0^{2\pi}i_{p-tri}^2\mathrm{d}\omega t} = 0.289I_d \tag{8.101}$$

图 8.21(b) 中环流提取电路的容量为

$$P_{p-av} = \int_0^{2\pi}u_p i_{p-tri}\mathrm{d}\omega t = 2.35\%\,U_d I_d = 2.35\%\,P_o \tag{8.102}$$

由式(8.102)可知,环流提取电路的容量仅为负载功率的 2.35%,该方法适合于大功率场合。

4. 谐波抑制效果验证

　　由上面的分析可知,输入电流谐波被有效抑制时,环流提取电路应工作于近似单位功率因数整流状态,同时应具备两个功能:一个是能够快速跟踪整流器输出电流的变化,及时调整提取环流的幅值,使其满足式(8.97)的要求,保证输入电流谐波被有效抑制;另一个是能够将提取的谐波功率回馈给负载,避免能量的浪费。考虑到上述环流提取电路要实现的功能,选用单相全桥 PWM 整流电路作为辅助电路的主电路。图 8.49 所示为基于直流侧有源谐波抑制方法的四星形整流器。

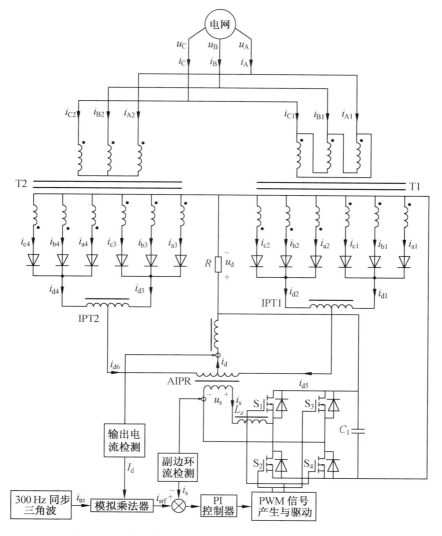

图 8.49　基于直流侧有源谐波抑制方法的四星形整流器

　　图 8.50 所示为输出电流为 45 A 时四星形整流器的输入电流及其频谱。由图 8.50 可知,网侧输入电流中的特征次谐波几乎被完全消除,输入电流的 THD 被减小到 5% 以内。

　　图 8.51 所示为不同输出电流下常规四星形整流器、使用非常规平衡电抗器的四星形

整流器（STIC 系统）、基于直流侧有源谐波抑制方法的四星形整流器（AIPR 系统）输入电流 THD 值的对比。

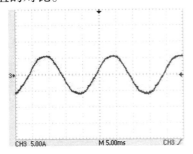 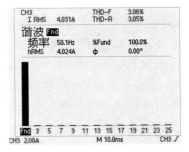

图 8.50　　基于直流侧有源谐波抑制方法的四星形整流器输入电流及其频谱

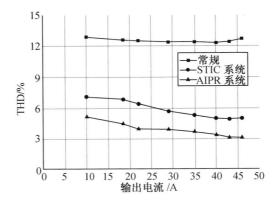

图 8.51　　不同输出电流下三类四星形整流器输入电流 THD 值的对比

由图 8.51 可知，（1）常规四星形整流器、使用非常规平衡电抗器的四星形整流器、基于直流侧有源谐波抑制方法的四星形整流器的谐波抑制能力依次增强；（2）随着输出电流的增加，这三类四星形整流器的输入电流 THD 值变化不大，均具有较好的负载适应能力。

当输出电流从 30 A 突变到 43 A 时，图 8.52 所示为该四星形整流器输入电流变化曲线。从图 8.52 可以看出，负载突变前后，输入电流的 THD 变化很小，这是由于负载电流的突变能够迅速反映到控制电路，控制电路及时调整三角波环流的幅值，使得系统具有较强的适应负载突变的能力。

为了考察输入电压波动对谐波抑制性能的影响，在保持负载阻值不变的条件下，测试了输入电压为 340 V、360 V、370 V、380 V、390 V、400 V、420 V 时三类四星形整流器的输入电流 THD 值，如图 8.53 所示。由图 8.53 可知，随着输入电压的增加，这三类四星形整流器输入电流的 THD 变化都比较小，表明这三类整流器都具有较强的鲁棒性。

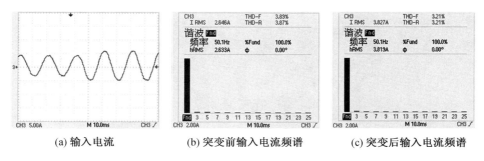

(a) 输入电流　　　　　　(b) 突变前输入电流频谱　　　　　(c) 突变后输入电流频谱

图 8.52　输出电流突变时四星形整流器的输入电流及其频谱

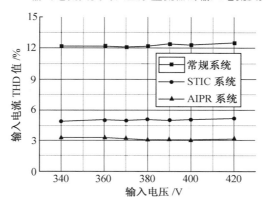

图 8.53　输入电压变化时三类四星形整流器的输入电流 THD 值对比

8.4　本章小结

　　针对双反星形整流器和四星形整流器,本章分析了分别使用直流侧无源谐波抑制方法和有源谐波抑制方法抑制其输入电流谐波。无源谐波抑制方法主要通过非常规平衡电抗器和单相全波整流电路实现。通过优化设计非常规平衡电抗器的匝比,可使单相全波整流电路工作在三种模态,不同的模态会调制三相半波整流电路输出电流,进而实现整流器输入电流阶梯数和输出电压脉波数倍增的目的,有效抑制输入电流谐波和输出电压纹波。直流侧有源谐波抑制方法能够同时抑制输入电流中的低次和高次谐波,本章建立了整流器交、直流侧电流的定量关系,给出了输入电流谐波得到最大抑制时直流侧环流的解析表达式,分析了直流侧环流对整流器中磁性器件容量的影响。直流侧有源谐波抑制方法能够显著抑制输入电流谐波,对输出电压无影响,不会降低或增加输出电压的脉波数。

参 考 文 献

［1］ GEORGE J W. 电力系统谐波——基本原理、分析方法和滤波器设计［M］. 徐政,译. 北京:机械工业出版社, 2003:20.

［2］ SINGH B, GAIROLA S, SINGH B N. Multi-pulse rectifiers for improving power quality: a review［J］. IEEE Transactions on Power Electronics, 2008, 23(3):260-281.

［3］ PAICE D A. Power electronic converter harmonics: multipulse methods for clean power ［M］. New York: IEEE Press, 1996:25.

［4］ RENDUSARA D A, JAYANNE A, ENJETI P N. Design consideration for 14 pulse diode rectifier system operating under voltage unbalance and pre-existing voltage distortion with some corrective measures［J］. IEEE Transactions on Industrial Appl. , 1996, 32(6): 1293-1303.

［5］ MARTINIUS S, HALIMI B, DAHONO P A. A transformer connection for multipulse rectifier applications［C］. Kunming: IEEE International Conference on Power System Technology Proceedings,2002, 2:1021-1024.

［6］ PAN Qijun, MA Weiming, LIU Dezhi, et al. A new critical formula and mathematical model of double-tap interphase reactor in a six-phase tap-changer diode rectifier［J］. IEEE Transactions on Industrial Electronics, 2007, 54(1):479-485.

［7］ 潘启军, 马伟明, 刘德志, 等. 双抽头铁磁电抗器的模型［J］. 电工技术学报, 2004, 19(12):20-23.

［8］ MENG Fangang, YANG Shiyan, YANG Wei. Modeling for a multitap interphase reactor in a multipulse diode bridge rectifier［J］. IEEE Transactions on Power Electronics, 2009, 24(9):2171-2177.

［9］ YANG Shiyan, MENG Fangang, YANG Wei. Optimum design of inter-phase reactor with double-tap-changer applied to multi-pulse diode rectifier［J］. IEEE Transactions on Industrial Electronics, 2010, 57(9):3022-3029.

［10］ MENG Fangang, YANG Shiyan, YANG Wei. Comments and further results on "a new critical formula and mathematical model of double-tap interphase reactor in a six-phase tap-changer diode rectifier"［J］. IEEE Transactions on Industrial Electronics, 2010, 57 (3):950-953.

［11］ JOSEPH A, WANG J, PAN Z, et al. A 24-pulse rectifier cascaded multilevel inverter with minimum number of transformer windings［C］. Hong Kong: 2005 IEEE Industrial Applications Conference, 2005, 1:115-120.

[12] CHOI S, LEE B S, ENJETI P N. New 24-pulse diode rectifier systems for utility interface of high power AC motor drives[J]. IEEE Transactions on Industry Applications, 1997, 33(2):531-541.

[13] CHIVITE-ZABALZA F J, FORSYTH A J, TRAINER D R. A simple, passive 24-pulse rectifier with inherent load balancing[J]. IEEE Transactions on Power Electronics, 2006, 21(2):430-439.

[14] TANAKA T, KOSHIO N, AKAGI H, et al. Reducing supply current harmonics[J]. IEEE Industry Applications Magazine, 1998, 4(5):31-37.

[15] SCHLABACH L A. Analysis of discontinuous current in a 24-pulse thyristor DC motor drive[J]. IEEE Transactions on Industry Applications, 1991, 27(6):1048-1054.

[16] 高格, 傅鹏. 可控并联十二脉波四象限运行整流电源的研制[J]. 电工技术学报, 2004, 19(7):16-20.

[17] ABREUJ P G, GUIMARAES C A M, PAULILLO G, et al. A power converter autotransformer[C]. Athens:The 8th International Conference on Harmonics and Quality of Power, 1998, 2:1059-1063.

[18] CHOI S, CHO J. Multi-pulse converters for high voltage and high power applications [C]. Beijing:The Third International Power Electronics and Motion Control Conference, 2000, 3:1019-1024.

[19] ARRILLAGA J, VILLABLANCA M. A modified parallel HVDC converter 24 pulse operation[J]. IEEE Transactions on Power Delivery, 1991, 6(1):231-237.

[20] ARRILLAGA J, VILLABLANCA M. Pulse doubling in parallel converter configurations with interphase reactors[J]. IEE Proceedings B: Electric Power Applications, 1991, 138(1):15-20.

[21] MIYAIRI S, IIDA S, NAKATA K, et al. New method for reducing harmonics involved in input and output of rectifier with interphase transformer[J]. IEEE Transactions on Industry Applications,1986, 22(5):790-797.

[22] VILLABLANCA M, FICHLMANN W, FLORES C, et al. Harmonic reduction in adjustable speed synchronous motors[J]. IEEE Transactions on Energy Conversion, 2001, 16 (3):239-245.

[23] 杨世彦, 姜三勇, 王秀芳. 抽头变换式36相整流器及其单片机触发系统[J]. 电力电子技术, 1995, 3:44-46.

[24] VILLABLANCA M, VALLE J D, ROJAS J, et al. A modified back-to-back HVDC system for 36-pulse operation[J]. IEEE Transactions on Power Delivery, 2000, 15(2): 641-645.

[25] VILLABLANCA M E, ARRILLAGA J. Pulse multiplication in parallel convertors by multitap control of interphase reactor[J]. IEE Proceedings-B: Electric Power Applications, 1992, 139(1):13-20.

[26] KAMATH G R, RUNYAN B, WOOD R. A compact autotransformer based 24-pulse rec-

tifier circuit[C]. Colorado:The 27th Annual Conference of the IEEE Industrial Electronics Society, 2001, 2:1344-1349.

[27] SINGH B, BHUVANESWARI G, GARG V. Harmonic mitigation using 24-pulse rectifier in vector-controlled induction motor drives[J]. IEEE Transactions on Power Delivery, 2006, 21(3):1483-1492.

[28] CHOI S, ENJETI P N, PITEL I J. Polyphase transformer arrangements with reduced kVA capacities for harmonic current reduction in rectifier type utility interphase[J]. IEEE Transactions on Power Electronics, 1996, 11(5): 680-690.

[29] SINGH B, BHUVANESWARI G, GARG V. Harmonic Mitigation in Rectifiers for Vector Controlled Induction Motor Drives[J]. IEEE Transactions on Energy Conversion, 2007, 22(3):637-646.

[30] MARTINIUS S, HALIMI B, DAHONO P A. A transformer connection for multipulse rectifier applications[C]. Kunming:IEEE International Conference on Power System Technology Proceedings, 2002, 2:1021-1024.

[31] NISHIDA Y. A harmonic reducing scheme for 3-phase bridge 6-pulse diode rectifier [C]. Colorado:The 25th Annual Conference of the IEEE Industrial Electronics Society, 1999, 1:228-234.

[32] SINGH B, GARG V, BHUVANESWARI G. A novel t-connected autotransformer-based 18-pulse rectifier for harmonic mitigation in adjustable-speed induction-motor drives[J]. IEEE Transactions on Industrial Electronics, 2007, 54(5):2500-2511.

[33] KAMATH G R, BENSON D, WOOD R. A novel autotransformer based 18-pulse rectifier circuit[C]. Dallas: The Seventeenth Annual IEEE Applied Power Electronics Conference and Exposition,2002, 2:795-801.

[34] LEE B S, ENJETI P N, PITEL I J. A new 24-pulse diode rectifier system for AC motor drives provides clean power utility interface with low kVA components[C]. San Diego: IEEE 31st Industrial Applications Society Conference, 1996, 2:1024-1031.

[35] SiNGH B, BHUVANESWARI G, GARG V, et al. Pulse multiplication in rectifiers for harmonic mitigation in vector controlled induction motor drives[J]. IEEE Transactions on Energy Conversion, 2006, 21(2):342-352.

[36] SINGH B, BHUVANESWARI G, GARG V. T-connected autotransformer-based 24-pulse rectifier for variable frequency induction motor drives[J]. IEEE Transactions on Energy Conversion, 2006, 21(3):663-672.

[37] SINGH B, BHUVANESWARI G, GARG V. A tapped delta autotransformer based 24-pulse rectifier for variable frequency induction motor drives[J]. Quebec:IEEE Symposium on Industrial Electronics, 2006, 3:2046-2051.

[38] CHIVITE-ZABALZA F J, FORSYTH A J. A simple, passive 24-pulse rectifier with inherent load balancing using harmonic voltage injection[C]. Recife:IEEE 36th Power Electronics Specialists Conference, 2005, 76-82.

[39] OGUCHI K, YAMADA T. Novel 18-step diode rectifier circuit with nonisolated phase shifting transformers[J]. IEE Proceeding-Electrical Power Application,1997,144(1):1-5.

[40] SINGH B, BHUVANESWARI G, GARG V. A twelve-phase rectifier for power quality improvement in direct torque controlled induction motor drives[C]. Singapore:The 1st IEEE Conference On Industrial Electronics and Applications, 2006, 1-7.

[41] SINGH B, BHUVANESWARI G, GARGV, et al. Star connected autotransformer based 30-pulse rectifier for power quality improvement in vector controlled induction motor drives[C]. New Delhi:IEEE Power India Conference, 2006, 6-11.

[42] SINGH B, BHUVANESWARI G, GARG V. An improved power-quality 30-pulse AC-DC for varying loads[J]. IEEE Transactions on Power Delivery, 2007, 22(2):1179-1186.

[43] 刘焱海, 张东来. 一种12脉冲整流器用的新型自耦变压器分析[J]. 电力电子技术, 2006, 40(3):80-82.

[44] CHOI S, ENJETI P N, PITEL I J. Autotransformer configurations to enhance utility power quality of high power AC/DC rectifier systems[C]. Texas:Proceedings of the 1995 Particle Accelerator Conference, 1995, 3:1985-1987.

[45] CHOI S. New pulse multiplication technique based on six-pulse thyristor converters for high power applications[J]. IEEE Transactions on Industry Applications, 2002, 38(1):131-136.

[46] SINGH B, GAIROLA S, CHANDRA A, et al. Zigzag connected autotransformer based controlled rectifier with pulse multiplication[J]. Vigo: IEEE International Symposium on Industrial Electronics,2007, 889-894.

[47] 王凤翔, 耿大勇. 移相电抗器对变流器供电系统谐波抑制的机理研究[J]. 中国电机工程学报, 2003, 23(2):54-57.

[48] 周丽霞, 尹忠东, 肖湘宁. 基于移相电抗器的电力推进船舶电网谐波抑制[J]. 电工技术学报, 2007, 22(8):90-94.

[49] 王凤翔, 张涛, 白浩然. 使用移相电抗器的多相整流系统[J]. 沈阳工业大学学报, 2008, 30(4):361-365.

[50] OGUCHI K, MAEDA G, HOSHI N. Coupling rectifier systems with harmonic cancelling reactors[J]. IEEE Industry Applications Magazine, 2001, 7(4):53-63.

[51] MYSIAK P, STRZELECKI R, WOJCIECHOWSKI D. A diode rectifier with a special coupled reactor and additional active power filter in the marine local power network supply conditions[C]. Virginia:IEEE Electric Ship Technologies Symposium, 2007, 158-164.

[52] MUNOZ C A, BARBI I. Comparative analysis between two proposed uses of the line interphase transformer in 12 pulse three phase rectifiers[C]. Cuernavaca:IEEE International Power Electronics Congress Technical Proceedings, 1996, 212-216.

[53] OGUCHI K, HAMA H, KUBOTA T. Line-side reactor-coupled double voltage-fed converter system with ripple-voltage injection[C]. Fukuoka: The 29th Annual IEEE Power Electronics Specialists Conference, 1998, 1:753-757.

[54] LEE B S, ENJETI P N, PITEL I J. An optimized active interphase transformer for auto-connected 12-pulse rectifiers results in clean input power[C]. Atlanta: The Twelfth Annual Applied Power Electronics Conference and Exposition, 1997, 2:666-671.

[55] CHOI S, ENJETI P N, LEE H H, et al. A new active interphase reactor for 12-pulse rectifiers provides clean power utility interface[J]. IEEE Transactions on Industry Applications, 1996, 32(6): 1304-1311.

[56] VILLABLANCA M E, JORGE I N, BRAVO M A. A 12-pulse AC-DC rectifier with high-input/output waveforms[J]. IEEE Transactions on Power Electronics, 2007, 22 (5):1875-1881.

[57] 陈鹏, 李晓凡, 宫力, 等. 一种带辅助电路的12脉波整流电路[J]. 中国电机工程学报, 2006, 26(23):163-166.

[58] RAJU N R, DANESHPOOY A, SCHWARTZENBERG J. Harmonic cancellation for a twelve pulse rectifier using DC bus modulation[C]. Pennsylvania: The 37th Industrial Applications Society Conference, 2002, 4:2526-2529.

[59] CHOI S. A three-phase unity-power-factor diode rectifier with active input current shaping[J]. IEEE Transactions on Industrial Electronics, 2005, 52(6):1711-1714.

[60] PAN Qijun, MA Weiming, LIU Dezhi. A study of six-phase diode rectifier with tap-changer interphase reactor[C]. Busan: The 30th Annual Conference of the IEEE industrial Electronics Society, 2004, 850-855.

[61] GHIJSELEN J A L, BOSSCHE D. Exact voltage unbalance assessment without phase measurements[J]. IEEE Transactions on Power System, 2005, 20(1):517-520.

[62] 杨世彦, 王景芳, 杨威, 等. 应用于并联型二极管整流器的直流侧脉波增倍电路: 中国, CN105871229A[P]. 2016-08-17.

[63] YANG Shiyan, WANG Jingfang, YANG Wei. A Novel 24-pulse Diode Rectifier with an Auxiliary Single-phase Full-wave Rectifier at DC Side[J]. IEEE Transactions on Power Electronics, 2017, 32(3): 1885-1893.

[64] 李渊, 杨威, 徐可, 等. 基于新型低损耗平衡变换技术的多相整流系统[J]. 电工技术学报, 2018, 33(10): 2312-2323.

[65] KALPANA R, CHETHANA S K, P PRAKASH S, et al. Power Quality Enhancement Using Current Injection Technique in a Zigzag Configured Autotransformer-Based 12-Pulse Rectifier[J]. IEEE Transactions on Industry Applications, 2018, 54(5): 5267-5277.

[66] 杨世彦, 廉玉欣, 徐可, 等. 具有副边绕组整流功能的抽头式平衡电抗器: 中国, ZL201710154017.6[P]. 2019-03-29.

[67] MENG Fangang, XU Xiaona, GAO Lei. A Simple Harmonic Reduction Method in Multi-pulse Rectifier Using Passive Devices[J]. IEEE Transactions on Industrial Informatics,

2017, 13(5): 2680-2692.

［68］ LIAN Yuxin, YANG Shiyan, BEN Hongqi, et al. A 36-Pulse diode Rectifier with an Unconventional Interphase Reactor［J］. Energies, 2019,12:820.

［69］ 杨世彦, 王鹏, 廉玉欣, 等. 混合型原边抽头可控式平衡变换器: 中国, CN107332442A［P］. 2017-11-07.

［70］ LIAN Yuxin, YANG Shiyan, YANG Wei. Optimum Design of 48-Pulse Rectifier Using Unconventional Interphase Reactor［J］. IEEE Access, 2019, 7(1):61240-61250.

名 词 索 引